农业灾害与粮食安全
——极端温度和水稻生产

张 朝 张 静 王 品等 著

科 学 出 版 社
北 京

内 容 简 介

国家粮食安全是关系国民经济发展、社会稳定和国家自立的全局性重大战略问题。但我国粮食安全基础整体较为薄弱，尤其是21世纪以来，在粮食消费需求刚性增长的同时，粮食产量受极端气象灾害的影响却越发严重。本书先行阐明了粮食安全的意义及重要性，再以水稻为例详细介绍了我国典型农业气象灾害的空间分布特征和发展变化趋势，综合运用统计学、作物模型和机器学习方法深入研究了自然灾害影响下的水稻脆弱性，并提出如何使用农业保险和田间管理等方式缓解自然灾害带来的不利影响，最终从粮食安全可供性视角评价我国农业的可持续发展能力。

本书可供农业气象学、农学、作物栽培学、国家安全学、资源和环境学、地理学等专业的本科生和研究生进行启蒙学习和科学引导，也能为相关领域的科研院所研究者、高等院校的教师工作者、政府决策管理者等提供参考资料。

审图号：GS（2022）2056 号

图书在版编目(CIP)数据

农业灾害与粮食安全：极端温度和水稻生产 / 张朝等著．—北京：科学出版社，2022.10

ISBN 978-7-03-073457-0

Ⅰ．①农… Ⅱ．①张… Ⅲ．①农业-自然灾害-研究-中国 ②粮食安全-研究-中国 ③水稻-气象灾害-研究-中国 Ⅳ．①S42 ②F326.11

中国版本图书馆 CIP 数据核字（2022）第 190412 号

责任编辑：刘 超 / 责任校对：郝甜甜

责任印制：吴兆东 / 封面设计：无极书装

科学出版社 出版

北京东黄城根北街 16 号

邮政编码：100717

http://www.sciencep.com

北京九州迅驰传媒文化有限公司 印刷

科学出版社发行 各地新华书店经销

*

2022 年 10 月第 一 版 开本：787×1092 1/16

2023 年 2 月第二次印刷 印张：12

字数：240 000

定价：145.00 元

（如有印装质量问题，我社负责调换）

前　言

民以食为天，国以粮为安。当今世界恰逢百年未有之大变局，气候变化的深刻影响、新型冠状病毒肺炎疫情的大流行、再叠加上国际竞争，使世界粮食安全面临严峻挑战，我国粮食安全压力凸现、势态严峻。习近平总书记指出“粮食安全是国家安全的重要基础”“保障国家粮食安全是一个永恒课题，任何时候这根弦都不能松”“中国人的饭碗任何时候都要牢牢端在自己的手上”“悠悠万事，吃饭为大”。然而我国粮食安全研究和教育长期处于“片面、松散、边缘”状况，急需应用“大食物观”来系统性地解决我国粮食安全领域存在的诸多问题。借着刚刚结束的两会（中华人民共和国第十三届全国人民代表大会第五次会议和中国人民政治协商会议第十三届全国委员会第五次会议）春风，我们从以下 5 个要点来进一步学习、领会和总结习近平总书记的粮食安全观。

1）悠悠万事，吃饭为大。习近平总书记多次强调粮食安全是“国之大者”，即“悠悠万事，吃饭为大”。民以食为天，只有解决了我国 14 亿人口的吃饭问题，国家整体大局才有了基础性、根本性的保障。保障粮食安全是实现经济发展、保障社会稳定、维护国家安全的基础。一言以蔽之，只要粮食不出问题，中国的事就稳得住。如果吃饭问题最后都要靠别人来解决了，还能不被别人牵着鼻子走？正因为这样，习近平总书记反复讲，在粮食安全这个问题上“要未雨绸缪，始终绷紧粮食安全这根弦，始终坚持以我为主、立足国内、确保产能、适度进口、科技支撑”。

2）保障粮食安全的底线思维。习近平总书记就保障粮食安全提出了四方面要求：一是要全面落实粮食安全党政同责，严格粮食安全责任制考核，主产区、主销区、产销平衡区要饭碗一起端、责任一起扛；二是要优化布局，稳口粮、稳玉米、扩大豆、扩油料，保证粮食年产量保持在 1.3 万亿斤[①]以上，确保中国人的饭碗主要装中国粮；三是要保护农民种粮积极性，发展适度规模经营，让农民能获利、多得利；四是节约粮食，要制止餐饮浪费是一项长期任务，要坚持不懈抓下去，推动建设节约型社会。

3）耕地是粮食生产的命根子。习近平总书记指出耕地是粮食生产的命根子，是中华民族永续发展的根基。换言之，耕地是保障粮食安全的根本，是我们赖以吃饭的家底。明确要求“全面压实各级地方党委和政府耕地保护责任，中央要和各地签订耕地保护‘军令

① 1 斤=0.5kg。

状’，严格考核、终身追责，确保18亿亩[①]耕地实至名归。”

4）解决吃饭问题的根本出路在科技。种源安全关系到国家安全，必须下决心把我国种业搞上去，实现种业科技自立自强、种源自主可控。种业是保障粮食安全的源头，如果种业上依然被“卡脖子”，就很难说能够保障粮食安全。习近平总书记指出，解决吃饭问题，根本出路在科技。总书记由此提出十分具体的要求：一方面要发挥我国制度优势，科学调配优势资源，推进种业领域国家重大创新平台建设，加强基础性前沿性研究，加强种质资源收集、保护和开发利用，加快生物育种产业化步伐；另一方面要深化农业科技体制改革，强化企业创新主体地位，健全品种审定和知识产权保护制度，以创新链建设为抓手推动我国种业高质量发展。

5）树立大食物观。习近平总书记在会上强调要树立大食物观。“大食物观”就是从更好满足人民美好生活需要出发，掌握人民群众食物结构变化趋势，在确保粮食供给的同时，保障肉类、蔬菜、水果、水产品等各类食物有效供给，缺了哪样也不行。“大食物观”体现在百姓餐桌上，就是在保障口粮的基础上，让食物的品类更加丰富，食物的结构更加优化。我们的美好生活不仅体现在吃得饱，还要体现在吃得好、吃得美。

与习近平总书记的粮食安全观相比，我们清楚地认识到《农业灾害与粮食安全——极端温度与水稻生产》一书还仅仅只关注到了粮食安全问题的九牛一毛。本书聚焦于气候变化对我国水稻生产的影响和适应，涉及的主要内容包括我国历史水稻极端温度灾害的时空变化特征、历史极端温度对水稻产量的影响评估方法和理论及致损的时空模式、水稻生产对极端温度脆弱性模型及相关的保险研究、未来气候变化情景下水稻热害损失风险及保险适应措施，最后我们通过具体的案例分析了水稻热害的适应性措施，以及粮食安全评估的基本方法和我国粮食安全的基本状况。

今年是我2008年回国入职北京师范大学的第十四个年头，也是专注于农业灾害和粮食安全研究和教学的第十四个年头。通过参考众多国内外参考资料，我发现其中理论类专业书籍要么年代久远，要么内容略显晦涩，也有很多同类的项目或课题成果的总结书籍，但内容庞杂不聚焦，因此一直没有找到合适的课程参考资料。本书采用理论紧密联系实践，以极端温度和水稻生产为例，深入浅出地系统讲解了农业灾害和粮食安全领域的基本知识和技术，在内容设计上既有课堂教学的讲解部分，包括详细的理论与典型案例，也安排了大量的最新文献阅读和分享，双管齐下，可望大大激发学生们在课堂上的积极性与创造性，让学生在课堂上紧随老师的思维和节奏，激发灵感并主动发现问题，从而高效地掌握更多有用的知识和技能，培养和提高学生们的科研素质。本书编写人员如表1。

---

① 1亩≈666.7m^2。

表 1　本书编写人员

章节	编写人员
第 1 章　农业灾害与粮食安全概述	张朝　张静　魏星
第 2 章　我国历史水稻极端温度灾害概述	王品　张朝
第 3 章　基于作物模型的我国历史水稻单产损失模拟	王品　张朝
第 4 章　基于作物模型–机器学习混合建模的水稻脆弱性曲线研究	张静　张朝
第 5 章　农业保险的研究概况	张静　张朝
第 6 章　未来极端天气影响下的水稻热害损失	张静　张朝
第 7 章　湖南省一季稻热害适应性措施的评价	张朝　冯博彦
第 8 章　粮食安全评价案例	张朝　魏星

本书是北京师范大学国家安全与应急管理学院京师粮食安全团队共同编写的，是团队研究成果的最新总结和凝练，相信它能为农业气象学、农学、作物栽培学、国家安全学、资源和环境学、地理学等专业的本科生学习和科研提供启蒙资料和开门的钥匙，该书也能为相关专业的研究生提供有益的帮助和科学的指导，全力提升该领域研究生的科研素质，同时这本书也可以为相关领域工作的决策管理者、科研院所的研究者和高等院校的老师们提供参考。在编写过程中我们也参阅了大量的同仁们的相关成果资料，科学出版社在书稿的编写和修订过程中给予了宝贵意见。在此，我们一并表示衷心的感谢！

本书如有疏漏，不妥之处，恳请广大读者赐教指正。

张　朝

2022 年 3 月于北京

目　　录

第1章　农业灾害与粮食安全概述

1.1　概念与内涵

“粮食安全是指所有人在任何时候都能在物质、社会和经济层面上获得充足、安全和富有营养的粮食，以满足其积极健康生活的膳食需求和食物偏好。”

——世界粮食首脑会议，1996

随着人们对农业发展和世界贸易认识的深入，粮食安全的含义自20世纪90年代起，开始在衡量国家粮食总产安全的基础上变得日趋丰富而深化，至今已形成为涵盖多层次标准的综合指标。

2006年联合国粮农组织（Food and Agriculture Organization of the United States，FAO）提炼出粮食安全的定义中的4个重要维度：可得性（availability），可取性（access），可用性（utilization）和稳定性（stability）（表1.1），并一直沿用至今。其中，可得性、可取性和可用性这三维内涵表现为递进的层次关系，稳定性是最为关键的核心维度，4个维度间的具体关系如图1.1。

表1.1　粮食安全各维度名称中英对照及其定义

名词	定义
可得性	粮食总量要能够满足人们不断增长的粮食需求
availability	The availability of sufficient quantities of food of appropriate quality, supplied through domestic production or imports (including food aid)
可取性	粮食价格要能够保证所有人都买得起
access	Access by individuals to adequate resources (entitlements) for acquiring appropriate foods for a nutritious diet. Entitlements are defined as the set of all commodity bundles over which a person can establish command given the legal, political, economic and social arrangements of the community in which they live (including traditional rights such as access to common resources)
可用性	粮食营养要能够满足人们实现积极和健康生活的需要
utilization	Utilization of food through adequate diet, clean water, sanitation and health care to reach a state of nutritional well-being where all physiological needs are met. This brings out the importance of non-food inputs in food security

续表

名词	定义
稳定性	粮食获取要注重生态环境的保护和资源利用的可持续性
stability	To be food secure, a population, household or individual must have access to adequate food at all time. They should not risk losing access to food as a consequence of sudden shock (e. g. an economic or climatic crisis) or cyclical events (e. g. seasonal food insecurity) . The concept of stability can therefore refer to both the availability and access dimensions of food security

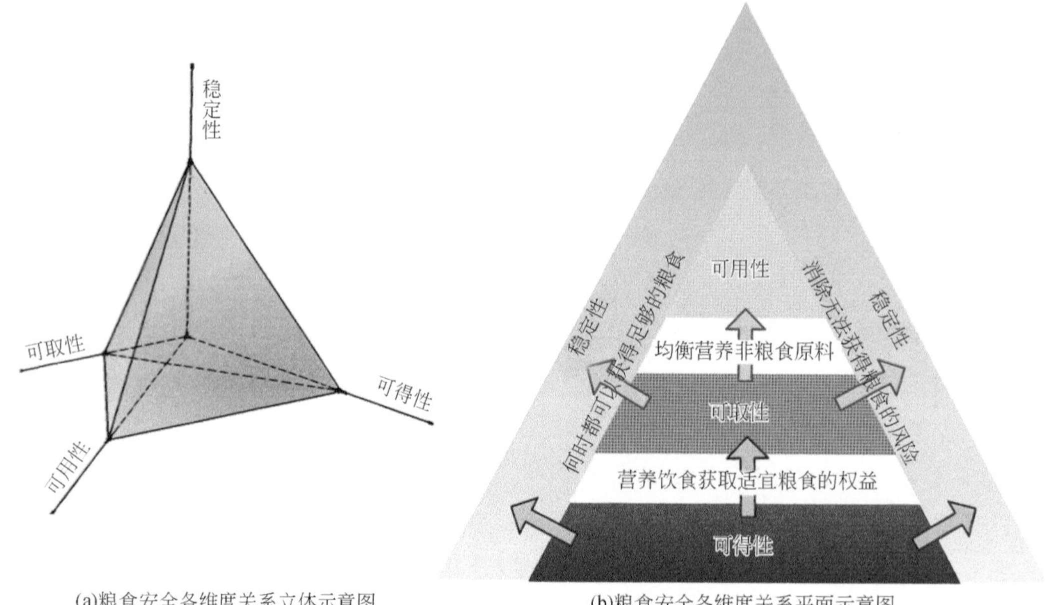

(a)粮食安全各维度关系立体示意图　(b)粮食安全各维度关系平面示意图

图 1.1　粮食安全各维度关系立体示意图及平面示意图

(1) 世界的粮食安全现状

世界粮食安全现状不容乐观。由于贫困和持续上涨的粮食价格，截至 2016 年仍有八九亿人因无法获得食物而处于长期食物不足的饥饿状态，长期营养不良的人数相当庞大。尤其是在撒哈拉以南的非洲和西亚地区，由于自然灾害、战争冲突等，粮食安全形势愈发严峻。人口增长导致的粮食需求持续增长对粮食安全不断施加压力，并且这种需求增长还将持续，粮食不安全状态愈发险峻。加上饮食结构向高蛋白质需求的改变，以及生物燃料的大量生产降低了粮食的转化效率，直接用于食用的粮食比例在不断减小；国际粮价的上涨，能源价格的浮动等诸多因素造成粮食市场供需不平衡的现状。为了实现今后全人类的粮食安全，世界粮食产量必须进一步增长，基本要达到当前粮食产量的双倍，才可能改善当前粮食窘迫困境。然而气候变化又给粮食安全形势带来了新的挑战，特别是发展中国家，若不能适应气候变化合理布局农业种植，可能面临单产损失、土地资源退化等一系列问题，威胁本国乃至世界粮食安全的可持续发展。当前，实现粮食安全，尤其是国家层面的粮食安全，有效提高粮食总产量起到至关重要的作用。而作物单产和种植面积能够直接决定总产量大小。

从开源的角度，尽管在过去的 30 年间，农业种植和管理技术不断进步，杂交作物栽培、精细农业带来了谷物（水稻、小麦、玉米等）作物单产的显著增长。但是，气候、土壤和技术条件等决定了单位面积作物的生产能力，在亚洲精耕细作的种植模式下，部分水稻种植区单产能力已经趋于顶板，难以突破生理极限，并且受土地报酬递减的影响，单产提升的空间相当有限。不仅是水稻，小麦和玉米的单产也都面临着大范围的停滞，甚至缩减的问题。三大作物中，水稻和小麦的单产停滞问题尤为严重，假如当前缩减的趋势没有逆转的话，将难以满足未来更大的需求缺口。但与此同时，又必须注意由农业带来的一系列环境问题。不合理地施用肥料、杀虫剂或是不合理的灌溉措施，都可能导致水资源污染、土质退化。而近年来，全球农用地范围显著扩张，尤其是热带地区通过伐木毁林开辟农用地，造成了当地森林生态系统的严重破坏。这对生态系统支持下的作物产量可持续发展有着潜在的威胁。因此在当前供给紧张的状况下，要提高粮食总产量需要通过加大农业投入，改进田间管理的方式，以高产区为主要控制目标，中低产区为关键区域，增加作物单产。并在作物需求和控制农田面积之间进行权衡。

从节流的角度，减少粮食的损失和浪费可能是一条通往未来粮食安全的新途径。相比增加单产和解决耕地面积两难的窘境，减少粮食损失和浪费可能是最有效的，其实全球约有1/4的食物浪费在供应链的流转中。粮食损失和浪费影响农业和粮食系统的可持续性和抵御力及其保障当代及子孙后代粮食安全和营养的能力。减少粮食损失与浪费有助于更好地利用自然资源，减少消耗生产食物所需的土地和水资源成本。同时，改变当前人们偏好多蛋白质的饮食习惯，也能够节约食物成本，改善农业资源的利用结构。

（2）我国的粮食安全现状

中国的水资源和耕地资源分别占全球总量的 6% 和 9%，但是人口数量占全球总人口的 21%。保障粮食安全一直是国家发展的重中之重。我国始终将农业放在发展国民经济的首位，在满足粮食产量稳定增长、保障居民食物消费和经济社会发展方面，取得了长足发展，对实现世界粮食安全意义重大。20 世纪末我国很多学者存在这样一种共识——2004 年的中国，在国家总供给（宏观）水平上，不但不存在国家粮食安全危机问题；而且中国的粮食安全水平比其他的发展中国家高，是粮食最为安全的国家之一；不但如此，高水平的粮食安全还会在未来几十年间得以维持。当时的粮食安全体现在：中国自 1983 年始，成为粮食净出口国，并且截至2003 年，出口量仍持续增加；国内粮价虽上涨，但和国际市场价格呈同步变化，并能在一定程度上起到增加农民收入，促进农民种粮积极性的作用。那么 10 多年过去了，当前的农业是否还保持着高度的粮食安全呢？当前，我国粮食安全基础薄弱，处于长期供需紧平衡状态，这表明了粮食安全问题的严峻性。如图 1.2 所示，2000 年以来，水稻、小麦和玉米的进口量以每年 0. 29kmt①，0. 36kmt 和 1. 29kmt 的速度增

① kmt 为千公吨，1kmt = 1000t。

长，并分别从2009年、2008年、2008年开始，出口量小于进口量，形成贸易逆差，并且随着时间的推进，其中水稻和玉米的逆差额开始不断增加，小麦呈波动上升。量级上，玉米具有最高的贸易逆差额，在2020年的贸易逆差更是高达29.6kmt（图1.2）。至此中国已经从粮食出口国成为净进口国，这也就意味着，我国目前的粮食供给将必然受到世界粮食市场的影响。然而在能源短缺，能源价格高位运行的环境下，能源与食品都在争取粮食供应，全球粮食供求将长期趋紧，导致利用国际市场弥补国内短缺的难度显著增大。可见，粮食净出口国的形势已然逆转，而进口粮食又必将受制于价格波动，并持续升温的国际粮食市场，要实现我国的粮食安全就必须促进国内农业迅速发展。自2004年起，中央1号文件已连续多年聚焦我国“三农”问题，努力推动农业和农村经济的增长，实现国内粮食自给，粮食安全。

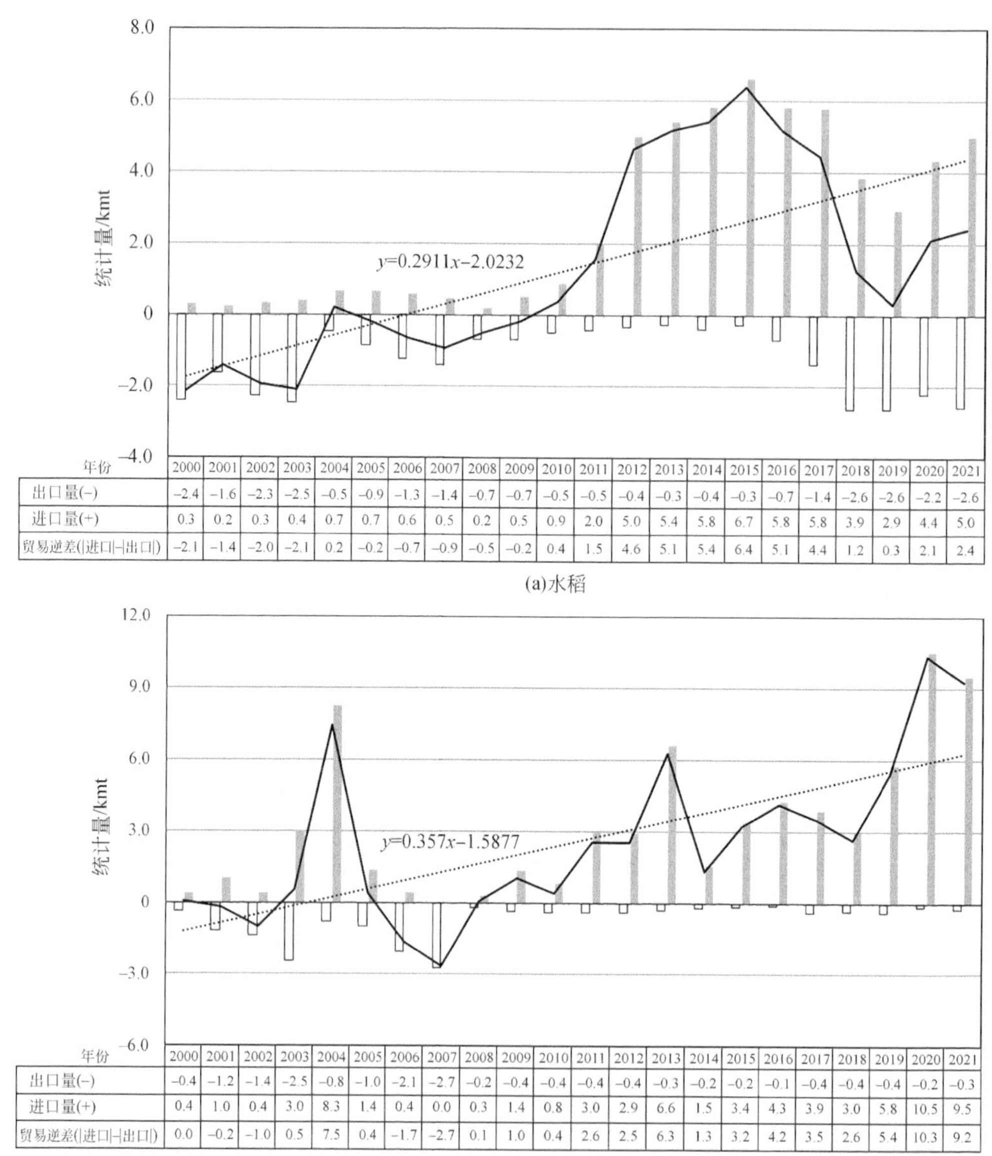

年份	2000	2001	2002	2003	2004	2005	2006	2007	2008	2009	2010	2011	2012	2013	2014	2015	2016	2017	2018	2019	2020	2021
出口量(−)	−2.4	−1.6	−2.3	−2.5	−0.5	−0.9	−1.3	−1.4	−0.7	−0.7	−0.5	−0.5	−0.4	−0.3	−0.4	−0.3	−0.7	−1.4	−2.6	−2.6	−2.2	−2.6
进口量(+)	0.3	0.2	0.3	0.4	0.7	0.7	0.6	0.5	0.2	0.5	0.9	2.0	5.0	5.4	5.8	6.7	5.8	5.8	3.9	2.9	4.4	5.0
贸易逆差(|进口|−|出口|)	−2.1	−1.4	−2.0	−2.1	0.2	−0.2	−0.7	−0.9	−0.5	−0.2	0.4	1.5	4.6	5.1	5.4	6.4	5.1	4.4	1.2	0.3	2.1	2.4

(a)水稻

年份	2000	2001	2002	2003	2004	2005	2006	2007	2008	2009	2010	2011	2012	2013	2014	2015	2016	2017	2018	2019	2020	2021
出口量(−)	−0.4	−1.2	−1.4	−2.5	−0.8	−1.0	−2.1	−2.7	−0.2	−0.4	−0.4	−0.4	−0.4	−0.3	−0.2	−0.2	−0.1	−0.4	−0.4	−0.4	−0.2	−0.3
进口量(+)	0.4	1.0	0.4	3.0	8.3	1.4	0.4	0.0	0.3	1.4	0.8	3.0	2.9	6.6	1.5	3.4	4.3	3.9	3.0	5.8	10.5	9.5
贸易逆差(|进口|−|出口|)	0.0	−0.2	−1.0	0.5	7.5	0.4	−1.7	−2.7	0.1	1.0	0.4	2.6	2.5	6.3	1.3	3.2	4.2	3.5	2.6	5.4	10.3	9.2

(b)小麦

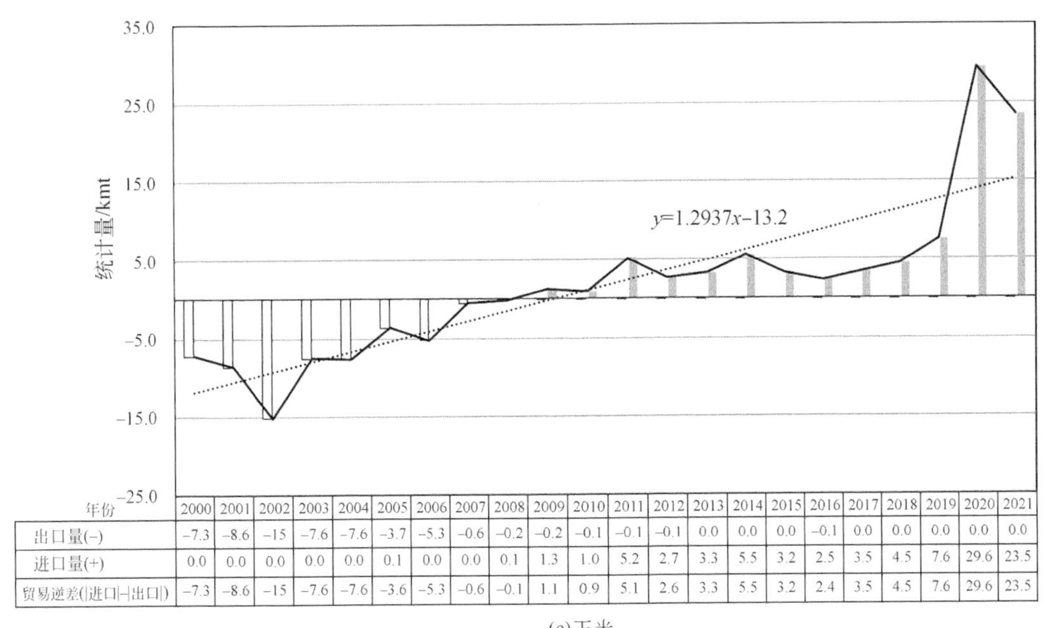

年份	2000	2001	2002	2003	2004	2005	2006	2007	2008	2009	2010	2011	2012	2013	2014	2015	2016	2017	2018	2019	2020	2021
出口量(−)	−7.3	−8.6	−15	−7.6	−7.6	−3.7	−5.3	−0.6	−0.2	−0.2	−0.1	−0.1	−0.1	0.0	0.0	0.0	−0.1	0.0	0.0	0.0	0.0	0.0
进口量(+)	0.0	0.0	0.0	0.0	0.0	0.1	0.0	0.0	0.1	1.3	1.0	5.2	2.7	3.3	5.5	3.2	2.5	3.5	4.5	7.6	29.6	23.5
贸易逆差(|进口|−|出口|)	−7.3	−8.6	−15	−7.6	−7.6	−3.6	−5.3	−0.6	−0.1	1.1	0.9	5.1	2.6	3.3	5.5	3.2	2.4	3.5	4.5	7.6	29.6	23.5

(c)玉米

出口量(−)　进口量(+)　贸易逆差(|进口|−|出口|)

图 1.2　自 2000 年以来，三大谷物的进出口量及贸易逆差

粮食需求的日益增长要求现有的耕地生产力实现有效增长，而在可持续发展的前提下提高耕地生产力又意味着更大的挑战。因此，对已有的耕地资源进行生产潜力评估非常必要。在对作物生产潜力质量和数量认知的基础上进行开发利用，有利于更有效地利用环境资源、改善生产状况、提高生产能力，制定粮食安全政策，合理分配耕地资源。生产潜力的空间分布情况掌握得越确切越精细，越有利于指导农业集约、可持续发展。耕地生产力的发展需要土壤质量的持续监测以及管理方式的不断改进，而定量化的土壤质量指数有助于监测土地生产力的可持续发展。作物生产潜力由于可以定量土壤、气象因子对产量的影响程度，作为土壤质量指数被应用于提高土壤质量和耕地生产力。很多现有耕地的生产力与其所具有资源禀赋是不相匹配的。适宜的气候、土壤条件原本可以提供更为富余的产量，帮助减少其他产粮地区的负担。但是存在很多这样的适宜耕地不能有效地利用其资源禀赋，生产力依旧处于较低水平。因此，尽管在空间分布上存在差异，但是现有的耕地资源仍然具有丰富的生产潜力可以在可持续生产的前提下继续挖掘。尤其是玉米，部分地区单产的可提升空间甚至可以达到 70%，远高于水稻和小麦的生产潜力。与此同时，在我国玉米的需求量日益增长，已经远远超过了水稻和小麦。到 2012 年，玉米的需求量已经达到三大作物总需求量的 45% 以上，并可能持续增长，2019 年后一直徘徊在 50% 左右（图 1.3）。其中饲料比例和食用比例发生下降，食用比例在 2012 年发生突减（图 1.4）。因此为适应可持续型、集约型农业发展的需要，识别具有生产潜力的种植区，对我国粮食生产意义尤为重大，具体涉及：判定并控制影响作物生产力继续提高的限制因素，设定技

术管理投入的优先等级，评估气候变化以及其他情景对产量的影响，以及评估粮食安全状况等。

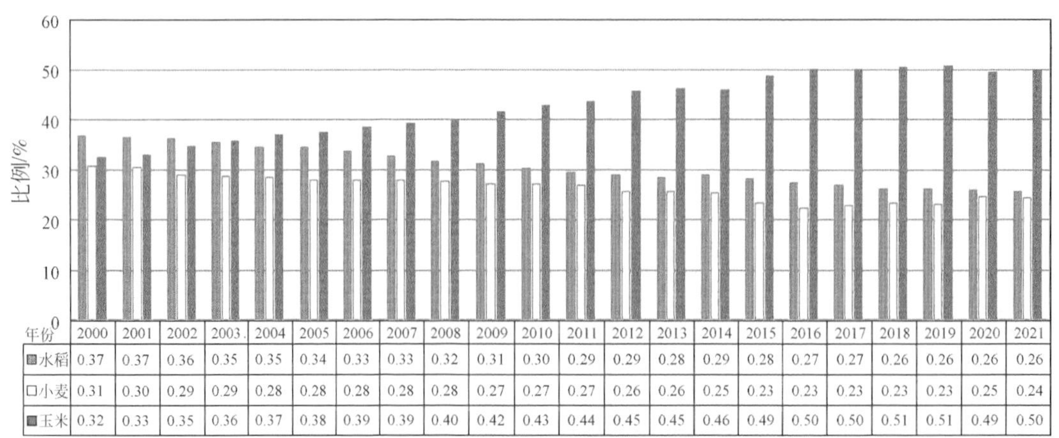

年份	2000	2001	2002	2003	2004	2005	2006	2007	2008	2009	2010	2011	2012	2013	2014	2015	2016	2017	2018	2019	2020	2021
水稻	0.37	0.37	0.36	0.35	0.35	0.34	0.33	0.33	0.32	0.31	0.30	0.29	0.29	0.28	0.29	0.28	0.27	0.27	0.26	0.26	0.26	0.26
小麦	0.31	0.30	0.29	0.29	0.28	0.28	0.28	0.28	0.28	0.27	0.27	0.27	0.26	0.26	0.25	0.23	0.23	0.23	0.23	0.23	0.25	0.24
玉米	0.32	0.33	0.35	0.36	0.37	0.38	0.39	0.39	0.40	0.42	0.43	0.44	0.45	0.45	0.46	0.49	0.50	0.50	0.51	0.51	0.49	0.50

图 1.3　自 2000 年以来，三大谷物需求量比例

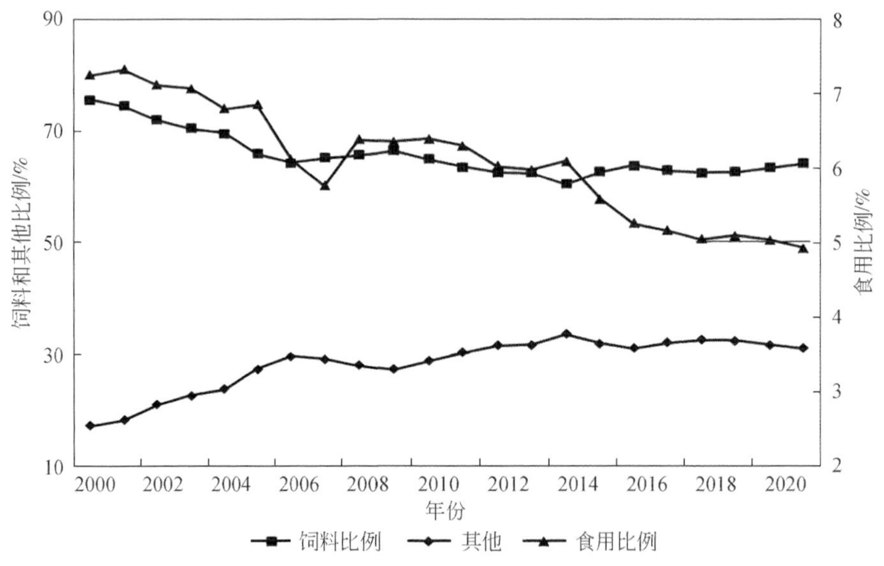

图 1.4　自 2000 年以来，不同作物用途需求量的比例

1.2　气候变化与我国的粮食安全

21 世纪初，地球表面升温达 0.78℃，同时极端温度和降水事件频率也在不断上升。虽然我国幅员辽阔，气候变化特征具有地域分异的特点，但是总体上，年均气温升高，冬春季节升温更加明显，日照时数显著缩减，东北、华北和西南地区全年降水量呈减少趋

势，高温、干旱、强降水等极端天气、气候事件将日益频发，气候变化对粮食产量的不利影响显著于有利影响，并会严重威胁我国粮食的安全生产。

气候变化对农业生产的影响十分复杂并增加了农业生产的不确定性：例如通过改变农业气候资源时空格局改变农业物候；扩张土壤退化、荒漠化、盐碱化，缩小耕地面积，增加耕地生态脆弱性；改变土壤条件从而对农田生态系统造成不利影响；易于诱发病虫害等。气温和降水是影响我国粮食安全生产的主要气象因素。而不同作物所受的气候变化影响又各有不同，且在区域分布上显示出地域分异的特征（表 1.2）。例如，气温上升在某种程度上可能使得中国北方作物增产，而东部的其他主产区高产区则可能面临日益严峻的减产风险；同时高强度的暴雨及降水减少造成的持续性或短时间干旱都会导致粮食单产不同程度的下降，甚至带来毁灭性打击，导致绝产，给未来粮食生产带来不利影响。通过作物模型和情景模拟，研究发现主要作物由于气候变化的影响总体上发生不同程度的减产，但是通过有效的适应措施，例如合理灌溉、施肥，以及采取灾害防治措施等增强性、集约型管理手段，就有可能逆转当前作物减产的趋势，实现单产的增加。

表 1.2　水热条件变化及极端气候事件对主要谷物生产的影响比较

作物	温度升高	降水	极端性天气灾害风险
水稻	种植区北移扩大，江淮双熟稻面积增加，生育期缩短；但夜温升高，早稻减产（晚稻增产）	干旱化影响水稻种植面积	江淮夏季极端高温，东北夏季极端低温
小麦	冬小麦种植区开始向春麦区倾斜，面积扩张，不利效应尚不明确	前期水分有利；北方春旱严重减产	生育期中后期极端温度事件，强降水造成严重减产
玉米	种植面积增加，生长季时间增长，生育周期时间缩短，作物产量缩减，品质下降	降雨增多，造成病虫害危险提升	旱灾、涝灾增多，低温冷害

综上，粮食需求表现为刚性增长，伴随着耕地资源和水资源的日渐缩减、趋紧，以及气候变化的影响，严重威胁我国粮食安全的稳定性。应对气候变化下粮食安全问题面临的困境，我们需要以提高农业产量为基础，结合其他适应措施，保证农业的可持续性发展。通过对国际和国家粮食安全的分析，并结合气候变化的影响，我们认为解决粮食安全最底层的问题，同样也是最关键的问题，是对实现上层粮食安全目标的保证。本书中涉及的粮食安全是指的宏观层面的国家粮食总产的安全，表征本国农业生产的能力，不考虑其他的影响因素，如国际粮食市场供求关系的影响，或是更高层次的粮食可取性、可用性的情况。鉴于我国主要粮食作物的种类多，环境、地域和气候的复杂多变，本书主要着重探讨农业气象灾害中的极端温度和水稻生产，通过对该领域相关研究方法的综述和详细案例的解析，加深大家对农业灾害与粮食安全的理解，丰富粮食安全领域的专业知识，拓深拓展粮食安全研究的未来方向，为国家、区域乃至全世界的粮食安全保驾护航。

1.3 极端温度与水稻生产的研究背景及意义

全球变暖背景下人类社会化进程的不断加快，导致环境和气候变化问题越来越突出（IPCC，2007，2013）。近年来，全球气候变暖的事实已被国内外众多科研工作者证实和接受（Butler and Huybers，2013；Challinor et al.，2007），与此同时，气候变暖带来的极端天气事件频发、水资源分布失衡、生物多样性受损、干旱洪涝及病虫害等问题不断加剧，正在影响全球范围的农业生产（IPCC，2007，2013）。在中国，农业气象灾害种类多且发生频繁，与世界平均水平相比，中国农业气象灾害频率高出约 18 个百分点；其中，低温冷害、霜冻、高温热害、干旱、暴雨和洪涝等气象灾害平均每年造成粮食产量损失约 1200 万 t，占农业灾害总损失的 60% 以上。进入 21 世纪后，农业气象灾害的发生频率和强度均呈上升趋势，农业气象灾害风险也随之升高。另一方面，由于我国人口众多且在可预见的未来几十年内仍有增加趋势，农业资源人均占有水平低的问题将继续存在。在这种背景下，粮食安全与政治稳定、经济持续发展等重大问题息息相关。因此，在气候变暖的背景下怎样确保粮食安全，已经成为全人类共同面临的一大挑战（Teixeira et al.，2013；Wei et al.，2009；房茜等，2012；程式华和李建，2007）。

水稻是世界上最重要的粮食作物之一，全球一半以上的人口以稻米为主要食物来源。水稻生长发育过程中对水热条件都有一定要求。目前大部分地区的水稻栽培以水利灌溉为基础，通常情况下受降水影响不大，因此很多水稻种植区产量的丰歉与品质好坏主要与生长季内的温度条件有关。水稻在各个生长发育阶段内都有最低适宜温度和最高临界温度的限制，当环境温度过高或者过低时，水稻干物质的累积都会受到不利影响（王品等，2014；Sun and Huang，2011；Zhang et al.，2014）。尤其是在水稻的生殖生长期内，短期内（几天甚至仅几个小时）的极端温度事件即可严重破坏水稻的生殖器官，影响作物生理功能，导致颖花不育、籽粒空瘪，进而造成水稻减产（Tao et al.，2013）。

中国是世界上最大的水稻生产国和消费国（包云轩等，2012），水稻是我国第一大粮食作物，稻谷产量在我国粮食生产中居于首位，在我国的种植结构中占有极其重要的地位，60% 以上的人口以其为主食，每年稻米口粮消费量占口粮总消费量的 55% 左右（包云轩等，2012；FAO，2010；Tang et al.，2014）。因此实现水稻产量的稳定增长，对于保障我国乃至世界的粮食安全都具有十分重要的现实意义。我国水稻种植区内极端温度事件频发，目前低温冷害和高温热害已成为水稻生产面临的主要气象灾害（王品等，2014；Tao et al.，2013）：40 多年来，我国东北地区曾出现 8 个严重冷害年，其中 1969 年、1972 年和 1976 年最为严重，3 年平均减产达 578 万 t，减产率达 20%（王品等，2014；王春乙，2008）；近 50 年来，我国长江流域发生重大水稻高温热害事件 6 次，其中，2003 年全流域受灾面积保守估计达 3000 万 hm^2，损失的稻谷产量约为 5180 万 t（田小海等，

2009)。在全球气候变暖背景下，我国水稻主产区内极端高温发生的频次和强度均显著增加，尤其是长江中下游流域水稻种植区，高温热害已经严重影响了当地水稻安全生产（高素华和王培娟，2009；谢晓金等，2010；姚萍等，2012）；虽然全国大部分地区极端低温的频率和强度表现出下降趋势，然而阶段性及局地性的极端低温事件仍有可能加重（王品等，2014；Zhang et al.，2014；Tao et al.，2013；刘晓菲等，2012）。

综上所述，现阶段极端温度发生频繁且影响严重，加之监测预警和防御水平都十分有限，极端温度胁迫已经成为水稻产量潜力发挥的主要限制因素，对我国粮食安全的威胁将随全球温室效应的加剧而进一步增大。因此，目前亟需关注气候变暖背景下中国水稻生产所面临的极端温度胁迫环境，并全面评估极端温度对水稻产量的影响程度，从而识别高风险种植区，进而有针对性地提出适应性对策，为我国粮食生产宏观政策的制定提供科学依据。

1.4 极端温度对水稻产量的影响机理概述

极端温度影响机理的研究多采用实验法。该方法多指在封闭的或顶部开放的人工气候室内，通过实验设计人为地控制环境温度的高低，并借助相关仪器来动态追踪作物受极端温度胁迫后生理生态、形态结构及化学组成等方面的变化，从而帮助学者们探明极端温度对农作物产量的影响过程和影响机理（王品等，2014）。国内外很早就开始采用该方法研究极端温度对水稻生长发育过程及产量形成的影响机理，并取得了大量研究成果（Matsui et al.，1997；Rang et al.，2011）。

关于低温冷害的影响机理研究，主要集中在热量条件较差的高纬度地区，例如日本和中国东北地区。其中，日本是世界上最早开始研究低温冷害的国家，同时也是最重视低温冷害研究的国家之一（崔一鸣等，2015）。20 世纪 30 年代初期日本连续发生了多次严重低温冷害事件，因此日本政府于 1935 年组织了农学、气象学等方面的专家，开展了对低温冷害影响机理全面系统的研究，并取得了一些重要成果（崔一鸣等，2015）。例如，发现了穗部是低温冷害的感受性器官、花药开裂不良导致难以授粉是农作物不孕的直接原因等（崔一鸣等，2015）。关于极端高温影响机理的研究也有很多学者开展。例如，日本学者 Matsui 等利用田间开顶式人工气候室（field-based open-top chamber），在水稻开花期内设计了多组实验来模拟不同温度条件处理下极端高温对水稻的影响，研究结果表明，在水稻开花期内当温度高于 35℃时，极端高温将导致水稻颖花不育，并指出其主要原因是花粉壁裂开困难进而导致难以授粉（Matsui et al.，1997，2000，2001）。此外，Nakagawa 等（2003）利用人工气候室设计不同的温度梯度来开展研究，并指出超过 33℃后水稻结实率呈线性降低。与此同时，国内许多科学家也做了大量研究。早在 70 年代，上海植物生理研究所人工气候先后开展了早稻灌浆–成熟期高温对结实的影响研究以及早稻开花期高温对开花结实的影响研究（上海植物生理研究所人工气候室，1976，1977）。以早稻开花期的研究为例，科研人员将试供品种早籼‘二九青’在始穗期之后移入到人工气候室的自然光照室内，并在不同的实验组内分别进行30℃、32℃、35℃、38℃的高温处理，而对照组采用28℃处理，在处理过程中观察不同实验组的水稻开花情况；处理之后放回自然光照室，直至成熟。通过考察结实率、千粒重和干物质生产并用X光机拍片追踪结实过程，指出高温危害主要是破坏授粉和受精过程，以致作物无法灌浆。然而，应用实验方法的研究结果时，需要注意的是由于控制性试验中人工气候室内的空气温度、湿度、辐射光强等微气候方面与自然条件有一定的差异（自然条件往往要复杂得多），因此利用实验法得到的作物对极端温度胁迫的响应特征，可能与自然条件下的响应特征存在差异（上海植物生理研究所人工气候室，1976，1977）。

1.4.1 极端低温对水稻产量的影响机理概述

水稻是喜温作物，在其整个生长发育过程中，日最低气温一般都高于0℃，较长时间的低温寡照天气或短期的强低温天气都会影响水稻生长发育进程及其产量形成过程，从而导致最终产量的降低（王品等，2014；刘民，2009）。水稻生长发育过程中的各个阶段都有可能遭受极端低温的影响，但不同时期的影响机理有所区别，例如，芽期内极端低温会导致水稻出芽的时间延长甚至烂秧，从而影响水稻成苗率；苗期内低温会导致秧苗失绿、枯萎甚至死苗，并降低水稻根茎叶的生长及分蘖进而影响后续各生长发育阶段时间的早晚；孕穗期内极端低温会导致水稻枝梗及颖花分化不良、每穗粒数减少，阻碍花粉粒的发育，降低花粉的萌发能力，从而造成水稻结实率降低；开花期内低温会阻碍花药的正常开裂，导致水稻难以授精结实、产生大量空壳而造成减产；灌浆过程中遭受极端低温，则会导致植株的净光合生产能力下降，进而造成稻谷的充实度变差、品质变劣（崔一鸣等，2015；刘民，2009；王远皓等，2008；聂元元等，2011）。

极端低温对水稻生长发育过程及最终产量造成的危害通常被称为低温冷害（崔一鸣等，2015；何英彬等，2008；王连喜等，2003；余肇福，1994）。由于低温冷害一般发生在作物生长发育的温暖季节，因此它并不像霜冻等其他灾害那样造成植株枯萎、死亡等明显症状，所以低温冷害又俗称“哑巴害”（裴永燕和岳红伟，2009；王绍武等，2009）。一般情况下，根据极端低温影响机理的不同，可以将低温冷害分为三种类型，包括延迟型冷害、障碍型冷害和混合型冷害（Tao et al.，2013；崔一鸣等，2015；Liu et al.，2013；郭建平和马树庆，2009）。延迟型冷害主要发生在水稻的营养生长阶段，也有可能发生在作物灌浆到成熟阶段（也即籽粒形成时期）；在这些阶段内，水稻若遭受较长时间持续性低温天气影响，会致使作物生长发育期内积温不足，导致植株的生理代谢缓慢、生长量降低，延迟水稻生长发育进程，进而造成秋霜来临时作物尚不能完全成熟而减产（王品等，

2014；崔一鸣等，2015）。障碍型冷害往往发生在水稻生殖生长期内，尤以孕穗期和抽穗开花期比较敏感；在这些阶段内，水稻如果遭受短期异常极端低温天气的影响，会导致水稻生殖器官的生理功能和生理活动受到破坏，造成颖花不育、籽粒空秕而减产（王远皓等，2008；何英彬等，2008；郭建平和马树庆，2009；王主玉和申双和，2010）。在实际农业生产中，在水稻的整个生长发育期内，延迟型冷害和障碍型冷害也可能同时发生或者相继发生，造成混合型低温冷害。

我国一直非常重视低温冷害的研究，为了规范水稻低温冷害的监测预警和损失评估工作，在综合相关研究最新成果的基础上，先后于 2009 年、2012 年和 2013 年先后发布了《水稻、玉米冷害等级》《水稻冷害田间调查及分级技术规范》和《水稻冷害评估技术规范》（中国气象局，2009，2013；中华人民共和国农业部，2012）。这些权威标准都比较详细地划定了水稻不同生长发育阶段内极端温度的阈值大小，是我国水稻低温冷害研究的重要参考标准（Sun and Huang，2012；Zhang et al.，2014；Tao et al.，2013；刘晓菲等，2012），对于国家农业防灾减灾、调整农业布局和结构具有重要的参考意义。

1.4.2 极端高温对水稻产量的影响机理概述

在水稻生长发育过程中，当环境温度超过水稻适宜温度的上限时，就开始不利于水稻最终干物质的生成，造成其生产潜力下降，进而导致产量降低，极端高温的这种危害通常被称为高温热害（田小海等，2009；姚萍等，2012；王春乙等，2010；王志刚等，2013）。一般而言，水稻对抽穗开花期的极端高温胁迫最敏感，灌浆期和孕穗期次之，营养生长期最小（王春乙，2008；田小海等，2009；谢晓金等，2010；姚萍等，2012）。在水稻不同生长发育阶段内，极端高温的影响机理分别为：开花期高温会致使花药开裂困难，花粉量减少、花粉活力下降，且抑制花粉管的伸长，从而影响正常的授粉受精过程，造成结实率降低；灌浆期极端高温会导致植株早衰、有效灌浆期缩短，致使同化产物积累量降低，这种状况一方面会导致作物秕谷粒增多、千粒重下降而造成产量明显降低，另一方面会致使水稻的垩白粒率和垩白面积增加、整精米率下降、米粒疏松，导致稻米品质变劣；孕穗期极端高温会导致花粉发育受阻，引起不受精；水稻营养生长阶段遭遇极端高温时，地上部分和地下部分的生长均会受到抑制，造成根系生长受阻以及株高增高缓慢等症状（王春乙，2008；田小海等，2009；高素华和王培娟，2009；谢晓金等，2010；姚萍等，2012；谢志清等，2013）。2008 年，我国发布了《主要农作物高温危害温度指标》（GB/T 21985—2008）的国家标准，划定了水稻生长发育各阶段的极端高温阈值，以规范水稻高温热害的监测评估工作，并被相关研究广泛参考（王品等，2014；Sun and Huang，2011；Zhang et al.，2014；田小海等，2009；万素琴等，2009；张倩，2010）。

1.5 国内外研究进展

1.5.1 水稻极端温度灾害的时空变化研究

全球水稻面积分布中，亚洲水稻种植面积最大，约占90%，其中排名前两位的是印度和中国，二者的种植面积之和约占全球水稻种植总面积的50%（周锡跃等，2010；朱德峰，2010）。整体上看，水稻种植区主要分布在东亚、南亚和东南亚，这些地区多发极端高温天气（Wassmann et al.，2009），因此全球尺度上的研究多关注水稻极端高温胁迫的时空变化特征。近年来，Teixeira 等（2013）和 Gourdji 等（2013）先后开展了全球尺度上农作物极端高温胁迫时空变化特征的研究，因其数据资料的科学性以及研究内容的全面性，被国内外相关研究广泛借鉴。Teixeira 等（2013）利用水稻生长发育敏感阶段内的极端高温胁迫强度指标 f_{HS}，对比分析了历史时期（1971 ~ 2000 年）和未来时期（A1B 情景下 2071 ~ 2100 年）极端高温胁迫强度的变化情况，并指出全球大部分地区极端高温胁迫强度都有所加重，其中亚洲中部和东部、澳大利亚南部、北美洲中部及巴西东南部的加重幅度比较高。随后，Gourdji 等（2013）根据历史观测资料，以水稻抽穗开花期的前后 30 天作为极端高温敏感期，统计该阶段内超过设定阈值的极端高温天数，并研究了 1981 ~ 2011 年极端高温天数的变化情况。研究结果指出，1981 ~ 2011 年全球尺度上水稻敏感期内极端高温天数的变化趋势是 0.04d/10a，研究区内约 15% 的地区增加趋势超过 0.1d/10a，局部地区的增加趋势超过 1d/10a，这些地区主要集中在中国长江中下游地区、印度东部和尼罗河盆地。此外，该研究还指出在气候变暖背景下，从 21 世纪初到 21 世纪 50 年代受极端高温影响的水稻种植区所占比例将从 8% 上升到 27%，这种情况将给全球水稻生产带来较大的减产风险。综上所述，在全球范围内水稻生长季内极端温度胁迫发生了比较明显的变化，未来极端高温胁迫的风险将明显增加。

在我国，水稻种植区从北到南跨越了寒温带、中温带、暖温带、亚热带和热带 5 个温度带，空间分布呈西北部地区少而分散，东南部地区多而集中，西南部垂直分布，从北到南逐渐增多的趋势；从水稻种植制度上来看，北方水稻种植区主要种植单季稻，长江流域兼种单季稻和双季稻（包括早稻和晚稻），而华南地区多种植双季稻，部分地区（如海南省）甚至可以种植三季稻（程式华和李建，2007）。目前关于水稻极端温度胁迫的时空变化研究通常是在我国局部区域开展的，主要包括我国东北稻作区、长江中下游稻作区、华南双季稻区。

东北稻作区位于中高纬度地区，种植区内大陆季风气候明显，天气气候年际变化比较大，热量条件不稳定，作物从播种到成熟的各个生长发育阶段都有可能遭受极端低温的影响（王品等，2014；冯喜媛等，2013；刘民，2009；马建勇等，2012；张丽文，2013）。气候变暖背景下，东北稻作区的气象条件有所改善，一定程度上缓解了低温冷害的发生（刘晓菲等，2012；Liu et al.，2013）。我国长江中下游稻作区处于亚热带和暖温带的过渡带，区域气候环境比较复杂，容易发生极端高温天气（王品等，2014；田小海等，2009）。长江中下游种植区在夏季 7、8 月份受到副热带高压控制，持续性高温天气频繁袭击该种植区（王春乙，2010），加之该地区河谷山间盆地较多，往往导致极端高温持续天数有所延长，因此水稻生长发育敏感期内遭遇极端高温影响的概率比较大，高温热害的风险也比较高（王品等，2014；田小海等，2009；谢晓金等，2010）。在全球气候变暖背景下，高温热浪事件趋于频繁，这将进一步加重长江中下游水稻种植区的高温热害风险（张倩，2010）。在华南双季稻区，2、3 月份是早稻播种育秧时期，而此时北方冷空气频频南下，与海上移来的暖湿气流相遇，容易形成持续低温阴雨或急剧降温的天气过程，进而导致早稻烂秧；此外，晚稻抽穗开花期一般处于秋季冷空气南侵的时候，极端低温会阻碍水稻开花受精、造成作物空壳瘪粒，进而导致减产（郭建平和马树庆，2009）。气候变暖背景下，华南稻作区农业气象站的灾害观测记录显示，在早稻生长季内，大范围地区的低温冷害发生次数有所下降（1991 ~2009 年）；同样地，在晚稻生长季内，稻作区的西南部和东部遭受低温冷害的次数也有所降低，但中部地区发生次数却有所增加（Tao et al.，2013）。

我国大部分水稻种植区都会受到极端温度的影响，因此进行全国尺度上极端温度胁迫的对比分析是很有必要的。然而由于各地区研究中选择的灾害指标、采用的估算方法等都差异较大，且结果的可信水平也参差不齐，因此难以直接进行全国尺度上的对比分析。在这种情形下，近年来有些学者开始尝试从全国尺度上开展相关研究。Sun 和 Huang（2011）利用极端温度胁迫指标 DETS（duration-based extreme temperature stress index）来对比分析我国四大水稻种植区极端温度胁迫的年代际变化特征（1961 ~2008 年），并指出气候变暖确实缓解了水稻极端低温胁迫，但并未明显加重极端高温胁迫。Zhang 等（2014）利用近年来国际上广泛采用的积温指标（growing degree days，GDD）指标，从县级尺度上评估了气候变暖背景下我国水稻主产区内极端温度胁迫的线性变化趋势，并指出在大部分水稻种植区内极端低温胁迫显著降低而极端高温胁迫显著加重。这两类研究在极端温度指标的选用和空间尺度的选择上有所不同，因此得出的结论也略有差异，但根据这些研究可以确定的是气候变暖背景下我国水稻主产区内极端温度胁迫确实发生了比较明显的变化。

1.5.2 水稻极端温度灾害的损失变化研究

根据上文综述可以发现，无论是全球尺度还是具体到我国水稻种植区内，水稻极端温度胁迫都发生了比较明显的年（代）际变化。在这种情况下，气候变暖背景下极端温度对水稻产量的影响就成了我们要关注的重点。

在21世纪的第二个十年之前，大多数研究仅停留在气候变暖背景下水稻极端温度胁迫的时空变化研究上，针对极端温度对水稻产量的影响程度仅给予定性说明，并未定量评估极端温度对产量造成的实际影响，例如，Gourdji等（2013）研究了全球农作物在它们各自生殖生长期内受高温胁迫的历史情况和未来变化趋势。Sun和Huang（2011）研究了极端温度胁迫指数和产量变化之间的相关性，指出历史时期（1961～2008年）的全球变暖趋势虽然还未造成显著的高温胁迫下的水稻产量损失，但却有效减缓了低温胁迫下的水稻产量损失；Zhang等（2014）则比较了不同类型的极端温度胁迫指数，指出了不同指数和产量损失之间相关的差异性，从而得出极端高温胁迫和极端低温胁迫共同增长的结论。包云轩等（2012）在使用了温度距平、气候倾向率和M-K检验法等多种手段研究江苏省不同区域的气候变暖特征后，对热害发生次数与产量波动情况进行了相关性分析，得出气候变暖是水稻产量下降的重要原因的结论。

近十年以来，气候变暖背景下极端温度对水稻产量影响的定量化评估逐渐增多。例如刘晓菲等（2012）尝试利用统计建模的方法研究黑龙江省极端低温对水稻产量的影响情况，并指出20世纪80年代之后气候变暖缓解了该省水稻生长季内的极端低温胁迫，从而降低了极端低温造成的产量损失，具体表现为80年代前每亩平均产量损失21.9kg，80年代后损失降低至每亩14.2kg，这在一定程度上促进了黑龙江省水稻产量的提高。国际上，Teixeira等（2013）将极端温度影响的经验公式和GAEZ模型相结合，评估了气候变暖背景下极端高温对水稻产量的影响，指出从历史时段（1971～2000年）到A1B情景下的未来时段（2071～2100年），极端高温胁迫的加重导致产量损失（f_{dmg}指标）从0.1上升到0.6。

然而，目前在水稻因灾致损的国内外研究中，还缺乏对于中国水稻种植区的整体量化评估研究，尚不清楚极端温度灾害在不同水稻种植区内的影响差异，没有形成对基于灾害事件的快速灾损评估技术体系，更鲜少有事前防范和事后补偿的应对性措施。本书将在接下来的章节中针对以上问题展开研究与讨论，以期组成“发现认识灾害→模型模拟灾害→因灾致损评估→防御性措施应用→适应性案例研究→粮食安全评价案例”的完整研究路径，为建设农业风险防范体系提供技术支撑和专业建议，保卫国家粮食安全。

参考文献

包云轩，刘维，高苹，等．2012．气候变暖背景下江苏省水稻热害发生规律及其对产量的影响［J］．中国农业气象，33（2）：289-296.

程式华，李建．2007．现代中国水稻［M］．北京：金盾出版社．

崔一鸣，毕伊红，张丹丹，等．2015．低温冷害研究进展［J］．现代农业科技，（24）：240-241.

房茜，吴文祥，周扬．2012．气候变化对农作物产量影响的研究方法综述［J］．江苏农业科学，40（4）：12-16.

冯喜媛，郭春明，陈长胜，等．2013．基于气象模型分析东北三省近50年水稻孕穗期障碍型低温冷害时

空变化特征 [J]. 中国农业气象, 34 (4): 462-467.
高素华, 王培娟. 2009. 长江中下游高温热害及对水稻的影响 [M]. 北京: 气象出版社.
郭建平, 马树庆. 2009. 农作物低温冷害监测预测理论和实践 [M]. 北京: 气象出版社.
何英彬, 陈佑启, 唐华俊. 2008. 水稻冷害研究进展 [J]. 中国农业资源与区划, 29 (2): 33-38.
刘民. 2009. 水稻低温冷害分析及研究进展 [J]. 黑龙江农业科学, 38 (4): 154-157.
刘晓菲, 张朝, 帅嘉冰, 等. 2012. 黑龙江省冷害对水稻产量的影响 [J]. 地理学报, 67 (2): 1223-1232.
马建勇, 许吟隆, 潘婕. 2012. 东北地区农业气象灾害的趋势变化及其对粮食产量的影响 [J]. 中国农业气象, 33 (2): 283-288.
聂元元, 蔡耀辉, 颜满莲, 等. 2011. 水稻低温冷害分析研究进展 [J]. 江西农业学报, 23 (3): 63-66.
裴永燕, 岳红伟. 2009. 东北地区农作物低温冷害研究 [J]. 科技传播, (1): 16-17.
上海植物生理研究所人工气候室. 1976. 高温对早稻开花结实的影响及其防治Ⅱ. 早稻开花期高温对开花结实的影响 [J]. 植物生理学报, 18 (4): 323-329.
上海植物生理研究所人工气候室. 1977. 高温对早稻开花结实的影响及其防治Ⅲ. 早稻开花结实对高温伤害的敏感期 [J]. 植物生理学报, 19 (2): 126-131.
田小海, 罗海伟, 周恒多, 等. 2009. 中国水稻热害研究历史、进展与展望 [J]. 中国农学通报, 25 (22): 166-168.
万素琴, 陈晨, 刘志雄, 等. 2009. 气候变化背景下湖北省水稻高温热害时空分布 [J]. 中国农业气象, 30 (1): 316-319.
王春乙. 2008. 东北地区农作物低温冷害研究 [M]. 北京: 气象出版社.
王春乙. 2010. 中国重大农业气象灾害研究 [M]. 北京: 气象出版社.
王春乙, 张雪芬, 赵艳霞. 2010. 农业气象灾害影响评估与风险评价 [M]. 北京: 气象出版社.
王连喜, 秦其明, 张晓煜. 2003. 水稻低温冷害遥感监测技术与方法进展 [J]. 气象, 29 (10): 3-7.
王品, 魏星, 张朝, 等. 2014. 气候变暖背景下水稻低温冷害和高温热害的研究进展 [J]. 资源科学, 36 (11): 2316-2326.
王绍武, 马树庆, 陈莉, 等. 2009. 低温冷害 [M]. 北京: 气象出版社.
王远皓, 王春乙, 张雪芬. 2008. 作物低温冷害指标及风险评估研究进展 [J]. 气象科技, 36 (3): 310-317.
王志刚, 王磊, 林海, 等. 2013. 水稻高温热害及耐热性研究进展 [J]. 中国稻米, 19 (1): 27-31.
王主玉, 申双和. 2010. 水稻低温冷害研究进展 [J]. 安徽农业科学, 38 (22): 11971-11973.
谢晓金, 李秉柏, 王琳, 等. 2010. 长江中下游地区高温时空分布及水稻花期的避害对策 [J]. 中国农业气象, 31 (1): 144-150.
谢志清, 杜银, 高苹, 等. 2013. 江淮流域水稻高温热害灾损变化及应对策略 [J]. 气象, 39 (6): 774-781.
姚萍, 杨炳玉, 陈菲菲, 等. 2012. 水稻高温热害研究进展 [J]. 农业灾害研究, 2 (4): 23-25.
余肇福. 1994. 作物冷害 [M]. 北京: 中国农业出版社.
张丽文. 2013. 基于 GIS 和遥感的东北地区水稻冷害风险区划与监测研究 [D]. 杭州: 浙江大学.
张倩. 2010. 长江中下游地区高温热害对水稻的影响评估 [D]. 北京: 中国气象科学研究院.

中国气象局．2009. 水稻、玉米冷害等级 QX/T 101—2009［M］. 北京：气象出版社．

中国气象局．2013. 水稻冷害评估技术规范［M］. 北京：气象出版社．

中华人民共和国国家质量监督检验检疫总局，中国国家标准化管理委员会．2008. 主要农作物高温危害温度指标 GB/T 21985—2008［S］. 国家质检总局（CN-GB）．

中华人民共和国农业部．2012. 水稻冷害田间调查及分级技术规范 NY/T 2285—2012［S］. 行业标准-农业（CN-NY）．

周锡跃，徐春春，李凤博，等．2010. 世界水稻产业发展现状、趋势及对我国的启示［J］. 农业现代化研究，31（5）：525-528.

朱德峰，程式华，张玉屏，等．2010. 全球水稻生产现状与制约因素分析［J］. 中国农业科学，43（3）：474-479.

Butler E E，Huybers P. 2013. Adaptation of US maize to temperature variations［J］. Nature Climate Change，3（1）：68-72.

Challinor A J，Wheeler T R，Craufurd P Q，et al. 2007. Adaptation of crops to climate change through genotypic responses to mean and extreme temperatures［J］. Agriculture，ecosystems & environment，119（1）：190-204.

FAO. 2010. Food and Agriculture Organization of the United Nations［Z］.

Gourdji S M，Sibley A M，Lobell D B. 2013. Global crop exposure to critical high temperatures in the reproductive period：historical trends and future projections［J］. Environmental Research Letters，8（2）24041：1-10.

IPCC. 2007. Climate Change 2007：the physical science basis. Contribution of working group I to the fourth assessment report of the intergovernmental panel on climate change［M］. New York：Cambridge University Press.

IPCC，. 2013. Climate change：Working Group I contribution to the IPCC fifth assessment report（AR5）［R］. Switzerland：IPCC.

Liu X，Zhang Z，Shuai J，et al. 2013. Impact of chilling injury and global warming on rice yield in Heilongjiang Province［J］. Journal of Geographical Sciences. 23（1）：85-97.

Matsui T，Namuco O S，Ziska L H，et al. 1997. Effects of high temperature and CO_2 concentration on spikelet sterility in indicarice［J］. Field Crops Research，51（3）：213-219.

Matsui T，Omasa K，Horie T. 2000. High temperature at flowering inhibits swelling of pollen grains，a driving force for thecae dehiscence in rice（Oryza sativa L.）［J］. Plant Production Science，3（4）：430-434.

Matsui T，Omasa K，Horie T. 2001. The difference in sterility due to high temperatures during the flowering period among japonica-rice varieties［J］. Plant Production Science-Tokyo，4（2）：90-93.

Nakagawa H，Horie T，Matsui T，et al. 2003. Effects of climate change on rice production and adaptive technologies［C］. Manila：International Rice Research Institute（IRRI）．

Rang Z W，Jagadish S，Zhou Q M，et al. 2011. Effect of high temperature and water stress on pollen germination and spikelet fertility in rice［J］. Environmental and Experimental Botany，70（1）：58-65.

Sun W，Huang Y. 2011. Global warming over the period 1961-2008 did not increase high-temperature stress but did reduce low-temperature stress in irrigated rice across China［J］. Agricultural and Forest Meteorology，151（9）：1193-1201.

Tang H, Pang J, Zhang G, et al. 2014. Mapping ozone risks for rice in China for years 2000 and 2020 with flux-based and exposure-based doses [J]. Atmospheric Environment, (86): 74-83.

Tao F, Zhang S, Zhang Z. 2013. Changes in rice disasters across China in recent decades and the meteorological and agronomic causes [J]. Regional Environmental Change, 13 (4): 743-759.

Teixeira E I, Fischer G, van Velthuizen H, et al. 2013. Global hot-spots of heat stress on agricultural crops due to climate change [J]. Agricultural and Forest Meteorology, 170: 206-215.

Wassmann R, Jagadish S V K, Sumfleth K, et al. 2009. Regional Vulnerability of climate Change Impacts on Asian Rice Production and Scope for Adaptation [J]. Advances in Agronomy, 102: 91-133.

Wei X, Declan C, Erda L, et al. 2009. Future cereal production in China: the interaction of climate change, water availability and socio-economic scenarios [J]. Global Environmental Change, 19 (1): 34-44.

Zhang Z, Wang P, Chen Y, et al. 2014. Global warming over 1960-2009 did increase heat stress and reduce cold stress in the major rice-planting areas across China [J]. European Journal of Agronomy, (59): 49-56.

第2章　我国历史水稻极端温度灾害概述

2.1　极端温度灾害的时空变化特征

2.1.1　材料与方法

为充分展现我国水稻极端温度灾害的发展变化情况，本书基于中国省级行政区划，选取16个主要水稻生产省份作为研究区域（图2.1）。该区域是我国水稻主产区，虽然土地面积仅占全国陆地面积的35%，但却集中分布了全国96%的水稻种植面积和94%的水稻产量。需要说明的是，其中某些省份由于同时种植单双季稻，划分时依据两者播种面积的比例进行判定，如湖南省双季稻的种植面积远大于单季稻，则划分时就将该省归入双季稻种植区域，反之亦然（Sun and Huang，2011；Zhang et al.，2014a）。

各区域的基本情况如下所述：

1）东北单季稻区（Ⅰ区），包括黑龙江省、吉林省、辽宁省。该区年≥10℃的积温少于3500℃，北部地区常出现低温冷害，水稻安全生育期为100～120d。生长期间日照为1000～1300h，降水量为300～600mm。

2）云贵高原单季稻区（Ⅱ区），包括云南省、贵州省。该区年≥10℃的积温为3500～5500℃，粳稻安全生育期为178～184d。生长季日照为800～1500h，降水量为530～1000mm。

3）长江流域单季稻区（Ⅲ区），包括Ⅲ1区四川盆地单季稻区（四川省、重庆市）和Ⅲ2区长江中下游单季稻区（江苏省、安徽省、湖北省）。该区年≥10℃的积温为4500～6000℃，粳稻安全生育期为166～185d。生长季日照为700～1500h，降水量为700～1600mm。

4）南方双季稻区（Ⅳ区），包括浙江省、江西省、湖南省、福建省、广东省、广西壮族自治区。该区年≥10℃的积温为5300～8000℃，籼稻安全生育期为176～253d。生长季日照为1200～1500h，降水量为900～2000mm。

本书研究所使用数据资料的来源及其预处理方式如下所述（按照文中出现的先后顺序）：

1）历史气象数据。1980～2009年的气象站点数据从中国气象数据共享服务网上获取（http://cdc.cma.gov.cn/）。气象要素包括逐日平均温度（℃）、最低温度（℃）、最高温度（℃）、降水量（mm）、日照时数（h）、平均风速（m/s）和平均相对湿度（%）。此

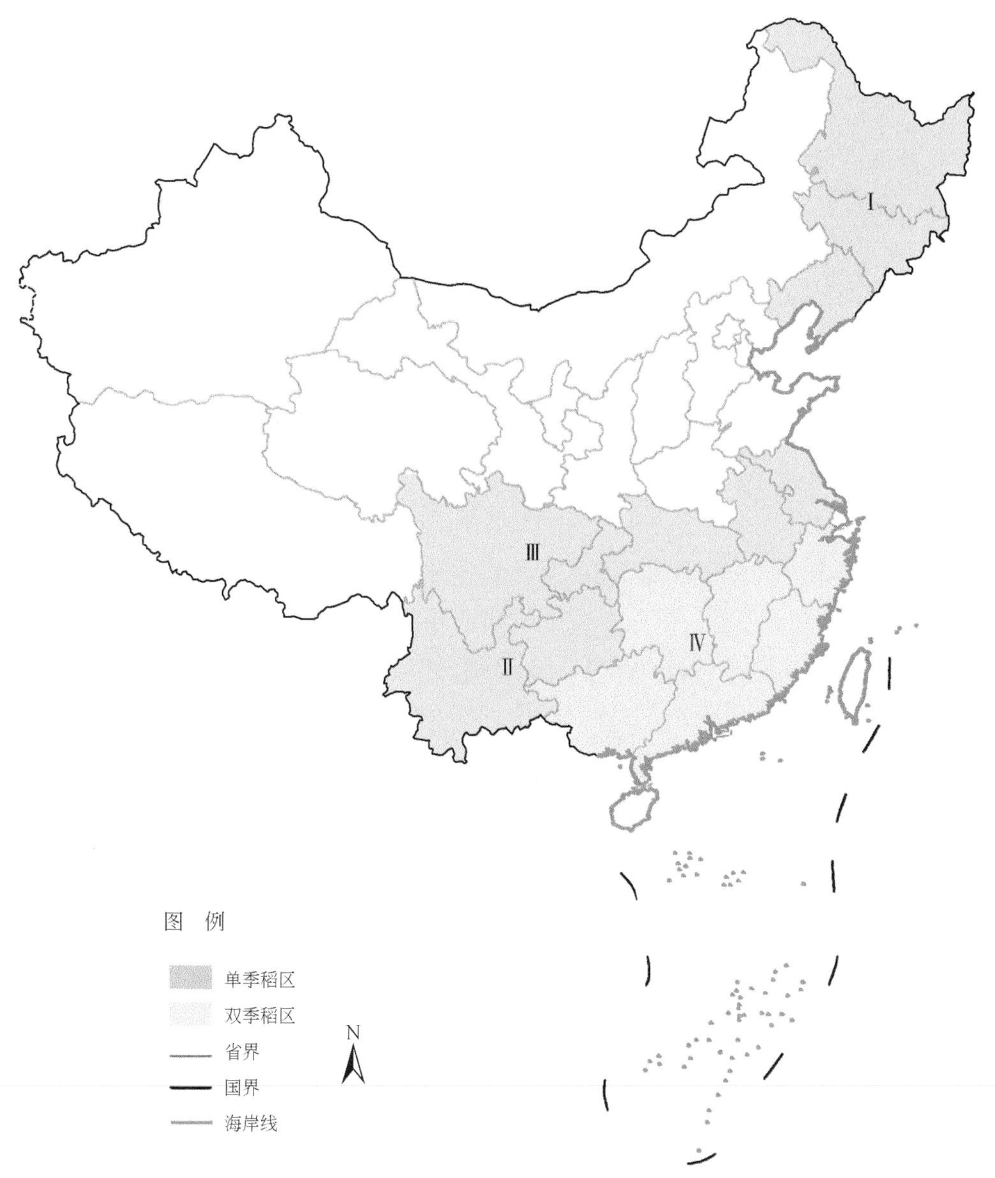

图 2.1 研究区范围及其划分方式

外，研究中还需用到逐日太阳辐射量（MJ/m^2），该数据是参考 Shuai 等（2015）的方法根据日照时数推算得出的。

2）水稻单产数据。省级水稻单产数据（1980 ~ 2008 年）从中国种植业信息网上获取（http：//zzys. agri. gov. cn/nongqing. aspx）；县级水稻单产数据（1980 ~ 2008 年）从中国种植业信息网和县级统计年鉴上整理得出。对于有空缺年份的单产数据，采用周围与其生产条件相似地区的单产补齐。

3）水稻物候数据。水稻种植物候信息来自于全国农业气象站观测的农作物生长发育状况报告，记录包括水稻主要生长发育期的日期，例如播种期、孕穗期、抽穗开花期和成熟期等。

根据极端温度对水稻产量的影响机理，将水稻生长季划分为两大阶段：营养生长期和生殖生长期（Wang et al.，2014；姚蓬娟等，2015）。极端温度表征指标通常需要具备较明确的生物学意义，也即通常所说的低温冷害指标或高温热害指标［简称冷（热）害指标］。冷（热）害指标主要包括三类：生长季或者生长发育敏感期的温度距平指标、热量累积指标和综合类指标（王品等，2014）。第一类指标的构建方式比较简单，其主要思路是根据某时段温度条件偏离多年平均状况的程度，来表征该时段温度条件的极端程度。这类指标目前多适用于热量条件常年不足、水稻生长发育期内频繁遭受极端低温影响的水稻种植区（例如我国东北水稻种植区）。国际上，早在 1975 年 Thompson 就已经采用温度距平指标（temperature anomalies）来表征低温强度（Thompson，1975）。国内，丁士晟（1980a，1980b）用 5 ~ 9 月份的平均温度距平指标作为东北地区的低温冷害指标；刘晓菲等（2012）用水稻生长季内平均温度的距平指标来研究黑龙江省水稻遭受的延迟型低温冷害。第二类是热量累积指标，国内外多采用超过某温度阈值的累积状况来刻画该类指标。该类指标比较充分地考虑了农作物生长发育期内的热量累积状况，能够比较准确地量化农作物遭受的极端温度胁迫强度，目前应用较为广泛。国际上，Lobell 等（2011a）采用 GDD30（日平均温度超过 30℃部分的累积）表征非洲地区农作物遭受的极端高温胁迫强度。国内，潘铁夫等（1983）把全年内超过 10℃的积温作为低温冷害年的监测指标；此外，一些学者还根据农作物各个生长发育期内需热程度的不同构建了较为复杂的热量指标，以研究局部地区的极端温度状况（王春乙，2008；谢志清等，2013）。第三类是综合指标，通常有主导指标和辅助指标共同构成。中国气象局发布的《水稻、玉米冷害等级》（QX/T 101—2009）和《主要农作物高温危害温度指标》（GB/T 21985—2008）均采用这类指标。该类指标一般以极端温度发生的临界阈值为主导指标、以持续天数为辅助指标来划分冷热害等级，在监测和预警技术中效果较好应用比较广泛；但该类指标通常采用定性描述方式（如轻、中、重等级）来评估极端温度胁迫程度，致使其在定量研究方面存在一定限制。表 2. 1 中展示了不同种植区内水稻营养生长期和生殖生长期的极端温度阈值，表格中的阈值是在综合国内外最新研究成果的基础上设定的（Sun and Huang，2011；Wang et al.，2014；Tao et al.，2013；高素华和王培娟，2009；王绍武等，2009）。对极端温度灾害指标的具体计算方法如下所述：

1）根据表 2. 1，如果日温度低于极端低温阈值 T_{low} 时，则极端低温发生频次计为一次；如果日温度高于极端高温阈值 T_{high} 时，则极端高温发生频次计为一次。在各研究单元内，统计 1980 ~ 2009 年历年来水稻营养生长期和生殖生长期内极端温度（包括极端低温和极端高温）的发生频次。

表 2.1　不同水稻种植区的极端温度阈值

种植区	营养生长期		生殖生长期		参考资料
	极端低温阈值 T_{low} T_{min}/T_{mean}/℃	极端高温阈值 T_{high} T_{max}/T_{mean}/℃	极端低温阈值 T_{low} T_{min}/T_{mean}/℃	极端高温阈值 T_{high} T_{max}/T_{mean}/℃	
Ⅰ	8/10	35/30	17/19	35/30	GB/T 21985—2008；QX/T 101—2009
Ⅱ	8/10	35/30	18/20	35/30	Sun et al.，2011；Tao et al.，2013
Ⅲ	8/10	35/30	18/20	35/30	Wang et al.，2014；Zhang et al.，2014a
Ⅳ	10/12	35/30	20/22	35/30	高素华和王培娟，2009；王绍武等，2009

注：T_{mean}、T_{min}、T_{max}分别代表日平均温度、日最低温度、日最高温度；种植区Ⅰ～Ⅳ见图 2.1 所示。

计算研究时段内极端温度发生频次的平均值，并将其展示在空间分布图中，通过对比来研究我国水稻主产区内极端温度的地域分布状况。需要说明的是，在计算平均值的过程中发现，研究时段内若仅有一年发生极端低（高）温事件，平均值便超过 0，这种情况下平均值是难以代表当地实际状况的。因此，在近 30 年来超过 80% 的年份里都未发生极端低（高）温事件的地区，本书研究将其发生频次的平均值计为零。以保证平均值更具代表意义。

2）在研究各地区极端温度发生频次的时间变化规律时，一方面分析其时间变化趋势，另一方面分析其年代际变化特征。前者用气候倾向率来表示，气候倾向率是指极端温度发生频次 y 的长期变化趋势，采用一元线性回归方法（Tao et al.，2012；包云轩等，2012），即

$$\hat{y}=a+b\times t \tag{2-1}$$

式中，t 为年份序列号；a 为常数；b 为回归系数，当 b 为正（负）时，表示极端温度发生频次在计算时段内线性增加（减少）；b×10 即为气候倾向率（唐国利和丁一汇，2006；魏凤英，1999）。

对于后者，即年代际变化特征的研究，其方法如下。年代际变化特征的研究方法如下，首先将研究时段划分为三个年代，包括 20 世纪 80 年代（1980～1989 年）、90 年代（1990～1999 年）和 21 世纪初（2000～2009 年），再计算各年代极端温度的平均发生频次，根据三个数值的相对大小来分析极端温度发生频次的年代际变化特征。为了便于在空间上对比分析各地区的年代际变化特征，本书将年代际变化状况划分为两大类（包括六小类），并用相应的字母来代表。类型划分的具体方法是，首先关注 21 世纪初的变化情况，也即根据 21 世纪初和 90 年代发生频次的相对大小将变化类型划分两大类，前者较大的划为 I 类（increase），代表 21 世纪初发生频次有所增加，前者较小的划为 D 类（decrease）

表示21世纪初发生频次有所降低；在此基础上，以80年代和90年代发生频次的相对大小为依据，将D类和I类分别划分为三小类；如果有两个年代的数值大小相同，便认为发生频次年代际变化不明显。年代际变化类型划分方式如表2.2所示。

表2.2　极端温度发生频次的年代际变化类型

大类	子类1	子类2	子类3
21世纪初以来降低（D）	D1	D2	D3
21世纪初以来加重（I）	I1	I2	I3

注：■代表20世纪80年代（1980～1989年）；▲代表20世纪90年代（1990～1999年）；●代表21世纪初（2000～2009年）。

2.1.2　极端低温发生频次的时空变化特征

据近1980～2009年极端低温发生频次的平均状况可以看出（图2.2）：水稻营养生长期内，东北地区、四川省西南部极端低温发生比较频繁（超过10次）；其他地区的发生次数较少，如四川盆地和南方早稻区，一般不超过6次；长江中下游单季稻区和南方晚稻区水稻营养生长期一般不发生极端低温事件。在水稻生殖生长期内，全国大部分地区都有极端低温事件发生：其中，东北大部分地区极端低温发生次数在6～30次；四川省南部和云

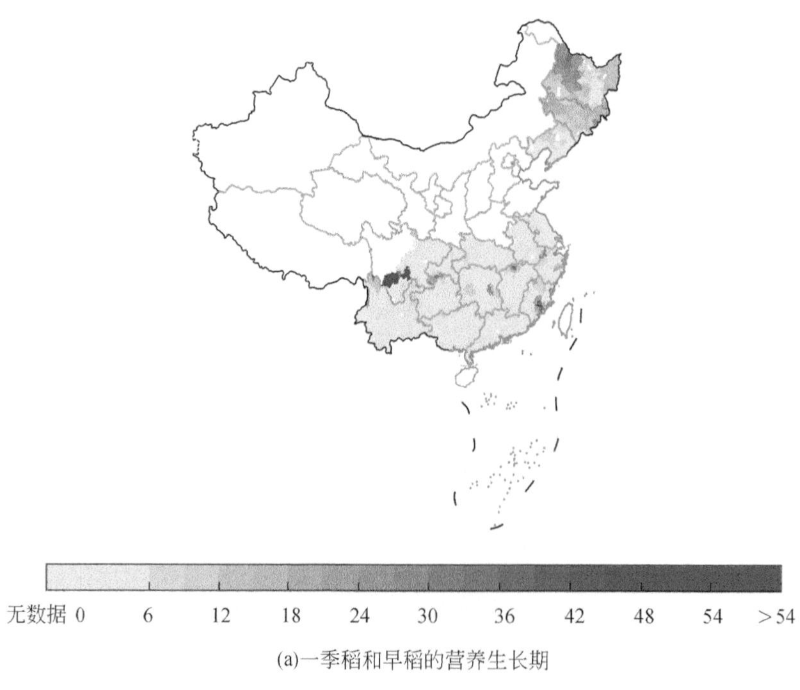

(a)一季稻和早稻的营养生长期

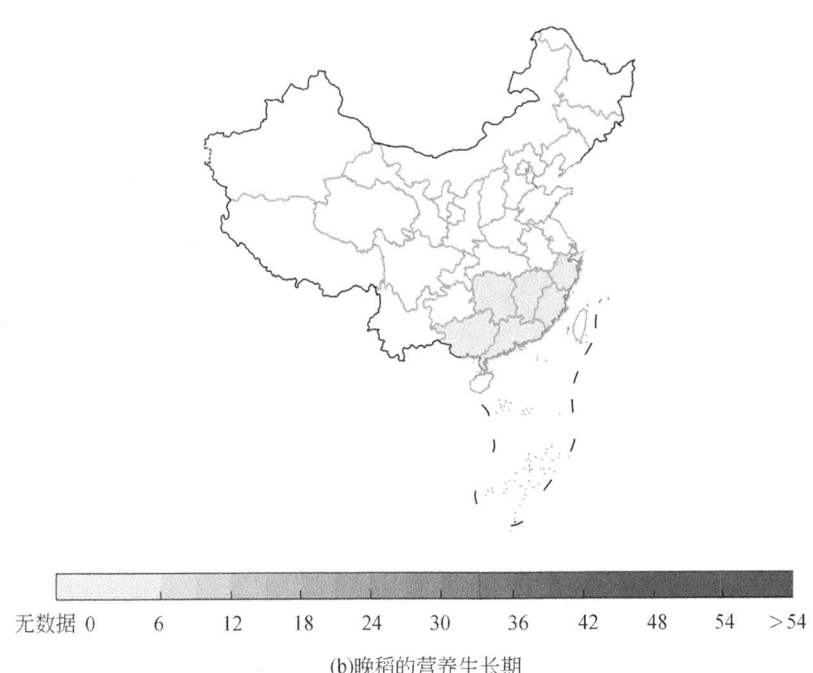

(b)晚稻的营养生长期

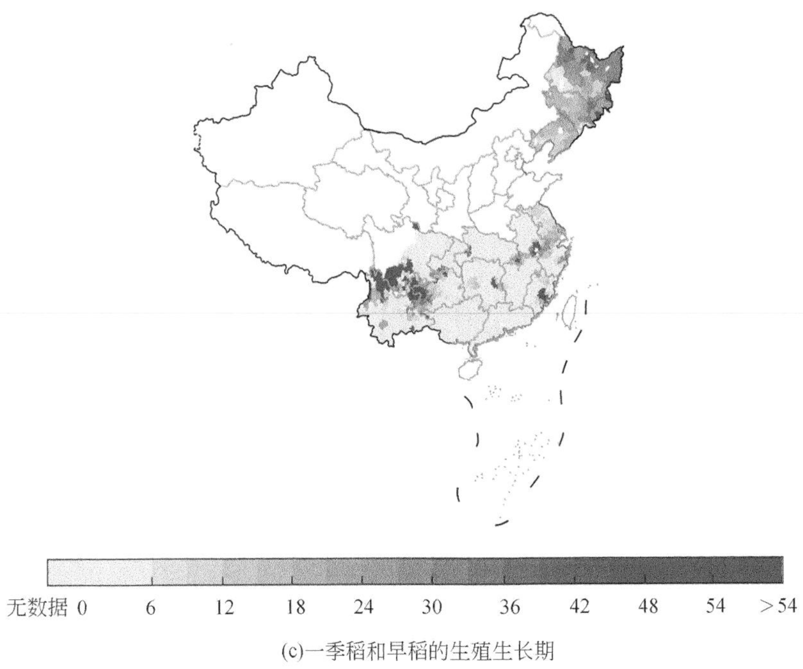

(c)一季稻和早稻的生殖生长期

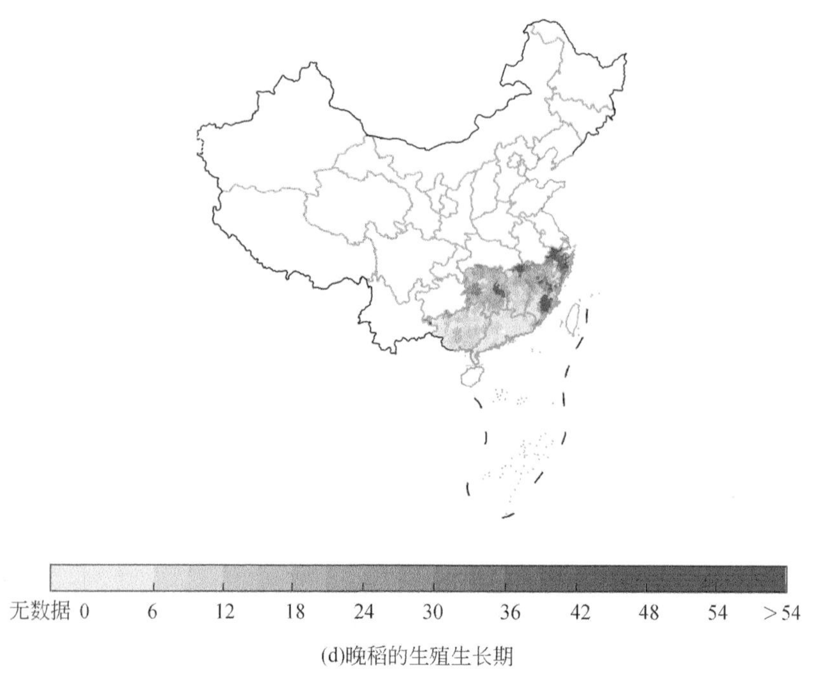

(d)晚稻的生殖生长期

图 2.2　1980～2009 年水稻生长季内极端低温发生频次的平均状况

南省北部极端低温发生比较频繁（超过 20 次）；长江中下游单季稻区和南方早稻区也会发生极端低温事件，但次数较少，大部分地区不超过 5 次，仅在局部地区发生次数超过 10 次；晚稻种植区的北部和东部发生次数比较频繁，大部分地区超过 15 次，南部发生次数较少，一般不超过 10 次。

图 2.3 中展示了我国水稻主产区内极端低温发生频次的时间变化趋势，可以看出，水稻营养生长期内，极端低温发生频次显著降低的地区主要分布在东北单季稻区和南方早稻区的东部。水稻生殖生长期内发生频次显著变化的地区与营养生长期的情况基本一致；此外，江苏省和南方晚稻区大部分地区也表现出显著的缓解趋势。整体上看，研究区内极端低温发生频次呈现出显著降低的趋势，数值范围在 0～8 次/10a。

在以上分析的基础上，进一步从年代际变化特征上来分析极端低温发生频次的时间变化情况。根据图 2.4 可以看出，在水稻营养生长期内，全国大部分地区极端低温发生频次的年代际变化特征都表现为 D2 型（从 20 世纪 80 年代到 21 世纪初持续降低）。仅有少数地区，如辽宁省东部和贵州省中部，极端低温发生频次在 21 世纪初以来有所上升。在水稻生殖生长期内，研究区内大部分地区极端低温发生次数也表现为 D2 型变化特征，这些地区主要集中在东北地区、东部沿海省份、南方早稻区北部以及晚稻区大部分地区。此外，局部地区（例如吉林省东部、湖北省局部地区）表现出 I 型变化特征（也即近十年来发生频次有所增加）。

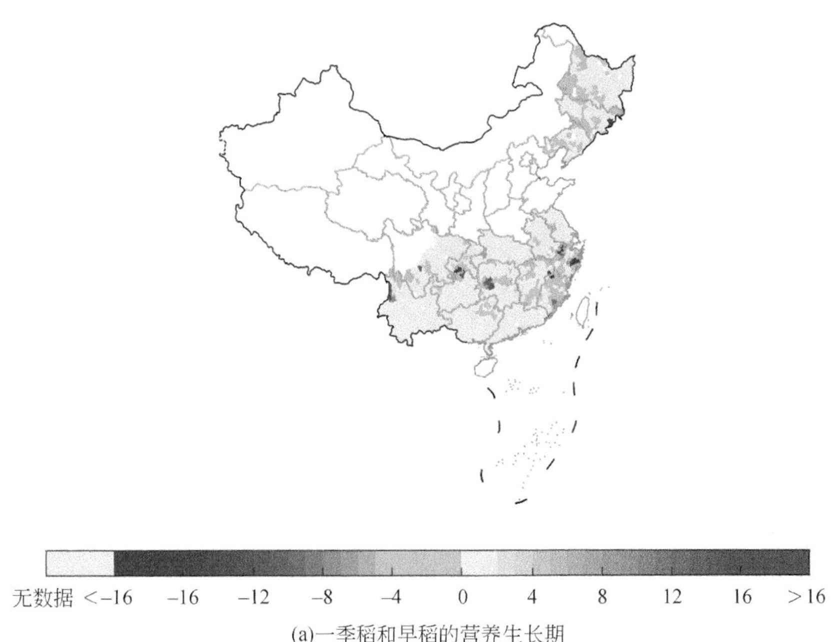

(a)一季稻和早稻的营养生长期

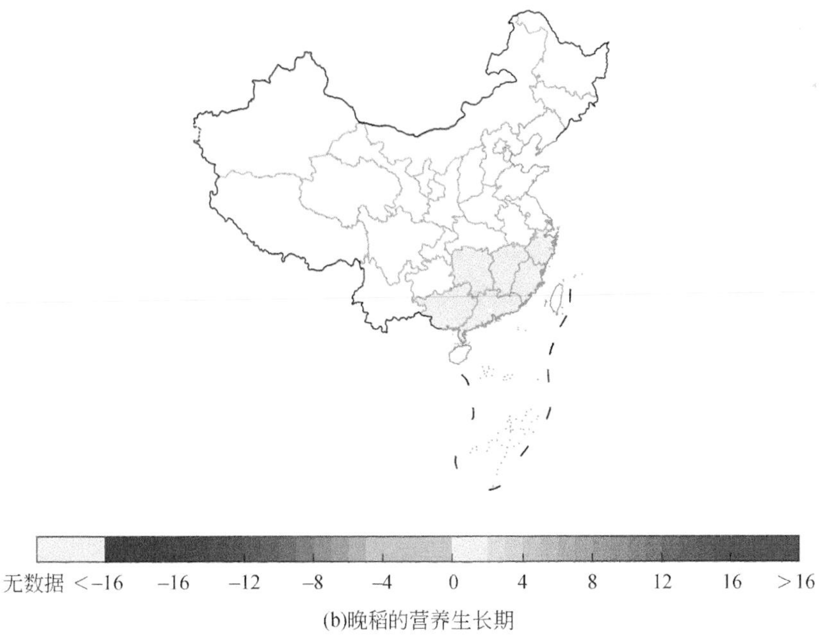

(b)晚稻的营养生长期

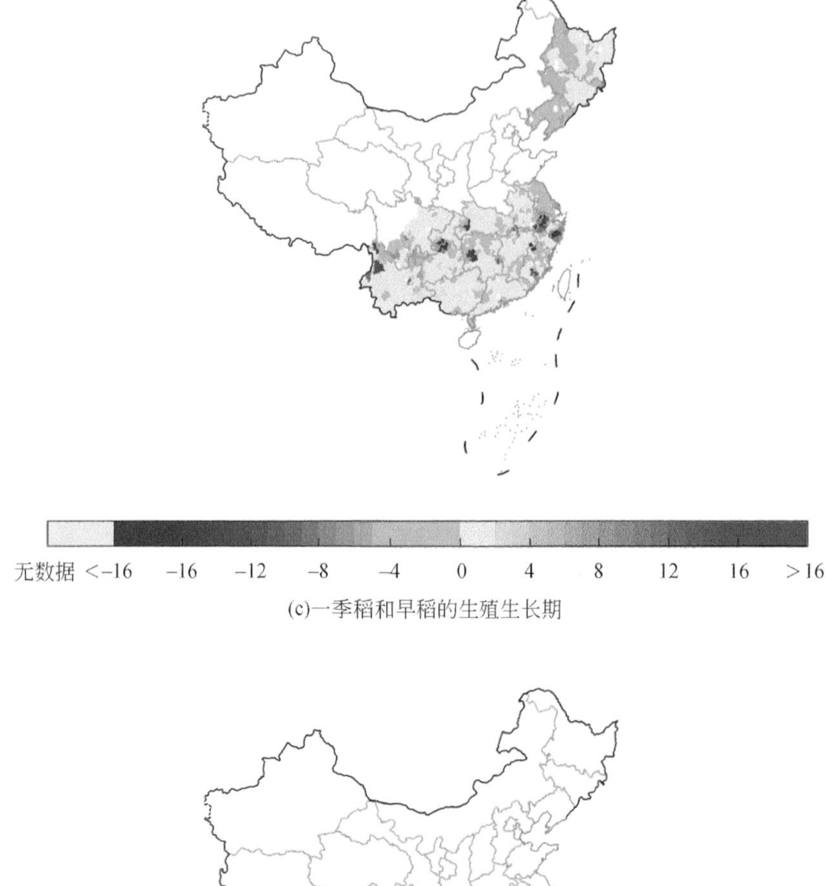

(c)一季稻和早稻的生殖生长期

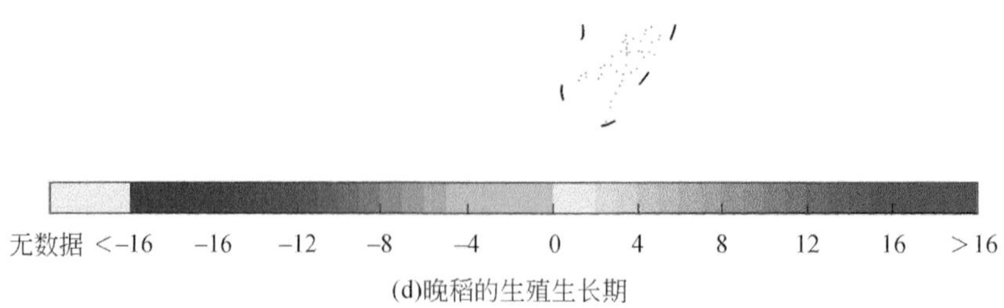

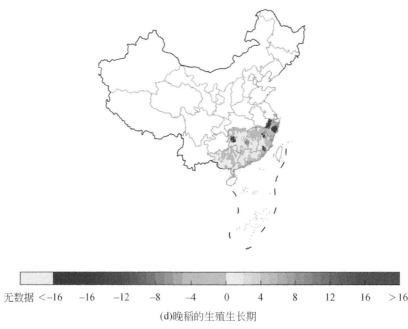

(d)晚稻的生殖生长期

图 2.3　1980～2009 年水稻生长季内极端低温发生频次的时间变化趋势

注：单位为次/10a，$p<0.1$。

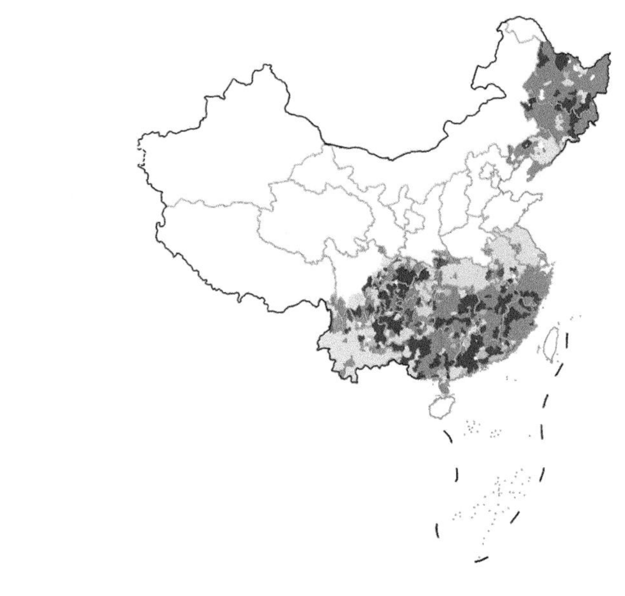

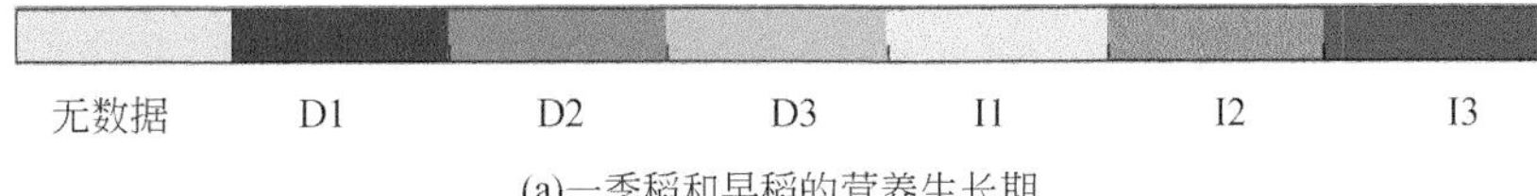

(a)一季稻和早稻的营养生长期

(b)晚稻的营养生长期

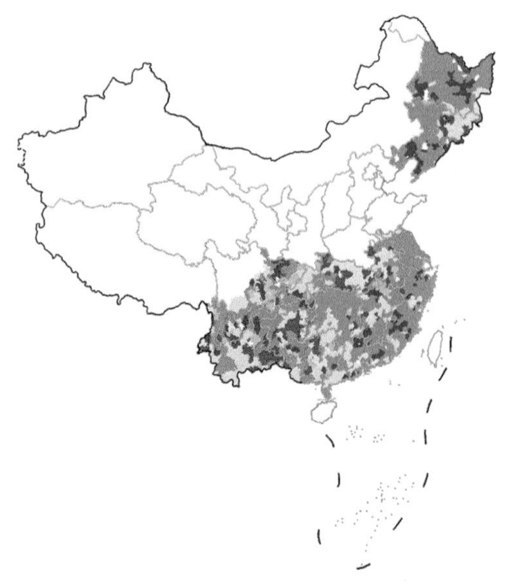

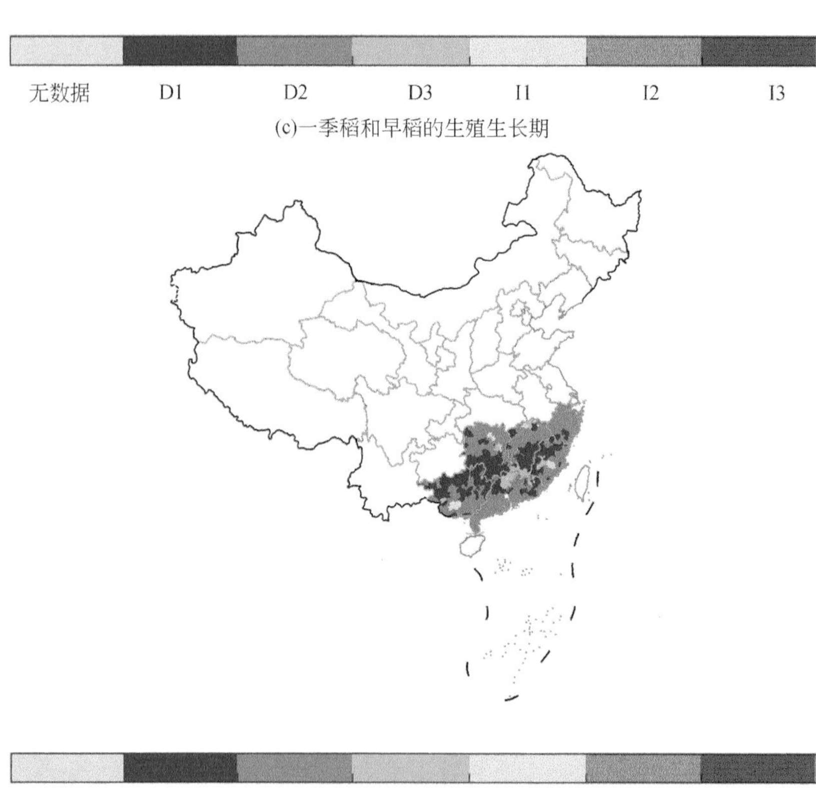

(c)一季稻和早稻的生殖生长期

(d)晚稻的生殖生长期

图 2.4　1980 ~ 2009 年水稻生长季内极端低温发生频次的年代际变化特征

注：D1 ~ D3 和 I1 ~ I3 指代的年代际变化特征如表 2.2 所示。

2. 1. 3　极端高温发生频次的时空变化特征

图 2. 5 展示了 1980 ~ 2009 年水稻生长季内极端高温发生频次的平均状况。通过图 2. 5 可以看出，水稻营养生长期内，长江流域单季稻区和南方早稻区有极端高温事件发生，但发生频次较低，一般不超过 10 次。但在南方晚稻区，营养生长期内极端高温发生次数比

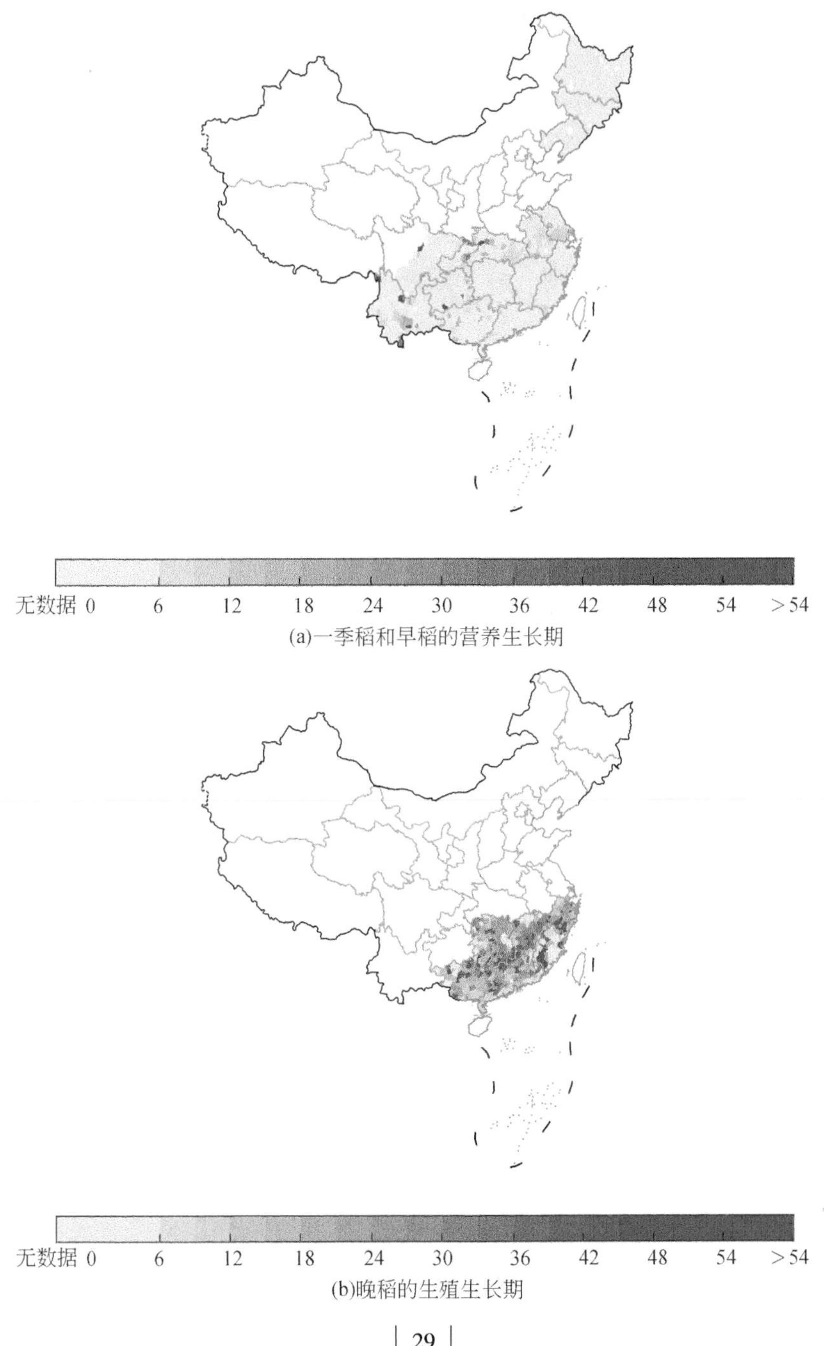

(a)一季稻和早稻的营养生长期

(b)晚稻的生殖生长期

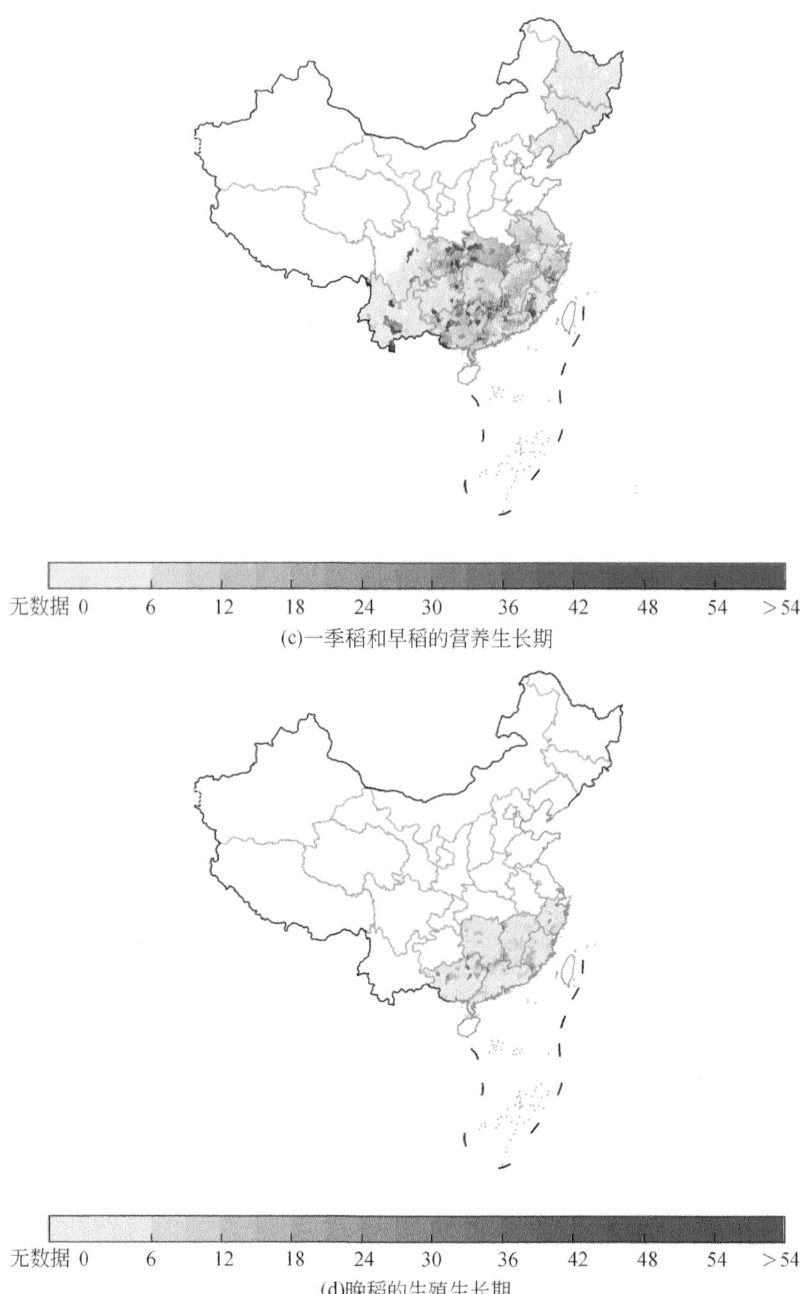

(c)一季稻和早稻的营养生长期

(d)晚稻的生殖生长期

图 2.5 1980～2009 年水稻生长季内极端高温发生频次的平均状况

注：单位为次/10a，$p<0.1$。

较频繁，大部分地区在 15 次以上。在水稻生殖生长期内，长江流域单季稻区和南方早稻区的极端高温事件较多，一般在 12 次以上，而南方晚稻区的发生次数较少，一般不超过 8 次。整体上来看，极端高温主要发生在长江流域单季稻区和南方双季稻区，而东北种植区以及云贵高原种植区水稻生长季内一般不发生极端高温事件。

图 2.6 中展示了极端高温发生频次的时间变化趋势，可以看出：水稻营养生长期内，仅湖北省和浙江省的大部分地区表现出显著的增加趋势（0～5 次/10a），其他大部分地区的变化趋势并不显著。在水稻生殖生长期内，四川盆地以及我国东部地区极端高温发生次数表现出显著的加重趋势（超过 5 次/10a），除此之外，晚稻区浙江省和广东省的大部分地区极端高温发生次数也有显著增加趋势（0～5 次/10a）。

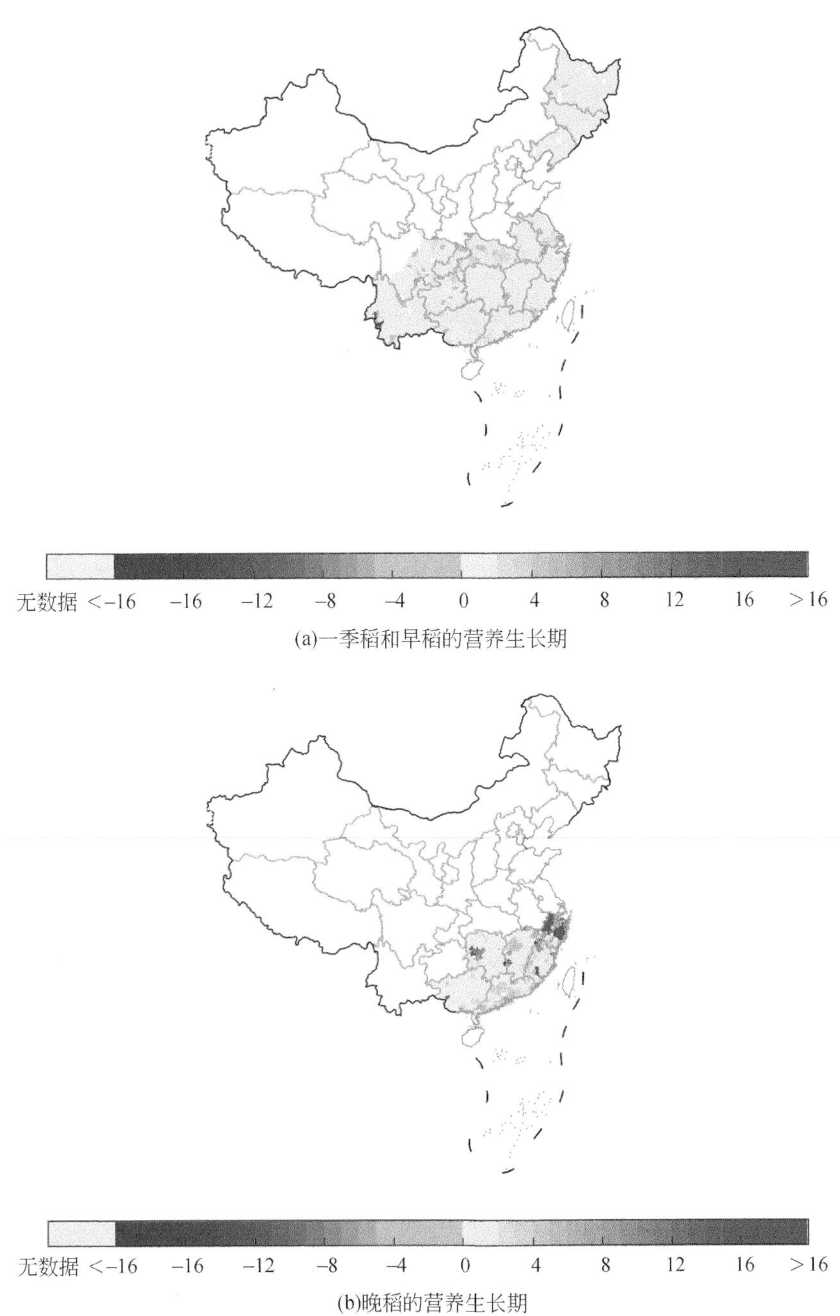

(a)一季稻和早稻的营养生长期

(b)晚稻的营养生长期

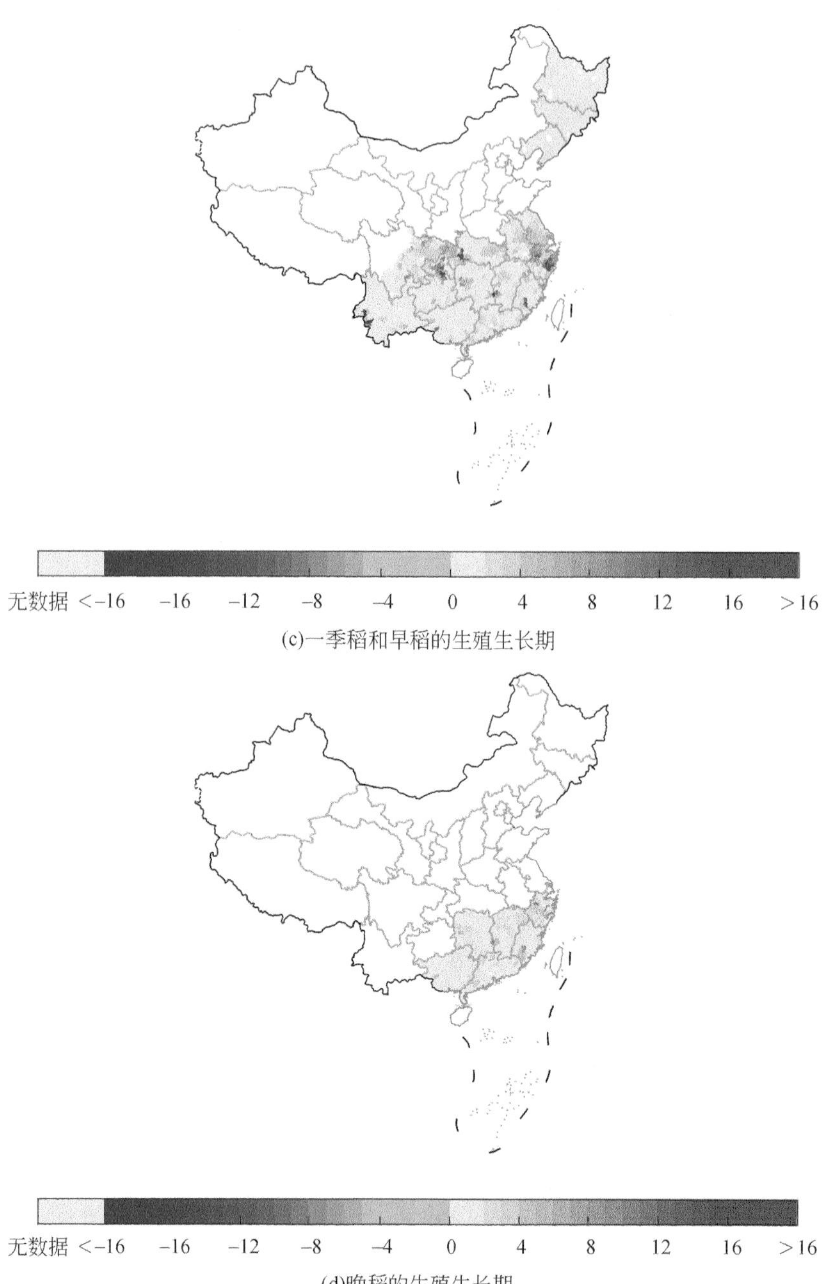

(c)一季稻和早稻的生殖生长期

(d)晚稻的生殖生长期

图 2.6　1980～2009 年水稻生长季内极端高温发生频次的时间变化趋势

注：单位为次/10a，$p<0.1$。

在以上分析的基础上，进一步研究极端高温发生频次的年代际变化特征。根据图 2.7 可以看出，水稻营养生长期内，大部分地区极端高温发生频次表现出近十年来有所增加的特征（I 型）：其中，湖北省以及南方晚稻区大部分地区的具体变化特征为 I3 型（20 世纪 80 年代～90 年代有所缓解但 21 世纪初大幅增加）；而广西壮族自治区南部则表现为 I2 型变化特征（从 80 年代到 21 世纪初期持续增加）。在水稻生殖生长期内，长江流域单季稻区大部分地区以及南方晚稻区北部，极端高温发生频次表现出 I2 型变化特征，而在南方早稻区的大部分地区极端高温发生频次表现出 I3 型变化特征。

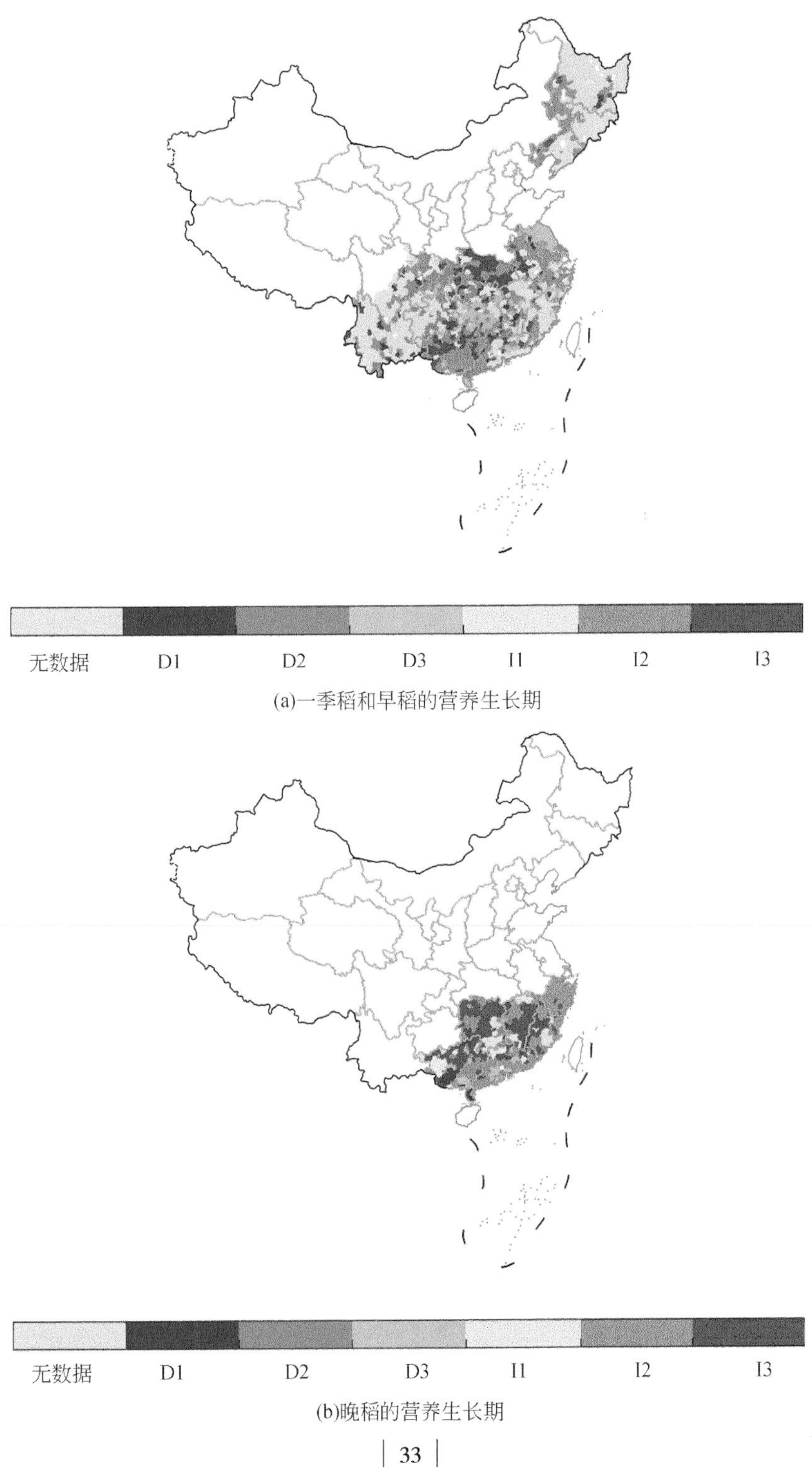

(a)一季稻和早稻的营养生长期

(b)晚稻的营养生长期

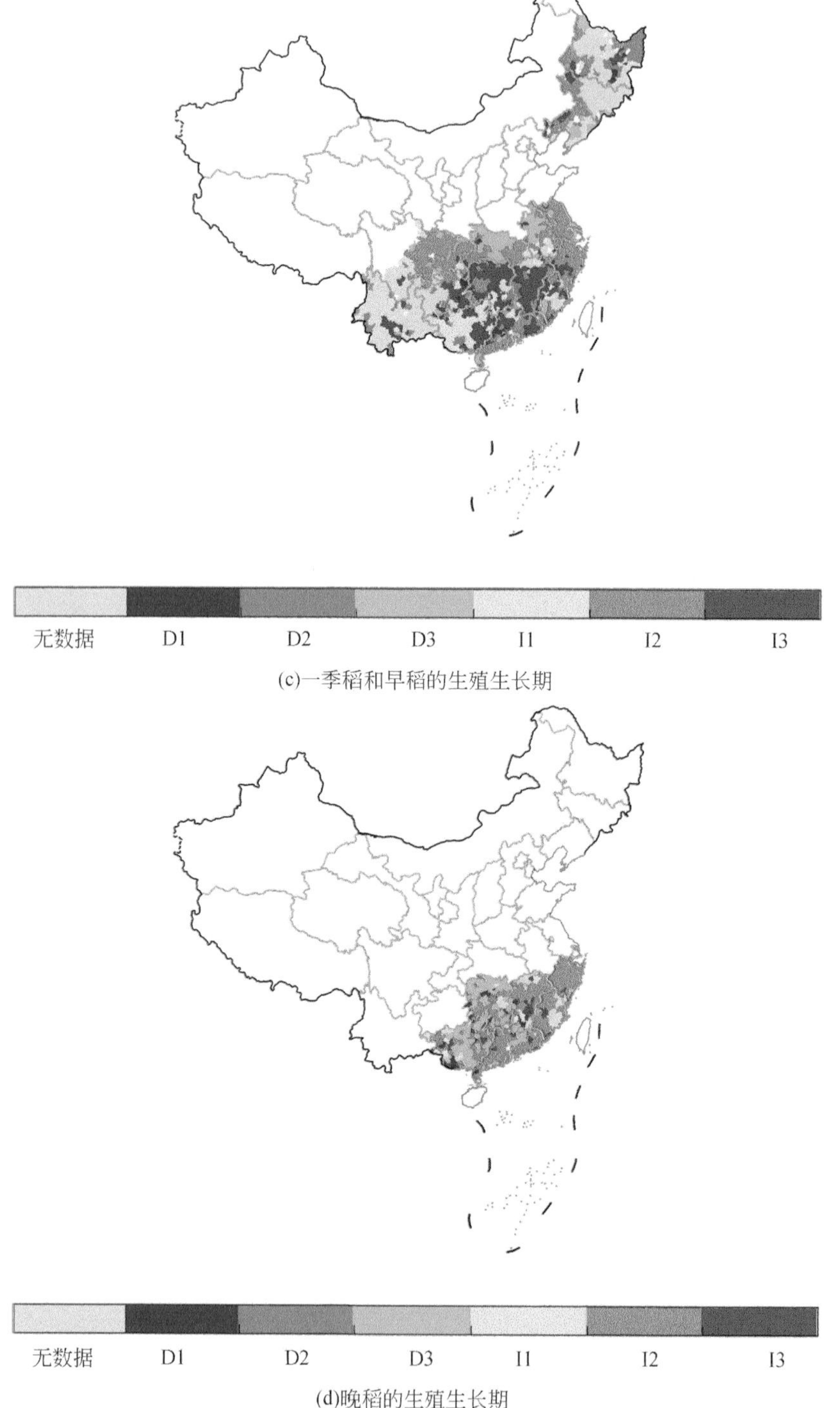

(c)一季稻和早稻的生殖生长期

(d)晚稻的生殖生长期

图 2.7　1980～2009 年水稻生长季内极端高温发生频次的年代际变化特征

注：D1～D3 和 I1～I3 指代的年代际变化特征如表 2.2 所示。

2.2 极端温度灾害对水稻产量的影响评估

2.2.1 材料与方法

统计方法的研究基础是大数定律和统计假设检验，包括相关分析法、统计模型分析法（如回归分析法）等多种方法（Lobell and Burke，2010；Lobell et al.，2011b；Shi et al.，2012；Shi et al.，2013；房茜等，2012）。在观测数据充分的前提下，统计方法能够方便快捷地评估极端温度灾害对农作物产量的影响，因此是极端温度灾害影响研究中的最简便的方法。利用该方法开展研究时主要采用的思路是：在构建“气象因子-农作物产量”统计模型时引入极端温度表征指标，根据模型中相应统计量来评估极端温度对农作物产量的影响程度。

通常来说，统计模型的构建就是利用历史记录建立气象因子和农作物产量之间的函数关系，函数关系多种多样，其中，最常用的函数关系是线性模型和二次模型（Lobell and Burke，2010；Lobell et al.，2011b；Shi et al.，2012）。二次模型的构建是在模型中加入某些变量的二次方项，这主要是由于作物生长发育过程中存在一定的最适条件，高于或低于这个最适条件作物产量都会受到一定程度的抑制。在某些地区，若气候因子变化的整个范围都超过或低于该最适条件，那么一次项变量就可以表达其与产量之间的关系（史文娇等，2012，2013）。此外，需要注意的是，近几十年来农作物产量的显著增长很大程度上是由于科学技术进步和管理方式改善造成的，用这样的产量数据与天气气候数据进行统计分析是很难找出两者之间真正关系的（史文娇等，2012，2013）。因此，在将产量数据代入统计模型运算时需要进行去除技术趋势的处理。去趋势的方法有很多种，如滑动平均法、一阶差分法，使用时需结合先验知识及产量数据特征来选择合适的去趋势方法（史文娇等，2012，2013）。此外，为了解决技术趋势的问题，还可在统计模型中加入代表年份序列的一次项（或者二次项）来提高统计模型的解释能力（Lobell and Burke，2010）。此外，在变量选择方面，并不是代入的气候变量越多，方程的拟合效果就会越好、越能表达产量与天气气候之间的关系；过多的变量只会使回归方程拟合过度，无法理清变量之间的关系；相反，过少的变量又会遗漏重要信息，导致研究结论有所偏差（史文娇等，2012，2013）。因此，只有在对农作物生理过程和种植区内天气气候状况有足够了解之后，才能选择合适的变量代入统计模型，从而分析气象因子和农作物产量之间的关系。

目前，国内外极端温度影响研究中主要采用的是多元线性回归模型。例如，Lobell（2011a）在研究极端高温对非洲地区玉米产量的影响时，在多元线性回归模型中引入了 GDD 指标（growing degree days），并利用 GDD8，GDD30 和 GDD30+分别表示生长季内的平均温度状况和极端高温胁迫强度。Butler 和 Huybers（2013）在研究极端高温对美国地区玉米产量的影响时，也采用了相类似的研究方法。Liu 等（2014）在研究极端温度对华北平原冬小麦的影响时，同样采用多元线性回归模型，并在模型中引入了 HDD 指标来表征极端温度胁迫强度，从而开展极端温度的影响评估。此外，Zhang 等（2014b）在研究极端低温对东北三省水稻产量影响时，在多元线性回归模型中引入的指标包括水稻生长季（5～9 月）内平均温度的距平指标和水稻敏感发育期（7、8 月份）内极端低温的积温指标。总结来看，目前该类研究的主要思路是：在统计模型中（多指多元线性回归模型），将温度指标区分为正常温度条件表征指标和极端温度条件表征指标，通过评估模型系数来研究极端温度对农作物产量的影响。然而需要注意的，回归分析法多适用于极端温度影响规律表现显著的地区，在影响规律不显著的地区难以开展定量评估。

除此之外，一些学者还尝试了其他模型构建方式。例如，Teixeira 等（2013）在研究未来气候变化情景下极端高温对全球农作物产量的影响时，将温度条件对产量的影响系数设定在-1～0 范围内，当温度低于高温热害发生的临界温度时，影响系数计为 0；当高于临界温度但低于限制温度时，影响系数随着高温强度的上升呈线性增加；当超过限制温度后，影响系数计为-1。需要注意的是，统计模型通常是基于历史气候状况构建的，难以外推到历史极端事件之外的情形（Lobell and Burke，2010；Shi et al.，2013），因此该方法应用到未来气候变化情景的研究中存在较大的不确定性。

2.2.1.1 模型构建

参考近年来的相关研究（刘晓菲等，2012；Butler and Huybers，2013；Liu et al.，2014；魏星等，2015），本文利用多元线性回归模型来研究极端温度对水稻产量的影响。在模型构建过程中，需要首先确定进入模型的气候因子，例如温度、降水和太阳辐射等。针对我国水稻种植区，大部分地区以灌溉稻为主（陈惠哲和朱德峰，2003；朱珠等，2012；姚林等，2014；王卫光等，2013），因此降水因子一般不作为我国水稻产量的限制因素；关于太阳辐射因子，相关研究表明，全国大部分水稻种植区内太阳辐射对水稻单产的影响较小（Tao et al.，2012）。参考相关研究（Wang et al.，2014；魏星等，2015），本书研究主要考虑温度因子对水稻产量的影响，在回归模型中引入正常温度指标、极端高温指标和极端低温指标。鉴于积温指标 GDD 在表征我国水稻种植区极端温度胁迫强度时表现出的良好效果（Zhang et al.，2014a），本书研究利用 NGDD（normal temperature growing-degree-days）、LGDD（low temperature growing-degree-days），HGDD（high temperature growing-degree-days）来分别表征水稻生长季内正常温度条件、极端低温胁迫强度和极端高温胁迫强度。此外，为了消除技术进步等非气象因素对水稻单产的影响，参考相关研究（刘晓菲等，2012；Lobell et al.，2011a；Butler and Huybers，2013），在回归模型中加入时间变量（即年份）。回归模型的基本形式如下所示：

$$Y_d = \beta_0 + \beta_1 \cdot t + \beta_2 \cdot \mathrm{NGDD} + \beta_3 \cdot \mathrm{LGDD} + \beta_4 \cdot \mathrm{HGDD} + \varepsilon \tag{2-2}$$

式中，Y_d代表水稻单产序列（kg/hm^2），t 为年份序列，ε 代表误差项，β_0、β_1、β_2、β_3、β_4 为待拟合系数。需要说明的是，在双季稻研究区域内，参考相关研究（Tao et al., 2012），本书将早晚稻的平均产量水平作为双季稻区各县的产量水平。此外，考虑到各水稻种植区面临的极端温度胁迫环境并非完全相同，因此在确定统计模型包含的极端温度因子时，各种植区存在一定差别（Sun and Huang, 2011；Yao et al., 2015；冯喜媛等，2013；马建勇等，2012）：东北单季稻区和云贵高原单季稻区以低温冷害为主，因此极端温度因子仅包括 LGDD 指标；长江流域单季稻区夏季低温冷害和高温热害都有可能发生，因此极端温度因子包括 LGDD 指标和 HGDD 指标；在南方双季稻区，早稻主要遭受高温热害影响，晚稻主要遭受低温冷害影响（俗称寒露风），因此极端高温因子选用早稻 HGDD 指标，极端低温因子选用晚稻 LGDD 指标。根据第 1. 2 节中对极端温度影响机理的概述可知，水稻产量对生殖生长期内的极端温度胁迫比较敏感，因此回归模型中 LGDD 和 HGDD 指标的计算主要针对水稻生殖生长期。在此基础上，本研究参考 Butler 和 Huybers（2013）中的处理方法来排除回归模型的共线性问题。以下将详细介绍 NGDD、LGDD 和 HGDD 指标的计算方法。

2. 2. 1. 2　指标计算

GDD 的基本计算方法如下所示：

$$\mathrm{GDD} = \left[\frac{T_{\max} + T_{\min}}{2}\right] - T_{\mathrm{base}} \tag{2-3}$$

式中，$T_{\max}$和 $T_{\min}$分别为日最高温度和日最低温度，T_{base}为作物生物学基温。对于该公式，不同研究存在两种不同解释方式：第一种解释方式是将（$T_{\max}+T_{\min}$）/2 作为一个整体与基温比较；第二种解释方式是分别将 $T_{\max}$和 $T_{\min}$与基温比较（Mcmaster and Wilhelm, 1997）。总体来看，第一种解释应用更为广泛（Zhang et al., 2014；魏星等，2015），因此本书将采用第一种解释，即将（$T_{\max}+T_{\min}$）/2 作为一个整体。

水稻生长发育阶段内第 i 天的正常温度强度（NGDD_i）、极端低温胁迫强度（LGDD_i）和极端高温胁迫强度（HGDD_i）的计算方法如下所示：

$$\mathrm{NGDD}_i = \begin{cases} 0 & \text{if } T_i < T_{\mathrm{low}} \text{ 或 } T_i > T_{\mathrm{high}} \\ T_i - T_{\mathrm{low}} & \text{if } T_{\mathrm{low}} \leqslant T_i \leqslant T_{\mathrm{high}} \end{cases} \tag{2-4}$$

$$\mathrm{LGDD}_i = \begin{cases} 0 & \text{if } T_i \geqslant T_{\mathrm{low}} \\ T_{\mathrm{low}} - T_i & \text{if } T_i < T_{\mathrm{low}} \end{cases} \tag{2-5}$$

$$\mathrm{HGDD}_i = \begin{cases} 0 & \text{if } T_i \leqslant T_{\mathrm{high}} \\ T_i - T_{\mathrm{high}} & \text{if } T_i > T_{\mathrm{high}} \end{cases} \tag{2-6}$$

$$T_i=\frac{T_{\max}+T_{\min}}{2} \tag{2-7}$$

式中，$T_{\max}$代表日最高温度，$T_{\min}$代表日最低温度，T_{low}代表给定阶段内极端低温的阈值标准，T_{high}代表给定阶段内极端高温的阈值标准。T_{low}和T_{high}的具体标准如表 2.1 所示。

将给定生长阶段的日胁迫强度加起来，即为该阶段内总的胁迫强度。以生殖生长期内极端低温胁迫强度为例，计算公式如下：

$$\mathrm{LGDD}_{\mathrm{RS}}=\sum_{i=1}^{N}\mathrm{LGDD}_i \tag{2-8}$$

式中，下标 RS 代表生殖生长期（reproductive stage），N 为水稻生殖生长期的总天数。

2.2.1.3　分析方法

本书将回归模型及其系数通过统计学显著性检验（$p<0.1$）的地区，视为极端温度影响显著的地区。为便于各水稻种植区之间的对比，将计算出的影响系数［kg/(hm^2·℃)］除以当地平均水稻产量转化成百分比的形式（%/℃）（Tao et al.，2012）。此外，由于数据质量或局地小气候等原因，极少数地区的回归系数表现异常，本书暂不予分析并将其归零处理。在以上研究的基础上，为了进一步分析近三十年来极端温度的变化对水稻产量造成的影响，参考 Maltais-Landry 和 LoBell（2012）以及 Tao 等（2012）中的处理方法，利用线性回归分析法计算 LGDD 和 HGDD 指标的时间变化趋势，以此为基础计算近三十年来 LGDD 和 HGDD 指标的变化值，并将其与统计模型中的影响系数相乘，从而进行影响程度的评估。

2.2.2　极端温度指标分析

图 2.8 展示了回归模型中极端低温指标 LGDD 的平均状况和时间变化趋势（$p<0.1$）。根据图 2.8 可以看出，东北地区、云南省北部、四川省南部、南方双季稻区北部的极端低温胁迫强度较高，LGDD 超过 60℃；南方双季稻区的南部 LGDD 的强度低于 20℃，长江流域单季稻区 LGDD 一般低于 10℃，云南省西南部受极端低温影响较小。从时间变化趋势上来看，研究区内 LGDD 表现出显著变化的地区占比约 39%，这些地区主要分布在东北地区、四川省南部、我国东部水稻种植区以及广西壮族自治区局部地区，缓解程度在 0.2～20℃/10a 范围内。

图 2.9 展示了回归模型中极端高温指标 HGDD 的平均状况和时间变化趋势。研究结果表明，除四川省南部及南方双季稻局部地区外，大部分地区的极端高温胁迫强度都比较高，HGDD 超过 15℃。从 HGDD 变化趋势（$p<0.1$）上看，四川盆地大部分地区、长江中下游局部地区、南方双季稻区的东南部极端高温胁迫强度显著加重，其中大部分趋势在 2～16℃/10a 范围内。

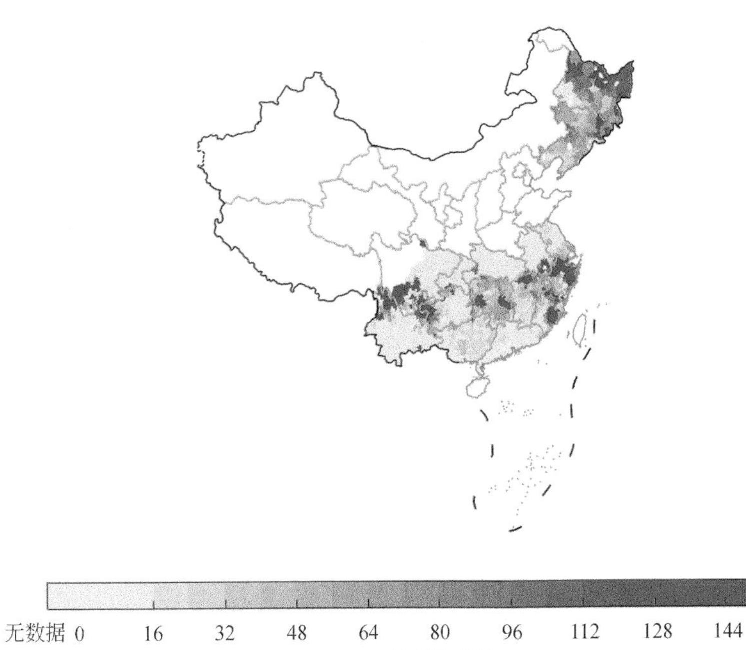

(a)平均状况

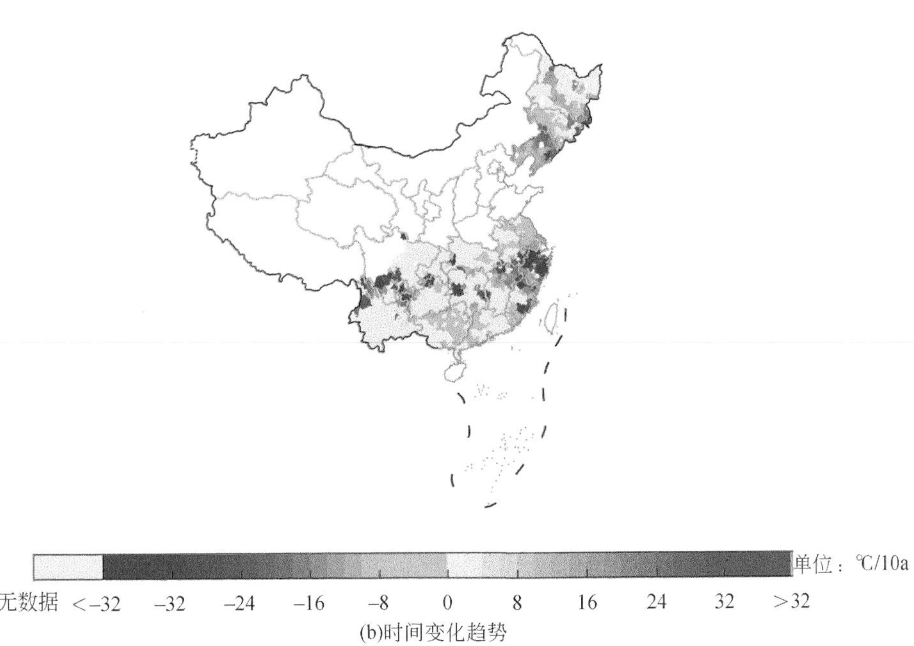

(b)时间变化趋势

图 2.8 1980～2009 年 LGDD 的平均状况和时间变化趋势

注：$p<0.1$。

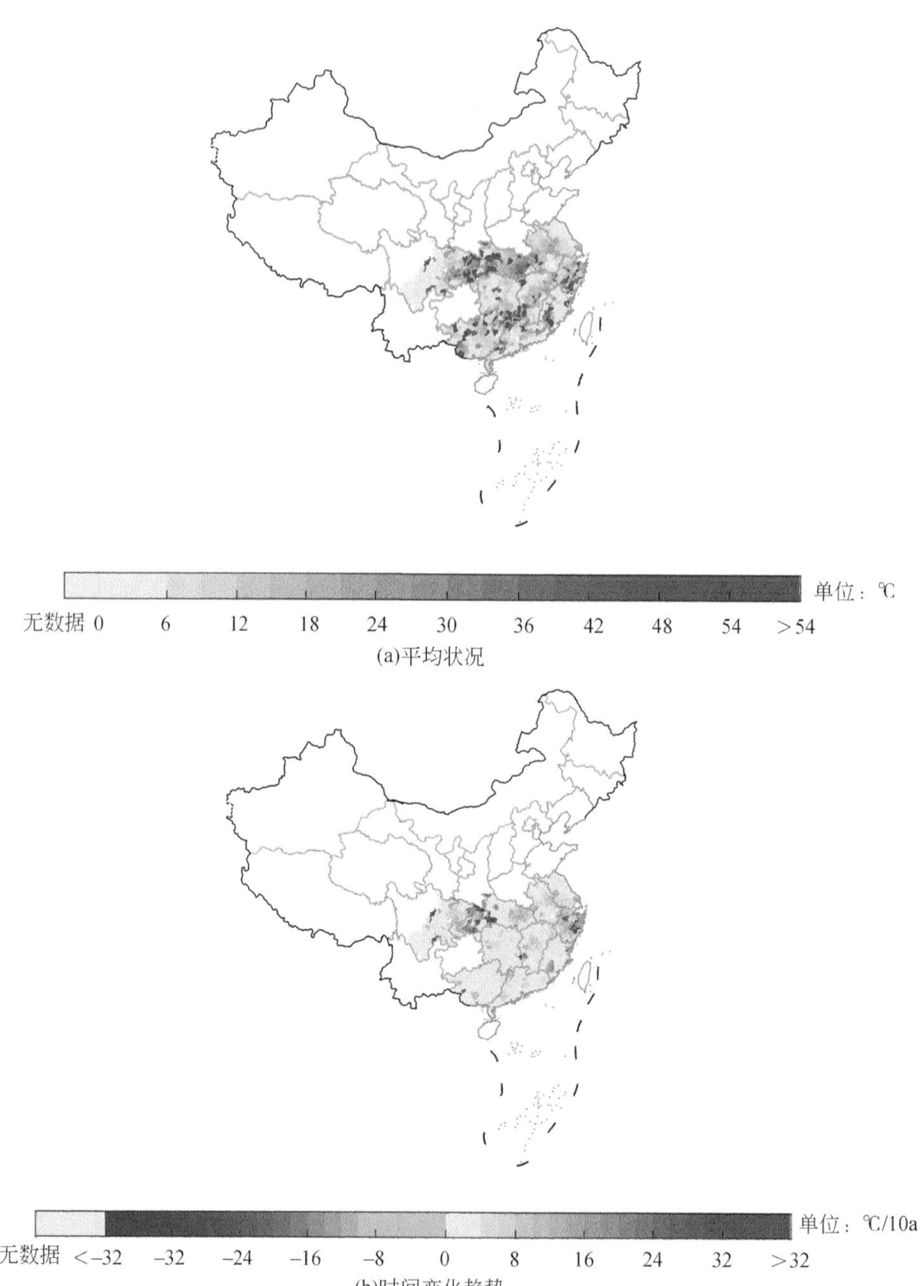

图 2.9 1980～2009 年 HGDD 的平均状况和时间变化趋势

注：$p<0.1$。

2.2.3 影响程度评估

考虑到本书的分析重点是极端温度指标的影响情况，因此暂不分析回归模型中 t 和

NGDD 的回归系数。以下将详细分析 LGDD 指标和 HGDD 指标对水稻产量的影响率。根据图 2.10 可以看出，LGDD 指标影响显著的地区分布比较零散，东北单季稻区、云贵高原单季稻区和长江中下游地区的局部范围内影响现象比较显著，影响率在-1.5 ~ -0.05%/℃范围内，其中湖北省局部地区的影响程度较大，约为-1.4%/℃。相比之下，HGDD 指标影响显著的地区分布则相对集中，主要分布在四川盆地、安徽省和江苏省的北部、南方种植区的湖南省、江西省和广西壮族自治区，影响率在-1.3 ~ -0.1%/℃范围内。

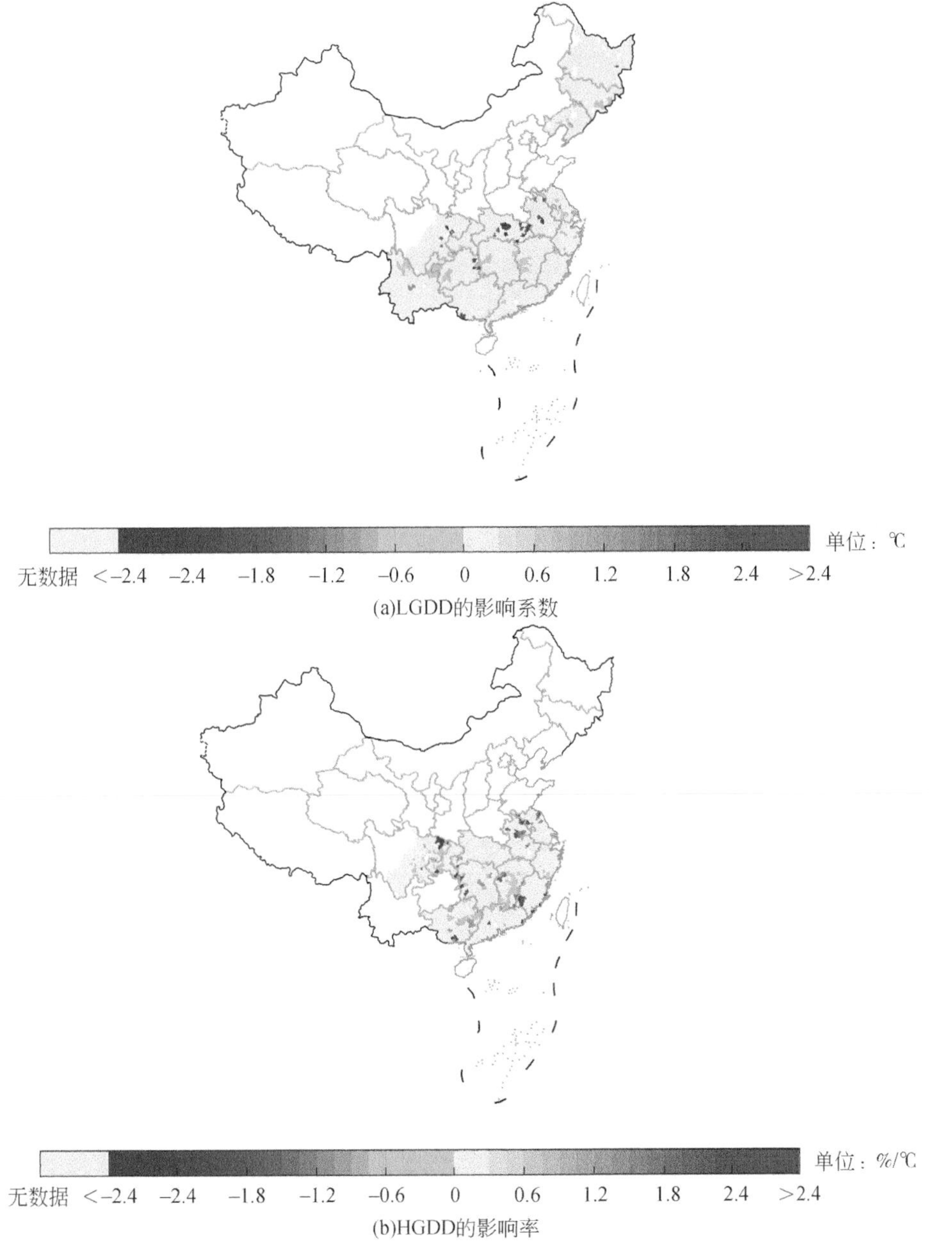

图 2.10 LGDD 和 HGDD 对水稻单产的影响率

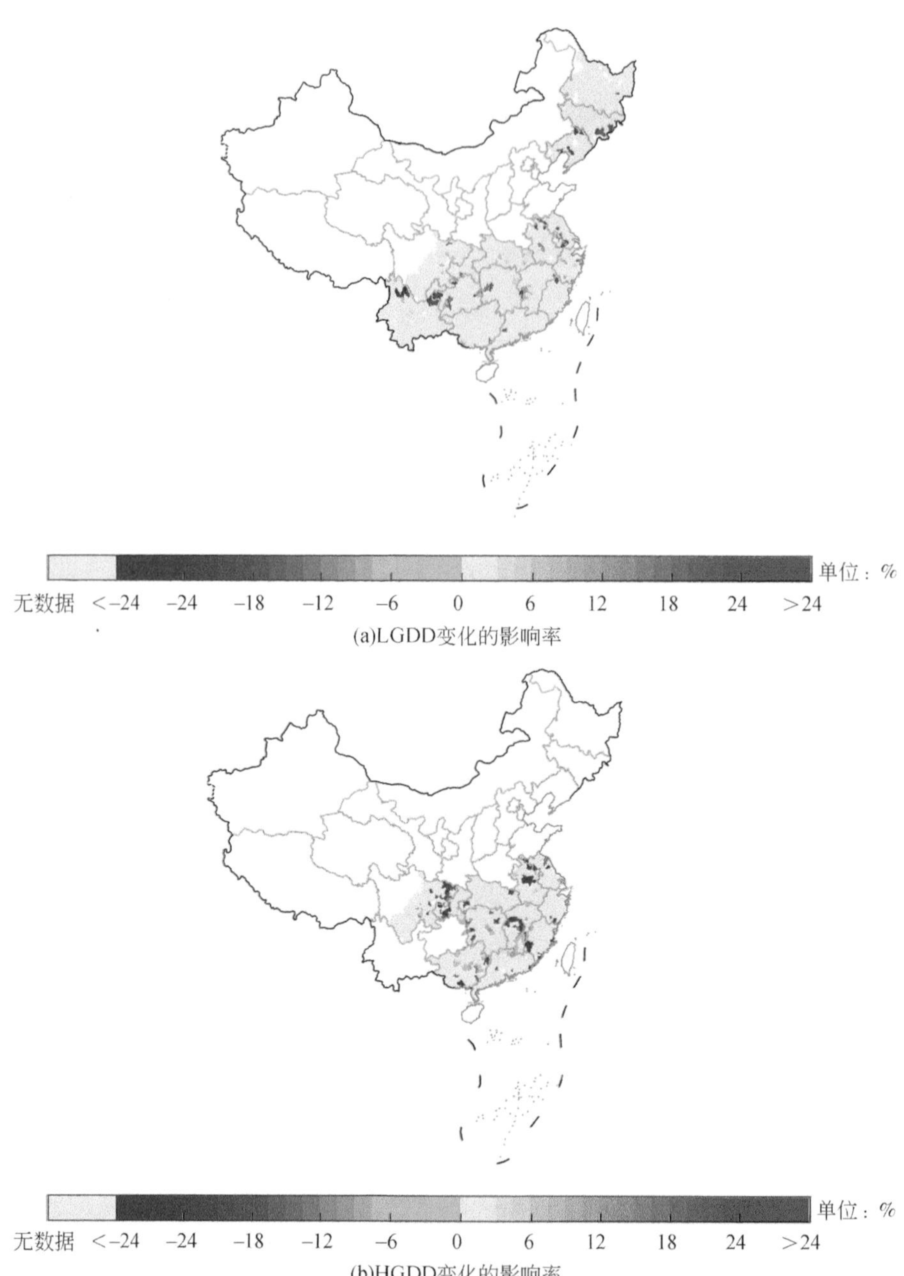

(a)LGDD变化的影响率

(b)HGDD变化的影响率

图 2.11　1980～2009 年 LGDD 和 HGDD 的变化对水稻产量的影响程度

图 2.11 展示了 1980～2009 年极端温度的变化对水稻产量的影响程度。根据该图可以看出，这一时段内，极端低温胁迫强度（LGDD）的缓解促进了水稻产量的提升，其中东北单季稻区和云贵高原局部地区水稻产量的提升幅度较大（超过 15%），长江中下游种植区的东部也表现出一定程度的提升（约 10%）。相比之下，极端高温胁迫强度（HGDD）的加重却阻碍了产量提升，其中四川盆地局部地区的阻碍程度超过 10%，南方稻作区局部

范围内的阻碍程度约在 5%。

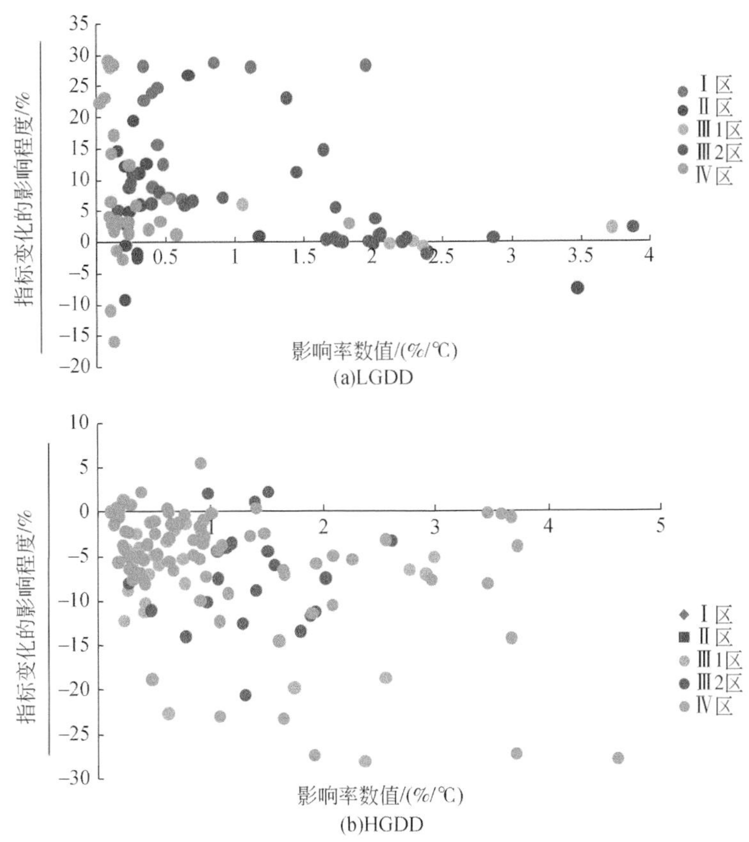

图 2.12　LGDD/HGDD 对水稻产量的影响率数值与 1980～2009 年 LGDD/HGDD 变化的影响程度

注：$p<0.1$。

图 2.12 中将极端温度指标对水稻产量的影响率数值（$p<0.1$）及其变化的影响程度展示成散点图，以加深对极端温度影响特征的认识。由于极端温度的影响率均为负值，为了便于比较，以下均以影响率的数值大小进行分析。根据该图可以看出，东北种植区（Ⅰ区）和云贵高原种植区（Ⅱ区）LGDD 对水稻产量的影响率较小，大部分都低于 0.6%/℃，但在这些地区近三十年来 LGDD 的缓解对水稻产量提升的贡献程度却比较大，大部分地区超过 5%。长江中下游单季稻区（Ⅲ2 区）虽然局部地区影响率较大，超过 1.5%/℃，但由于 LGDD 的变动幅度较小，因此对水稻产量提升的贡献程度几乎为 0。南方双季稻区（Ⅳ区）LGDD 对水稻产量的影响率一般不高于 0.7%/℃，其对水稻产量提升的贡献程度集中在 0～10%，局部地区超过 20%。从 HGDD 的影响特征来看，南方双季稻区 HGDD 的影响率大部分都在 0.1～1.5%/℃，对水稻产量提升的阻碍程度集中在 0～8%；相类似地，四川盆地内（Ⅲ1 区），极端温度对水稻产量的影响率也集中在 0.2～1%/℃范围内，对水稻产量提升的阻碍程度在 0.5%～10%；相比之下，长江中下游单季

稻区 HGDD 对水稻产量的影响率较高，在 0.5 ~2%/℃范围内，对水稻产量提升的阻碍程度也较大，在 3% ~15% 范围内（区域Ⅰ-Ⅳ的空间范围见第 2.1.1 节）。

2.2.4 讨论

根据以上研究可以看出，极端低温对水稻产量影响显著的地区主要分布在东北种植区、云贵高原种植区和长江流域种植区，但分布比较零散，没有明显的地域分布规律。相比之下，极端高温影响显著的地区则比较集中，主要分布在四川盆地东部、长江中下游单季稻区东部、南方双季稻区的中部和西部。结合极端温度的变化趋势来看，1980 ~2009 年极端低温的缓解促进了水稻产量的提升，而极端高温的加重却阻碍了产量提升。

然而，对比我国水稻主产区内极端温度的发生状况和影响状况，发现虽然有不少种植区频繁遭受极端温度的袭击，但水稻产量对极端温度的响应却并不显著。这种状况是由哪种因素引起的，还需要进一步分析。在这里，首先以极端低温发生频繁的黑龙江省为典型案例区进行初步分析。该省位于我国的最北部，因纬度较高常年热量条件匮乏，因此水稻生长季内有效积温不足是该地水稻产量的主要限制因素（Zhang et al.，2014a；刘晓菲等，2012；宫丽娟等，2015；李帅等，2014）。因此，该省种植区内 LGDD 指标影响不显著的现象，很大程度上是由于正常积温条件的影响掩盖了敏感期内极端低温的影响。

此外，影响规律是否显著还与数据资料的质量、极端温度阈值的大小、统计指标的选取等因素有关。在本研究中，数据资料的搜集来源都是我国目前比较权威的数据机构，极端温度阈值也是在大量前人研究成果的基础上整理而来，这两类要素固然存在不确定性，但目前尚难以搜集到更精确的研究资料。因此，接下来本研究主要就极端温度指标的选择问题进行深入分析。

为了分析水稻产量对哪类指标的变化更加敏感，本书进一步选取多类极端温度表征指标来分析其与水稻单产的相关性。本节研究选取的指标包括 8 类，其中极端低温指标和极端高温指标各包括 4 类：营养生长期内的发生次数（VS_Fre，frequency during rice vegetative stage）、胁迫强度（VS_int，intensity during rice vegetative stage）、生殖生长期内的发生次数（RS_Fre，frequency during rice reproductive stage）、胁迫强度（RS_int，intensity during rice reproductive stage）。鉴于积温指标 GDD 较好的表征能力，在量化极端温度胁迫强度时仍采用 GDD 指标来表示。在进行相关性分析时，先利用一阶差分法分别处理水稻单产序列与极端温度指标序列，以减小非气象因素的影响；在此基础上，计算水稻单产和各指标之间的相关系数，若通过显著性检验（$p<0.1$）则视为在统计学上具有显著的相关性。针对各极端温度指标，统计相关性显著的地区在整个研究区内所占的比例，并将其展示在图 2.13 中。根据该图可以看出，针对各个指标，相关性表现显著地区的比例都不超过 15%；进一步对比分析各类指标下的占比情况，可以发现，本研究在构建统计

模型时所采用的指标在同类指标中表现最好（相关性显著地区占比最高），这在一定程度上说明了本研究在统计分析中指标选择的代表性。

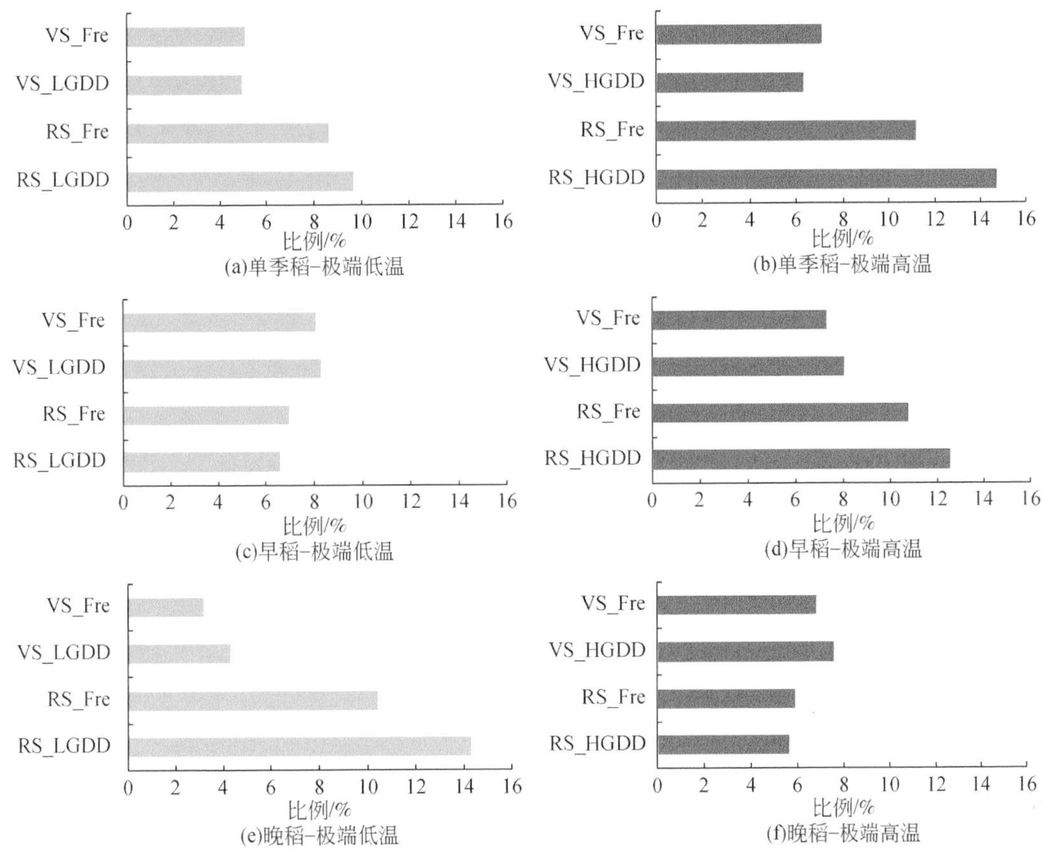

图 2.13　各极端温度指标与水稻单产相关性显著地区占研究区的比例

在实际农业生产中，水稻生长发育过程一般长达 4 ~ 5 个月，在此过程中作物会受到人类活动、病虫害等多种因素的影响，这些因素很可能会掩盖掉极端温度的影响，导致统计方法捕捉到显著的影响关系。根据上文统计方法得出的研究结果可以看出，不少种植区内极端温度的影响程度尚未研究清楚，因此亟须借助其他方法（如作物模拟法）来全面评估极端温度的影响程度。

参 考 文 献

包云轩，刘维，高苹，等. 2012. 气候变暖背景下江苏省水稻热害发生规律及其对产量的影响 [J]. 中国农业气象，33 (2)：289-296.

陈惠哲，朱德峰. 2003. 全球水稻生产与稻作生态系统概况 [J]. 杂交水稻，18 (5)：4-7.

丁士晟. 1980a. 东北低温冷害和粮食产量 [J]. 气象，(5)：1-3.

丁士晟. 1980b. 东北地区夏季低温的气候分析及其对农业生产的影响 [J]. 气象学报，38 (3)：234-242.

房茜，吴文祥，周扬．2012．气候变化对农作物产量影响的研究方法综述［J］．江苏农业科学，40（4）：12-16.

冯喜媛，郭春明，陈长胜，等．2013．基于气象模型分析东北三省近50年水稻孕穗期障碍型低温冷害时空变化特征［J］．中国农业气象，34（4）：462-467.

高素华，王培娟．2009．长江中下游高温热害及对水稻的影响［M］．北京：气象出版社．

宫丽娟，李帅，姜丽霞，等．2015．1961—2010年黑龙江省水稻延迟型冷害时空变化特征［J］．气象与环境学报，31（1）：76-83.

李帅，陈莉，王晾晾，等．2014．黑龙江省延迟型低温冷害气候指标研究［J］．气象与环境学报，30（4）：79-83.

刘晓菲，张朝，帅嘉冰，等．2012．黑龙江省冷害对水稻产量的影响［J］．地理学报，67（9）：1223-1232.

马建勇，许吟隆，潘婕．2012．东北地区农业气象灾害的趋势变化及其对粮食产量的影响［J］．中国农业气象，33（2）：283-288.

潘铁夫，方展森，赵洪凯，等．1983．农作物低温冷害及其防御［M］．北京：农业出版社．

史文娇，陶福禄，张朝．2012．基于统计模型识别气候变化对农业产量贡献的研究进展［J］．地理学报，67（9）：1213-1222.

史文娇，陶福禄，张朝．2013．基于统计模型识别气候变化对农业产量贡献的研究进展（英文）［J］．Journal of Geographical Sciences，23（3）：567-576.

唐国利，丁一汇．2006．近44年南京温度变化的特征及其可能原因的分析［J］．大气科学，30（1）：56-68.

王春乙．2008．东北地区农作物低温冷害研究［M］．北京：气象出版社．

王品，魏星，张朝，等．2014．气候变暖背景下水稻低温冷害和高温热害的研究进展［J］．资源科学，36（11）：2316-2326.

王绍武，马树庆，陈莉，等．2009．低温冷害［M］．北京：气象出版社．

王卫光，孙风朝，彭世彰，等．2013．水稻灌溉需水量对气候变化响应的模拟［J］．农业工程学报，29（14）：90-98.

魏凤英．1999．现代气候统计诊断与预测技术［M］．北京：气象出版社．

魏星，王品，张朝，等．2015．温度三区间理论评价气候变化对作物产量影响［J］．自然资源学报，30（3）：470-479.

武汉区域气候中心，华中农业大学植物科学技术学院等．2008．主要农作物高温危害温度指标 GB/T 21985—2008［S］．北京：中华人民共和国国家质量监督检验检疫总局．

谢志清，杜银，高苹，等．2013．江淮流域水稻高温热害灾损变化及应对策略［J］．气象，39（6）：774-781.

姚林，郑华斌，刘建霞，等．2014．中国水稻节水灌溉技术的现状及发展趋势［J］．生态学杂志，33（5）：1381-1387.

姚蓬娟，王春乙，张继权．2015．长江中下游地区双季早稻冷害、热害时空特征分析［J］．自然灾害学报，24（4）：86-96.

中国气象科学研究院，吉林省气象台．2009．水稻、玉米冷害等级 QX/T 101—2009［S］．北京：中国气象局.

朱珠, 陶福禄, 娄运生, 等. 2012. 1981—2009 年江苏省气候变化趋势及其对水稻产量的影响 [J]. 中国农业气象, 33 (4): 567-572.

Butler E E, Huybers P. 2013. Adaptation of US maize to temperature variations [J]. Nature Climate Change, 3 (1): 68-72.

Liu B, Liu L, Tian L, et al. 2014. Post-heading heat stress and yield impact in winter wheat of China [J]. Global change biology, 20 (2): 372-381.

Lobell D B, Banziger M, Magorokosho C, et al. 2011b. Nonlinear heat effects on African maize as evidenced by historical yield trials [J]. Nature Climate Change, 1 (1): 42-45.

Lobell D B, Burke M B. 2010. On the use of statistical models to predict crop yield responses to climate change [J]. Agricultural and Forest Meteorology, 150 (11): 1443-1452.

Lobell D B, Field C B. 2007. Global scale climate crop yield relationships and the impacts of recent warming [J]. Environmental Research Letters, 2 (1): 14002.

Lobell D B, Schlenker W, Costa-Roberts J. 2011a. Climate trends and global crop production since 1980 [J]. Science, 333 (6042): 616-620.

Maltais-Landry G, Lobell D B. 2012. Evaluating the contribution of weather to maize and wheat yield trends in 12 US counties [J]. Agronomy Journal, 104 (2): 301-311.

Mcmaster G S, Wilhelm W W. 1997. Growing degree-days: one equation, two interpretations [J]. Agricultural and Forest Meteorology, 87 (4): 291-300.

Shi W J, Tao F L, Zhang Z. 2012. Identifying contributions of climate change to crop yields based on statistical models: A review [J]. Acta Geographica Sinica, 67 (9): 1213-1222.

Shi W, Tao F, Zhang Z. 2013. A review on statistical models for identifying climate contributions to crop yields [J]. Journal of Geographical Sciences, 23 (3): 567-576.

Shuai J, Zhang Z, Tao F, et al. 2015. How ENSO affects maize yields in China: understanding the impact mechanisms using a process-based crop model [J]. International Journal of Climatology, 36 (1): 424-438.

Sun W, Huang Y. 2011. Global warming over the period 1961-2008 did not increase high-temperature stress but did reduce low-temperature stress in irrigated rice across China [J]. Agricultural and Forest Meteorology, 151 (9): 1193-1201.

Tao F, Zhang S, Zhang Z. 2013. Changes in rice disasters across China in recent decades and the meteorological and agronomic causes [J]. Regional Environmental Change, 13 (4): 743-759.

Tao F, Zhang Z, Zhang S, et al. 2012. Response of crop yields to climate trends since 1980 in China [J]. Climate Research, 54: 233-247.

Teixeira E I, Fischer G, Van Velthuizen H, et al. 2013. Global hot-spots of heat stress on agricultural crops due to climate change [J]. Agricultural and Forest Meteorology, 170: 206-215.

Thompson L M. 1975. Weather variability, climatic change, and grain production [J]. Science, 188 (4188): 535-541.

Wang P, Zhang Z, Song X, et al. 2014. Temperature variations and rice yields in China: historical contributions and future trends [J]. Climatic Change, 124 (4): 1-13.

Yao P, Wang C, Zhang J. 2015. Spatiotemporal characteristics analysis of cold and hot damage to double-season early rice (DSER) in lower-middle reaches of the Yangtze River Basin [J]. Journal of Natural Disasters, 24 (4): 86-96.

Zhang Z, Wang P, Chen Y, et al. 2014a. Global warming over 1960-2009 did increase heat stress and reduce cold stress in the major rice-planting areas across China [J]. European Journal of Agronomy, 59: 49-56.

Zhang Z, Liu X, Wang P, et al. 2014b. The heat deficit index depicts the responses of rice yield to climate change in the northeastern three provinces of China [J]. Regional Environmental Change, 14 (1): 27-38.

第3章 基于作物模型的我国历史水稻单产损失模拟

3.1 作物模型概述

3.1.1 作物模型的发展历程

作物模型适用于以过程模拟的方式来剥离极端温度造成的产量损失，从而开展对极端温度影响的研究。由于作物模型的构建基础是作物生长发育的机理，因此其不仅能动态追踪当前气候状况下极端温度对水稻生长发育及其产量形成过程的影响，还能模拟未来气候变化情景下水稻的产量形成状况，因此在未来研究中适用性较强。目前国内外利用作物模型模拟法研究的基本思路是：选择合适的作物机理模型，在模型校准和验证的基础上，设计不同的极端温度胁迫情景来驱动作物模型，从而模拟出不同情景下的农作物产量，在此基础上通过各情景下模拟产量的对比来剥离出极端温度造成的产量损失。以下将分别概述常用作物模型和模拟评估方法。

作物机理模型是指能定量和动态地描述作物生长、发育和产量形成过程及其对环境反应的农业数学模型或计算机模型（潘学标，2003；熊伟，2009）。作物机理模型可以将植物生理学、土壤学、农艺及气象学等知识整合起来，用数学公式刻画作物生理生态过程（如呼吸作用、光合作用、有机质分配、蒸散发、水分和养分吸收等），以及各种物理化学过程（如土壤化学转换、叶片气体的扩散和能量流动等）；能够动态追踪在特定环境条件下作物的生长发育过程（潘学标，2003；熊伟，2009；Asseng et al.，2013），从而反映作物对环境条件和管理因素的响应特征，是 IPCC 评估报告中用来研究气候变化对农业生产影响的重要工具（IPCC，2007，2013；Shi et al.，2013）。

20 世纪 60 年代以来，作物机理模型研究取得了较快发展，荷兰和美国在该研究领域内起步较早，且一直拥有较高的学术地位（曹宏鑫等，2011；林忠辉等，2003；郑业鲁和薛绪掌，2006）。其中，荷兰 Wageningen 研究组开发的模型主要包括 LINTUL、SUCROS、MACROS、ORYZA、WOFOST 和 INTERCOM 模型（Van Vuuren et al.，2011）；美国农业技术转移决策支持系统 DSSAT 开发的农作物模型有 CERES 系列作物生长模型、GROPGRO

豆类作物（大豆和花生等）模型系列、GROPGRO 非豆类作物（番茄等）模型系列、SUBSTOR-potato（马铃薯）模型和 CROPSIM-cassava（木薯）模型等（Jones et al.，2003）。此外，澳大利亚、中国、日本等国的农业决策支持系统也在一些种植区内表现出较好的应用效果（潘学标，2003；郑业鲁和薛绪掌，2006）。目前，国内影响力较高且广泛应用的作物模型主要是高亮之等推出的作物计算机模拟优化决策系统 CCSODS（潘学标，2003；Gao et al.，1992）。此外，Tao 等（2009a，2009b，2013a，2013b）开发的 MCWLA 模型在研究大尺度区域内气候变化对作物产量的影响中取得了较好效果。例如，Tao 和 Zhang（2013b）利用 MCWLA-Rice 模型探讨了 21 世纪 20 年代、50 年代和 80 年代气候变化对我国东部地区水稻产量的影响，指出气候变暖背景下该种植区的高温热害风险将显著增加。

在研究极端温度对农作物产量的影响时，一般需要选择包含极端温度影响模块的作物模型。目前作物模型中参数化极端温度影响的方式主要包括：在作物模型的呼吸作用、光合作用等子模块中引入水稻生长发育的三基点温度（最低温度、最适温度和最高温度），针对不同的温度区间来设定不同的影响函数；将实验法获得的影响机理公式与产量形成模块相结合，来模拟敏感期极端温度对水稻产量的影响。例如，张倩（2010）将温度抛物线函数及极端高温影响系数分别引入到 WOFOST 模型中的光合作用模拟和发育速率模拟中，以更好地模拟极端高温事件对农作物产量的影响；Horie 等（1995）在作物模型 SIMRIW 中，嵌套了比较完整的敏感期极端温度影响模块，该模块主要是根据相关实验得出来的影响机理公式来修正农作物收获指数，以模拟敏感期极端温度对水稻产量的影响；在此之后，Tao 等（2013b）也将该模块引入到 MCWLA-Rice 中，以提高模型对极端温度影响的模拟能力。

在应用作物模型开展影响研究时，目前大多数研究的思路是：在模型输入条件中仅改变给定生长发育阶段的温度条件，以此来驱动作物模型获得不同温度条件下的模拟产量，在此基础上通过对比分析来剥离极端温度造成的产量损失。例如，张倩（2010）在开展长江中下游种植区高温热害事件的影响评估时，首先将水稻生长发育敏感期的实际温度条件订正到适宜温度，进而驱动 WOFOST 模型获得无热害影响的正常产量；进一步地，设定不同强度/持续天数高温热害事件来驱动作物模型，并将其与正常产量相比较，从而评估水稻生长发育敏感期内高温热害事件造成的产量损失。

3.1.2 作物模型 MCWLA-Rice 概述

MCWLA-Rice 模型是侧重于气象要素对作物生长发育影响的区域作物模型，模型中包括关键生育期模拟、土壤水平衡、叶片光合作用、呼吸作用、干物质累积和产量形成等作物生长过程（Tao et al.，2009a，2009b，2013；Tao and Zhang，2013）。MCWLA-Rice 模型按天步长、格点尺度读取气象数据，包括日最高气温（℃）、日最低气温（℃）、太阳辐射（MJ/m^2）、相对湿度（%）、日总降水（mm）、风速（m/s），以及土壤属性数据和物候数据等。然后，这些输入数据将在各个作物生长过程模拟部分参与计算各种状态变量的变化以及最终的产量。生长过程的模拟以天步长进行循环并输出各类中间状态变量的模拟值，并最终以生长季（年）步长输出模拟产量。另外，由于 MCWLA-Rice 模型是在格点尺度上运行的，这也使得其同很多气象资料在空间尺度上能够很好地匹配。综上，MCWLA-Rice 模型能够较为准确稳健地模拟气象要素对水稻的影响，并已在一系列工作中取得了优秀的模拟结果（Asseng et al.，2013；Tao et al.，2016；Chen et al.，2018；Zhang et al.，2019，2020；王品，2016；王琛智，2018）。

根据本书第3章中校正过程所涉及的作物模拟过程的中间变量和最终产量，本小节对 MCWLA-Rice 模型的生育期过程模拟、叶片生长模拟以及从生物量累计转向产量模拟等3个模块的模拟原理和过程详细介绍如下，并在本小节的最后对极端温度如何影响作物生长模拟过程和最终产量进行单独介绍。

（1）生育期模拟模块

在 MCLWA-Rice 模型中，生长指数 DVI（development index）的数值代表了水稻生长进程，取值介于0~2；其中，0、1 和 2 分别代表了移栽、抽穗和成熟3个关键生育期节点。移栽期是指将水稻秧苗从苗田转移到水田的过程，是水稻正式开始生长发育的起点，也是 MCWLA-Rice 开始模拟的日期；抽穗期是连接营养生长期和生殖生长期的中间过程；成熟期是收获水稻的日期。此外，另一个关键发育期的分界点为 DVI=1.22，对应此时生物量开始转换为产量。在模拟过程中，MCWLA-Rice 根据输入的日值气象数据和预测移栽期计算土壤含水量，当土壤含水量超过土壤蓄水能力或日期超过预设时间窗口时，认为水稻进入移栽期。根据 Tao（2009a，2009b）的研究，本书中的一季稻和早稻时间窗口为给定移栽期前后两周内，晚稻时间窗口为给定移栽期一周内。MCWLA-Rice 模拟水稻生长第 i 天的生长指数 DVI_i 的计算公式如下：

$$\mathrm{DVI}_i = \sum_{j=0}^{j=i} \mathrm{DVR}_j \tag{3-1}$$

式中，DVR_j 为第 j 天的生长发育速率（development rate，DVR），其在水稻生长发育的各阶段有所不同，计算公式如下：

$$\begin{cases} \mathrm{DVR}=\dfrac{1}{G_v\left[1+\mathrm{e}^{-A_T(T-T_h)}\right]}, & \mathrm{DVI}\leqslant \mathrm{DVI}^* \\ \mathrm{DVR}=\dfrac{1-\mathrm{e}^{\left[K_l(L-L_c)\right]}}{G_v\left[1+\mathrm{e}^{-A_T(T-T_h)}\right]}, & \mathrm{DVI}\leqslant \mathrm{DVI}^* \text{ and } L\leqslant L_c \\ \mathrm{DVR}=0 & \mathrm{DVI}^*<\mathrm{DVI}\leqslant 1 \text{ and } L>L_c \\ \mathrm{DVR}=\dfrac{1-\mathrm{e}^{\left[-K_r(T-T_{cr})\right]}}{G_r} & 1<\mathrm{DVI}<2 \end{cases} \tag{3-2}$$

式中，G_v和G_r分别是从移栽期到抽穗期的最短天数和从抽穗到成熟最短天数，A_T是生长发育速度对气温的敏感系数，T为日平均气温，T_h是DVR达到理想情况下最快生长速度一半时的气温，DVI*代表作物开始对光周期敏感时DVI的值，L为昼长，L_c为昼长临界值，K_l，K_r，T_{cr}为经验系数。

（2）叶片生长模拟模块

MCWLA-Rice模型中第i天的叶面积指数LAI_i是前i天的每日叶面积生长速率ΔLAI_j的综合，公式如下所示：

$$\text{LAI}_i = \sum_{j=0}^{j=i} \Delta\text{LAI}_j \tag{3-3}$$

在营养生长阶段，对每日的叶面积生长速率ΔLAI_j的计算如下：

$$\Delta\text{LAI}_j = \text{LAI}_j \times R_m\{1 - e^{[-K_f(T-T_{cf})]}\}\left[1 - \left(\frac{\text{LAI}_j}{\text{LAI}_{\max}}\right)^h\right] \times Y_{gp} \times \min\left(\frac{S}{S_{cr}},1\right) \tag{3-4}$$

式中，R_m是最优条件下LAI的相对最大生长速度，T_{cf}是维持叶片生长的最低温度，$\text{LAI}_{\max}$是无温度胁迫时LAI值，K_f和h是经验常数，Y_{gp}是计算实际和理论产量比得到的产量差，在一定程度上代表了农业管理措施的影响；S_{cr}为经验系数；S是土壤水分胁迫因子，计算如下：

$$S = \frac{T_{\text{T}}}{T_{\text{Topt}}} \tag{3-5}$$

式中，T_{T}和T_{Topt}分别为水稻的蒸腾速率和潜在蒸腾速率。S低于临界下限则代表着水稻开始遭受土壤水分的胁迫作用。

在生殖生长阶段，对逐日叶面积生长速率ΔLAI_j的计算如下：

$$\Delta\text{LAI}_j = -\text{LAI}_j \times (1 - c) \times \text{DVR} \times \max\left\{\left[1 + \left(1 - \frac{S}{S_{\text{cr}}}\right)\right],1\right\} \tag{3-6}$$

式中，c为经验常数，其余变量同上。

在叶面积模拟过程中，对后续干物质积累至关重要的过程还包括叶片的光合作用。MCWLA-Rice采用的是Lund-Postdam-Jena（LPJ）全球植被动力模型中的方案。在此方案设计中，绿色植被截获的光合有效辐射量（A_{PAR}）为

$$A_{\text{PAR}} = P_{\text{AR}} \times f_{\text{PAR}} \times S_{\text{le}} \tag{3-7}$$

式中，S_{le}是绿色植被吸收的有效太阳辐射（P_{AR}）与叶片尺度的比率，f_{PAR}是被拦截的太阳总辐射与有效太阳辐射（P_{AR}）之间的比例。其计算公式为

$$f_{\text{PAR}} = 1 - \exp(-k_{\text{b}} \times \text{LAI}_i) \tag{3-8}$$

每日总光合作用量（A_{gd}）和净光合作用（A_{nd}）的表达式则为

$$A_{\text{gd}} = A_{\text{PAR}} \times c_1 \times (1 - \sigma_{\text{c}}) \tag{3-9}$$

$$A_{\text{nd}} = A_{\text{PAR}} \times \frac{c_1}{c_2} \times [c_2 - (2\times\theta - 1) \times s - 2(c_2 - \theta \times s) \times \sigma_{\text{c}}] \tag{3-10}$$

式中，c_1、c_2、s、θ 和σ_c等参数为与光照、温度、CO_2补偿点、CO_2浓度等环境参数以及冠层导度、呼吸作用等生理过程有关的模型中间变量。

(3) 产量模拟模块

生物量（W）是产量的基础，其出苗期开始累计，增长速率的计算公式为

$$\frac{\partial W}{\partial t}=A_{gd}-R_m-R_g \tag{3-11}$$

式中，R_m是为持续型呼吸作用的消耗量，R_g是生长型呼吸作用的消耗量。

在 MCWLA-Rice 的生殖生长期，生物量将转化为产量。生物量到产量的转化如：

$$Y_d=\frac{W}{1-m_c}\times C_c\times H_I \tag{3-12}$$

式中，m_c为穗中含水量，C_c为生物量中碳含量。H_I为收获指数，是由每日收获指数H_{I_i}累计得到的，其数值主要受极端温度胁迫的影响，由极端低温胁迫和极端高温胁迫下的收获指数最小值来确定［式（2-17）］。

$$H_{I_i}=\min(h_{c_i},h_{h_i}) \tag{3-13}$$

式中，H_{I_i}为日收获指数，h_{c_i}和h_{h_i}分别为极端低温胁迫和极端高温胁迫下的收获指数。

(4) 极端温度在水稻生长模拟过程的影响

由以上运行原理来看，由于温度参与到了关键生育期模拟、LAI 模拟和产量模拟等全部三个功能模块，其数值将直接影响作物模拟过程中的热量累计进而影响到每个功能模块的输出。其中最为明显的是对关键生育期和最终产量形成两个过程的模拟，这在干物质累计向最终产量转换过程中对胁迫指数的计算公式里体现，式（2-17）中的胁迫指数H_{I_i}是水稻空壳率系数 γ 和 DVI 的函数，其表达式为

$$H_{I_i}=f(\mathrm{DVI},\gamma) \tag{3-14}$$

即，在极端温度灾害对 MCWLA-Rice 模拟过程的影响是通过干预作物的关键生育期和干物质累计量转换成产量时的收获指数从而影响最终产量的，前者影响了干物质累计时所需热量的多寡，后者影响了干物质转换成产量时的效率。对于 DVI 的解释详见生育期模块，γ 的计算公式为

$$\gamma=\gamma_0+K_q\times Q_t^a \tag{3-15}$$

式中，K_q和 a 为经验常数，Q_t^a是输入温度和极端温度灾害阈值之间差值的总和。极端低温和极端高温的空比率系数的初始值γ_0则作物模型本地化过程中得到校正。

除以上三个关键生长过程和极端温度灾害对模型模拟的影响以外，另一个比较重要的为土壤水分平衡模块。在 MCWLA-Rice 中，土壤剖面被分为每层 15cm 厚的 12 层，各层的含水量同样以天为步长进行计算，并综合考虑了融雪、渗透、降水、蒸散发以及径流等因素对土壤水分的影响。模型中的融雪点温度为−2℃，低于雪点的降水形式被认为是降雪，高于该阈值的降水形式则为降雨；已有积雪也会在高于此温度时开始融化。具体介绍详见 Tao 等的研究（Tao et al.，2009a，2009b，2013；Tao and Zhang，2013；Tao et al.，2016；

Chen et al., 2018；Zhang et al., 2019；Zhang et al., 2020；王品，2016；王琛智，2018）。本书不再对该过程的原理和公式进行详细介绍。

3.2 MCWLA-Rice 作物模型参数率定和结果验证

3.2.1 数据处理

MCWLA-Rice 作物模型的运行需要输入日值气候变量，包括逐日平均温度（℃）、最低气温（℃）、最高气温（℃）、降水量（mm）、平均风速（m/s）、平均相对湿度（%）和太阳辐射量（MJ/m^2）。除了气象数据以外，其他的环境数据也是 MCWLA-Rice 作物模型的必要输入数据，包括土壤质地数据和水文属性数据等。

在本章研究中，MCWLA-Rice 作物模型是在 0.5°×0.5°的格点上展开运算的，该研究尺度一方面便于和同尺度的其他相关研究进行对比分析（Tao and Zhang，2013），另一方面和气候模式输出数据的空间分辨率比较匹配，便于和未来气候情景下的影响状况相比较。为了满足格点尺度上模型模拟的输入要求，本文采用 Yuan 等（2015）的插值方法，将气象站点数据插值到 0.5°×0.5°的格点上作为作物模型的输入数据。此外，在作物模型校验过程中还需要用到县级和省级水稻单产数据，本书参考 Shuai 等（2016）的处理方法，采用 5 年滑动平均法去除单产数据中技术进步的影响以得到气候单产，在此基础上计算 1990～2000 年技术水平下的单产数据（也被称为“实际单产数据”）。格点水平的实际单产数据是由最近邻县的单产数据计算得出。参考相关研究（Tao and Zhang，2013；杨沈斌等，2010），本书将 1980～2009 年时间段内的 CO_2 浓度设定为 330ppm。

3.2.2 参数率定和结果验证

在 MCWLA-Rice 模型中，共有 20 个参数对水稻生长发育阶段、叶片生长、水分利用和作物产量形成的模拟非常重要（Tao and Zhang，2013）：包括生长发育速度对气温的敏感系数（sensitivity of the developmental rate to air temperature：A_T）、DVR 达到理想最快生长速度 1/2 时的气温（air temperature at which DVR is half of the maximum rate at the optimum temperature：T_h）、作物开始对光周期敏感的 DVI 值（value of DVI at which the crop becomes sensitive to photoperiod：DVI^*）、从移栽到抽穗的最短天数（minimumnumber of days required from transplanting to heading：G_v）、昼长的临界值（critical day length：L_c）、生长发育速度对昼长的敏感系数（sensitivity of the developmental rate to day length：K_l）、当 DVI>1 时 DVR 的经验参数（empirical parameter for DVR when DVI>1：T_{cr}）、最优条件下 LAI 的最

大相对生长速度（maximum relative growth rate of LAI under an optimum condition：R_m）、计算 LAI 的经验参数（empirical parameter for calculating LAI：K_f）、产量差（yield gap parameter：Y_{gp}）、根深度与叶面积指数之间的相对生长速率（relative growth rate of root depth and leaf area index：$R_{r:l}$）、生态系统相对叶片吸收光和有效辐射的尺度因子（scaling factor for absorbed photosynthetically active radiationat ecosystem versus leaf scale：S_{le}）、最大蒸散发速率（maximum transpiration rate：$T_{T_{max}}$）、计算大气水分需求的经验参数（empirical parameter in calculating atmospheric demand water：g_m）、25°C 时的维持呼吸（maintenance respiration at 25°C：R_{m25}）、计算维持呼吸的经验参数（empirical parameter in calculating maintenance respiration：m_r）、生长呼吸参数（growth respiration parameter：α_g）、极端低温阈值（base temperature for calculating cooling degree-days：T^*）、低温导致小穗不育率的曲率系数（curvature factor of spikelet sterility due to low temperature：C_{cool}）、高温导致小穗不育率的曲率系数（curvature factor of spikelet sterility due to high temperature：C_{hot}）。根据 Tao 等（2013）、Tao 和 Zhang（2013），将各参数名称及先验区间列在表 3. 1 中，并以此为基础进行模型参数的率定。

在利用作物模型研究之前，我们对相关条件进行如下假设（Tao and Zhang，2013；Wang et al.，2015）：①我国水稻主产区内每个省都有一种主要的水稻种植品种，并且省内所采取的管理手段也基本相同，可以用特定的参数来表征水稻生长的特征；②假设在 1980～2009 年每个格点的水稻种植面积比例几乎没有改变。本书将在水稻种植比例大于 1% 的格点上来开展，我国水稻主产区内共有 1092 个 0. 5°×0. 5°的格点符合要求。

针对每个省，本书选取种植比例较高且产量数据较完备的代表性格点来对 MCWLA-Rice 模型进行参数率定。针对代表性格点，利用 1982～1994 年格点化的气象数据、土壤数据、物候数据、实际单产数据等进行参数率定；利用 1995～2006 年的观测数据对率定结果进行验证。在参数率定过程中，利用拉丁超立方体抽样方法从各参数的先验区间中抽取 10 000 套参数作为初始参数（Shuai et al.，2015；Stein，1987），利用历史观测数据驱动作物模型从而得到各套参数下的模拟产量。在评价各套参数的模拟效果时主要参考以下标准：①模拟开花期和成熟期是否落在相应观测物候期的前后一周内；②计算模拟单产序列和实际单产序列之间的 Pearson 相关系数（r），以表征作物模型对单产年际波动的模拟情况，将达到 90% 置信水平（$p<0.10$）的相关系数认为是显著相关的（Shuai et al.，2015）；③计算模拟单产序列和实际单产序列之间的均方根误差（RMSE，root-mean-square error），以判断作物模型对产量水平模拟的准确程度。在符合条件①和②的基础上，选取 RMSE 最小的 30 套参数来进行下文的分析，选取多套参数主要是为了通过计算多套模拟产量的集合平均值以降低作物模型模拟过程中的不确定性（Tao et al.，2009a，2009b，2013；Tao and Zhang，2013；Shuai et al.，2015）。根据以上步骤，将率定出的最优 30 套参数的数值围列在表 3. 1 中。

表 3.1　单季稻区各省份 30 套最优参数的统计表格

参数名称	先验区间	30 套最优参数的平均值（标准差）								
		P1	P2	P3	P4	P5	P6/7	P8	P9	P10
A_T（℃$^{-1}$）	0.18～0.22	0.2（0.01）	0.2（0.01）	0.22（0.01）	0.19（0.01）	0.19（0.01）	0.19（0.01）	0.19（0.01）	0.22（0.01）	0.2（0.01）
T_h（℃）	13.92～15.92	13.83（1.47）	13.83（1.62）	14.76（1.8）	10.62（1.63）	12.73（1.59）	12.57（1.19）	13.43（1.14）	14.95（1.11）	13.64（1.18）
DVI*（d^{-1}）	0.74～1.14	0.99（0.02）	0.99（0.04）	1（0.05）	0.9（0.07）	0.79（0.08）	0.92（0.06）	0.94（0.07）	0.81（0.07）	0.94（0.06）
G_v（d）	33.98～37.98	47.27（3.44）	47.27（3.61）	45.42（3.4）	37.32（4.18）	42.4（3.49）	35.22（1.31）	37.26（1.21）	37.26（1.16）	34.64（1.16）
L_c（h）	12.4～14.4	13.99（0.52）	13.99（0.45）	13.45（0.3）	12.41（0.45）	13.57（0.18）	13.59（0.41）	13.33（0.28）	13.02（0.52）	13.33（0.47）
K_l（h^{-1}）	0.71～1.11	0.73（0.11）	0.73（0.11）	0.85（0.11）	1.05（0.13）	0.84（0.11）	0.98（0.09）	0.85（0.12）	0.91（0.11）	0.78（0.12）
T_{cr}（℃）	12.0～18.0	13.53（1.41）	13.53（1.84）	17.76（1.84）	16.79（2.06）	12.3（2.06）	17.45（2.56）	16.95（2.23）	10.61（1.93）	10.88（2.23）
R_m（d^{-1}）	0.1～0.3	0.21（0.06）	0.19（0.05）	0.22（0.06）	0.2（0.06）	0.2（0.05）	0.18（0.06）	0.21（0.05）	0.21（0.06）	0.2（0.05）
K_f（℃$^{-1}$）	0.05～1.7	0.8（0.43）	0.99（0.44）	1.04（0.46）	0.95（0.39）	0.82（0.43）	0.98（0.47）	0.82（0.47）	0.87（0.48）	0.84（0.43）
Y_{gp}	0.6～0.99	0.98（0.11）	0.98（0.1）	0.82（0.1）	0.82（0.13）	0.84（0.12）	0.95（0.13）	0.69（0.09）	0.96（0.11）	0.74（0.11）
$R_{r:l}$	1.0～2.0	1.23（0.29）	1.23（0.29）	1.65（0.28）	1.49（0.24）	1.05（0.29）	1.97（0.31）	1.99（0.28）	1.49（0.29）	1.66（0.29）
S_{le}	0.4～0.6	0.54（0.05）	0.54（0.05）	0.58（0.05）	0.49（0.06）	0.52（0.06）	0.59（0.06）	0.59（0.03）	0.58（0.06）	0.56（0.05）
$T_{T_{max}}$［mm/(m^2·d)］	3.0 - 7.0	5.11（0.98）	5.11（1.09）	3.48（1.12）	3.82（1.28）	3.28（1.27）	5.41（0.74）	3.41（1.04）	3.22（1.13）	3.1（0.99）
g_m	3.0～7.0	4.29（1.05）	4.29（1.07）	3.56（1.09）	5.94（1.26）	4.08（1.05）	6.44（1.14）	3.74（0.97）	4.43（1.09）	3.09（1.08）
$R_{m_{25}}$［g C/(m^2·d)］	0.33～0.73	0.4（0.11）	0.4（0.11）	0.72（0.11）	0.66（0.11）	0.69（0.14）	0.6（0.13）	0.6（0.13）	0.64（0.1）	0.34（0.12）
m_r（g C/m^2）	40.0～60.0	41.37（5.79）	41.37（5.8）	47.83（5.75）	43.59（6.56）	58.33（5.49）	52.12（5.33）	41.04（4.99）	45.17（6.28）	59.28（5.48）
α_g	0.15～0.55	0.49（0.06）	0.49（0.06）	0.26（0.07）	0.26（0.11）	0.47（0.06）	0.22（0.11）	0.26（0.05）	0.46（0.1）	0.21（0.09）
C_{cool}	1.0～2.5	1.25（0.23）	1.25（0.29）	1.24（0.37）	1.14（0.09）	1.24（0.18）	1.21（0.14）	1.88（0.35）	1.97（0.35）	2（0.46）
C_{hot}	12.5～18.5	12.53（1.76）	12.53（1.79）	17.35（1.78）	15.72（1.97）	13.81（1.48）	13.93（1.94）	15.38（1.63）	15.8（1.67）	16.55（1.72）

续表

参数名称	先验区间	早稻区各省份 30 套最优参数的平均值（标准差）					
		P11	P12	P13	P14	P15	P16
A_T（℃$^{-1}$）	0.18 ~ 0.22	0.2（0.01）	0.21（0.01）	0.21（0.01）	0.22（0.01）	0.22（0.01）	0.19（0.01）
T_h（℃）	13.92 ~ 15.92	15.59（1.02）	16.92（0.59）	16.72（1.18）	16.49（1.16）	15.87（1.16）	15.69（1.14）
DVI*（d^{-1}）	0.74 ~ 1.14	0.87（0.13）	0.82（0.13）	0.77（0.1）	0.76（0.12）	0.97（0.11）	1.06（0.09）
G_v（d）	33.98 ~ 37.98	36.73（2.15）	37.48（1.52）	34.8（2.1）	34.94（1.92）	35.42（1.73）	31.43（2.57）
L_c（h）	12.4 ~ 14.4	14.16（0.66）	14.9（0.66）	14.31（0.52）	13.77（0.68）	13.36（0.65）	15.25（0.74）
K_l（h^{-1}）	0.71 ~ 1.11	1（0.12）	0.85（0.11）	0.85（0.1）	1（0.12）	0.86（0.09）	0.95（0.13）
T_{cr}（℃）	12.0 ~ 18.0	19.91（1.49）	13.76（1.31）	12.68（2.07）	18.65（0.39）	19.98（0.64）	18.97（2.29）
R_m（d^{-1}）	0.1 ~ 0.3	0.2（0.06）	0.21（0.05）	0.21（0.06）	0.2（0.06）	0.19（0.06）	0.2（0.06）
K_f（℃$^{-1}$）	0.05 ~ 1.7	0.88（0.48）	0.99（0.45）	0.86（0.47）	0.97（0.46）	0.87（0.51）	0.83（0.45）
Y_{gp}	0.6 ~ 0.99	0.76（0.08）	0.82（0.1）	0.85（0.1）	0.98（0.07）	0.74（0.07）	0.82（0.11）
$R_{r:l}$	1.0 ~ 2.0	1.17（0.28）	1.75（0.24）	1.89（0.29）	1.52（0.31）	1.09（0.3）	1.2（0.29）
S_{le}	0.4 ~ 0.6	0.59（0.03）	0.58（0.03）	0.54（0.04）	0.58（0.01）	0.6（0.01）	0.56（0.06）
$T_{T_{max}}$ [mm/(m^2 · d)]	3.0 - 7.0	3.54（1.06）	3.38（0.95）	5.37（1.1）	3.19（1.12）	6.86（0.99）	3.1（1.16）
g_m	3.0 ~ 7.0	4.15（1.11）	4.16（1.1）	3.68（1.12）	6.79（0.92）	4.57（1.06）	4.76（1.06）
$R_{m_{25}}$ [g C/(m^2 · d)]	0.33 ~ 0.73	0.55（0.11）	0.39（0.12）	0.73（0.12）	0.51（0.12）	0.4（0.11）	0.35（0.13）
m_r（g C/m^2）	40.0 ~ 60.0	57.63（5.66）	45.66（5.44）	40.18（5.42）	54.5（5.44）	47.54（5.6）	59.23（5.39）
α_g	0.15 ~ 0.55	0.21（0.06）	0.16（0.05）	0.2（0.06）	0.18（0.03）	0.16（0.02）	0.36（0.08）
C_{cool}	1.0 ~ 2.5	1.3（0.11）	1.68（0.09）	1.4（0.14）	1.61（0.25）	1.01（0.17）	1.06（0.1）
C_{hot}	12.5 ~ 18.5	17.11（1.82）	12.91（1.79）	16.3（1.77）	13.13（1.63）	13.32（1.47）	13.9（1.72）

续表

参数名称	先验区间	晚稻区各省份30套最优参数的平均值（标准差）					
		P11	P12	P13	P14	P15	P16
A_T（℃$^{-1}$）	0.18～0.22	0.22（0.01）	0.18（0.01）	0.21（0.01）	0.2（0.01）	0.19（0.01）	0.18（0.01）
T_h（℃）	13.92～15.92	17.18（1.19）	15.7（1.03）	14.24（1.21）	16.47（1.22）	16.45（1.23）	16.54（1.12）
DVI*（d^{-1}）	0.74～1.14	0.97（0.07）	0.98（0.06）	0.92（0.07）	0.89（0.05）	0.74（0.06）	0.99（0.07）
G_v（d）	33.98～37.98	29.86（2.57）	37.64（2.55）	33.17（2.43）	32.4（2.38）	31.03（2.54）	35.48（2.62）
L_c（h）	12.4～14.4	12.88（0.28）	12.52（0.18）	12.73（0.24）	12.53（0.21）	12.73（0.11）	12.64（0.27）
K_l（h^{-1}）	0.71～1.11	1.08（0.11）	0.75（0.12）	0.85（0.12）	0.92（0.12）	0.97（0.13）	0.81（0.12）
T_{cr}（℃）	12.0～18.0	14（2.18）	15.82（2.42）	15.93（1.24）	18.75（1.38）	19.6（1.13）	19.84（1.83）
R_m（d^{-1}）	0.1～0.3	0.19（0.05）	0.2（0.06）	0.2（0.07）	0.2（0.06）	0.2（0.06）	0.21（0.05）
K_f（℃$^{-1}$）	0.05～1.7	1.02（0.36）	0.85（0.47）	0.83（0.47）	0.97（0.47）	0.96（0.37）	0.8（0.5）
Y_{gp}	0.6～0.99	0.94（0.12）	0.69（0.12）	0.88（0.1）	0.78（0.11）	0.86（0.09）	0.84（0.12）
$R_{r:l}$	1.0～2.0	1.58（0.26）	1.41（0.28）	1.02（0.3）	1.86（0.28）	1.54（0.29）	1.09（0.29）
S_{le}	0.4～0.6	0.58（0.04）	0.57（0.05）	0.59（0.05）	0.5（0.05）	0.56（0.03）	0.44（0.06）
$T_{T_{max}}$［mm/(m^2·d)］	3.0～7.0	4.01（1.2）	3.76（1.15）	3.06（1.03）	5.78（1.09）	4.86（0.93）	6.9（0.99）
g_m	3.0～7.0	3.09（1.18）	3.29（1.18）	4.35（0.98）	3.57（1.23）	6.75（1.06）	5.16（1.38）
$R_{m_{25}}$［g C/(m^2·d)］	0.33～0.73	0.36（0.11）	0.55（0.12）	0.45（0.13）	0.33（0.12）	0.46（0.11）	0.53（0.12）
m_r（g C/m^2）	40.0～60.0	53.73（5.64）	41.54（5.16）	45.82（5.91）	55.7（5.83）	40.51（5.83）	50.53（5.69）
α_g	0.15～0.55	0.21（0.05）	0.32（0.08）	0.45（0.08）	0.37（0.07）	0.27（0.05）	0.28（0.08）
C_{cool}	1.0～2.5	1.71（0.38）	1.04（0.37）	1.33（0.23）	1.19（0.17）	1.45（0.38）	1.22（0.32）
C_{hot}	12.5～18.5	12.53（1.84）	17.47（1.7）	13.69（1.68）	13.67（1.9）	17.8（1.76）	16.48（1.63）

注：P加数字代表研究区内各省份的代号，各数字代表省份：1黑龙江；2辽宁；3吉林；4云南；5贵州；6四川；7重庆；8湖北；9安徽；10江苏；11湖南；12江西；13浙江；14福建；15广东；16广西。水稻生长发育敏感期极端低温影响模块的参数 T^*（℃）根据表3.1中的 T_{low} 设定；极端高温影响模块中的经验常数 T_o，T_c and T_b 分别设为33℃、43℃、10℃，参考Nakagawa等（2003）以及Tao和Zhang（2013）

在上文分析的基础上，将率定出的最优 30 套参数推广到研究区内进行模拟结果的验证：在各省份内挑选出两个种植比例较高的格点来进行初步验证，继而在省级尺度上进行验证。具体方法如下：在给定格点上，计算多套参数下模拟产量的集合平均值，以得到 1980 ~ 2009 年的集合模拟单产序列，在此基础上计算集合模拟单产与实际单产之间的相关系数 r 和均方根误差 RMSE；在给定省份内，根据以上方法计算省内每个格点的集合模拟单产，并以格点水稻种植比例作为权重，将格点集合模拟单产通过加权求和的方式计算得到省级集合模拟单产，进而计算其与省级实际单产之间的相关系数 r 和均方根误差 RMSE 从而评价模型的模拟效果。

基于以上步骤，将计算出的统计指标（r 和 RMSE）展示在表 3.2 中。为便于对比分析，将 RMSE 与当地实际产量平均水平相比转化成百分比形式。根据该表格可以看出，格点水平上的模型验证结果为：RMSE 在 9.95% ~ 15.04% 范围内，相关系数在 0.07 ~ 0.51 范围内。在省级水平上，RMSE 在 5.41% ~ 9.73% 范围内，相关系数在 0.13 ~ 0.63 范围内。通过对比分析可以发现，格点水平上的模拟效果差距较大，而在省级水平上模拟效果则相对稳定，这很大程度上归结于气候变化影响的区域性特征，因此通常在较大的研究尺度上更易捕捉气候变化的影响（Tao et al.，2009a，2009b，2013；Tao and Zhang，2013）。此外，不同水稻种植区的模拟效果也存在差异，这些差异可能是由当地农田基础建设水平、管理水平、病虫害等多方面因素造成的。总体来看，MCWLA-Rice 模型的验证结果在可以接受的范围内（Tao et al.，2009a，2009b，2013；Tao and Zhang，2013），该模型在本文的研究区内能够较好地模拟水稻产量水平并捕捉其年际变化规律。

表 3.2 MCWLA-Rice 模型验证结果的统计表格

种植区	省份（格点总数）	格点 A		格点 B		省级水平	
		RMSE/%	r	RMSE/%	r	RMSE/%	r
Ⅰ	P1（110）	9.95	0.13	10.30	0.29	7.10	0.36*
	P2（58）	10.53	0.38*	11.73	0.17	8.93	0.34*
	P3（38）	12.48	0.24	12.83	0.23	7.19	0.59*
Ⅱ	P4（109）	10.65	0.35*	10.87	0.47*	7.16	0.26
	P5（59）	12.59	0.19	13.99	0.46*	8.32	0.32*
Ⅲ	P6&P7（114）	14.91	0.46*	11.44	0.21	7.87	0.13
	P8（60）	10.13	0.27	15.04	0.31	7.06	0.53*
	P9（47）	12.20	0.42*	10.75	0.28	7.77	0.27
	P10（40）	11.46	0.18	13.96	0.39*	8.64	0.33*
Ⅳ_ER	P11（73）	10.98	0.12	10.39	0.25	7.96	0.53*
	P12（61）	14.80	0.26	12.41	0.48*	5.41	0.63*
	P13（36）	12.57	0.16	13.61	0.37*	8.87	0.59*
	P14（43）	11.52	0.37*	14.71	0.46*	9.73	0.22

续表

种植区	省份（格点总数）	格点 A		格点 B		省级水平	
		RMSE/%	r	RMSE/%	r	RMSE/%	r
Ⅳ_ER	P15（61）	10.23	0.47*	12.85	0.19	7.42	0.51*
	P16（83）	13.36	0.34	10.67	0.26	6.27	0.36*
Ⅳ_LR	P11（73）	12.72	0.22	13.26	0.16	7.61	0.45*
	P12（61）	13.56	0.33	11.73	0.29	6.53	0.34*
	P13（36）	15.06	0.07	12.98	0.47*	9.28	0.41*
	P14（43）	11.55	0.44*	10.90	0.27	6.86	0.34*
	P15（61）	10.15	0.29	14.05	0.41*	8.45	0.21
	P16（83）	11.80	0.18	12.78	0.26	7.17	0.42*

注：*代表 $p<0.1$；格点 A 和 B 是指在各省份内挑选出两个种植比例较高的格点，其中在相对偏北位置的为格点 A，偏南位置的为格点 B；各省代码同表 3.1。

在完成模型校验的基础上，本节将利用 MCWLA-Rice 模型来模拟不同极端温度胁迫情景下的水稻产量，并通过各情景下模拟产量的对比分析来剥离极端温度造成的产量损失。以某个年份为例，具体的处理方法如下所述（Wang et al.，2015）：

1）利用观测气候数据、土壤数据、环境数据等资料驱动 MCWLA-Rice 模型，得到实际温度条件下的模拟产量；

2）保持所有输入条件不变，仅对模拟过程中的逐日温度条件进行处理，从而得到给定情景下的模拟产量。极端温度胁迫情景的具体处理方法如表 3.3 所示。其中，T 代表的温度指标及其阈值如表 3.4 所示，该表格是在综合 2.1 节阈值标准和 MCWLA-Rice 作物模型模拟特征的基础上确定的。

表 3.3　极端温度胁迫情景的处理方法

情景代码	处理方法	具体操作	模拟产量	产量标识
S1	保持实际温度条件不变	—	受极端低温和极端高温综合影响下的产量	Y_{ETS}或 Y_{base}
S2	在实际温度条件中去除极端低温胁迫	if $T<T_{low}$，$T=T_{low}$	仅受极端高温影响下的产量	Y_{HTS}
S3	在实际温度条件中去除极端高温胁迫	if $T>T_{high}$，$T=T_{high}$	仅受极端低温影响下的产量	Y_{LTS}
S4	在实际温度条件中同时去除极端低温胁迫和极端高温胁迫	if $T<T_{low}$，$T=T_{low}$ if $T>T_{high}$，$T=T_{high}$	不受极端温度影响下的产量	Y_{Ideal}

注：T_{low} 和 T_{high} 分别代表极端低温阈值和极端高温阈值。

3）根据作物模型得到的模拟产量，分别计算极端低温造成的产量损失（YL_{LTS}，yield loss caused by low temperature stress）、极端高温造成的产量损失（YL_{HTS}，yield loss caused by high temperature stress）及二者综合作用下造成的产量损失（YL_{ETS}，yield loss caused by extreme temperature stress），计算公式如下所示（各变量说明见表 3.3）：

$$YL_{LTS} = Y_{Ideal} - Y_{LTS} \tag{3-16}$$

$$YL_{HTS} = Y_{Ideal} - Y_{HTS} \tag{3-17}$$

$$YL_{ETS} = Y_{Ideal} - Y_{ETS} \tag{3-18}$$

表 3.4 模型模拟过程中各阶段的极端温度阈值标准

种植区	营养生长期（DVI：0～0.75）		生殖生长期（DVI：0.75～2.0）		参考资料
	极端低温阈值 T_{low} T_{min}/T_{mean}/℃	极端高温阈值 T_{high} T_{max}/T_{mean}/℃	极端低温阈值 T_{low} T_{min}/T_{mean}/℃	极端高温阈值 T_{high} T_{max}/T_{mean}/℃	
Ⅰ	8/10	35/30	17/19	35/30	GB/T 21985—2008；QX/T 101—2009（2009）
Ⅱ	8/10	35/30	18/20	35/30	Sun et al.（2011）；Tao et al.（2013）
Ⅲ	8/10	35/30	18/20	35/30	Wang et al.（2014）；Zhang et al.（2014a）
Ⅳ	10/12	35/30	20/22	35/30	高素华等（2009）；王绍武等（2009）

注：T_{mean}、T_{min}、T_{max}分别代表日平均温度、日最低温度、日最高温度；种植区Ⅰ-Ⅳ见图 2.1 所示。

需要说明的是，为了便于产量损失间的对比分析，将以上损失值都除以实际气候条件下的模拟产量（Y_{base}），利用损失百分比来代表极端温度的致损程度。

基于以上步骤可计算出历年产量损失，进而根据上文率定出的多套最优参数来计算产量损失的集合模拟值，可得到 1980～2009 年的产量损失序列。在此基础上，研究我国水稻主产区内极端温度致损的时空变化特征：先统计研究时段内极端温度致损的平均状况，再通过对比分析来研究极端温度影响程度的空间分布特征，从而识别出损失较严重的种植区；在时间变化规律的分析上，一方面利用线性回归分析法来研究极端温度致损的时间变化趋势，另一方面统计其年代际变化特征。

3.3 极端低温致损的时空变化特征

3.3.1 空间分布状况

近三十年来极端低温致损的空间分布状况如图 3.1 所示。与之对应，各省份/区域范围内损失数值的统计状况如图 3.2 所示。以下将在这两个图的基础上对比分析各种植区的极端低温致损状况。从全国整个研究区来看，大部分地区都受到极端低温的影响，并表现出不同程度的损失：其中，东北单季稻区、云贵高原单季稻区和南方晚稻区的大部分范围

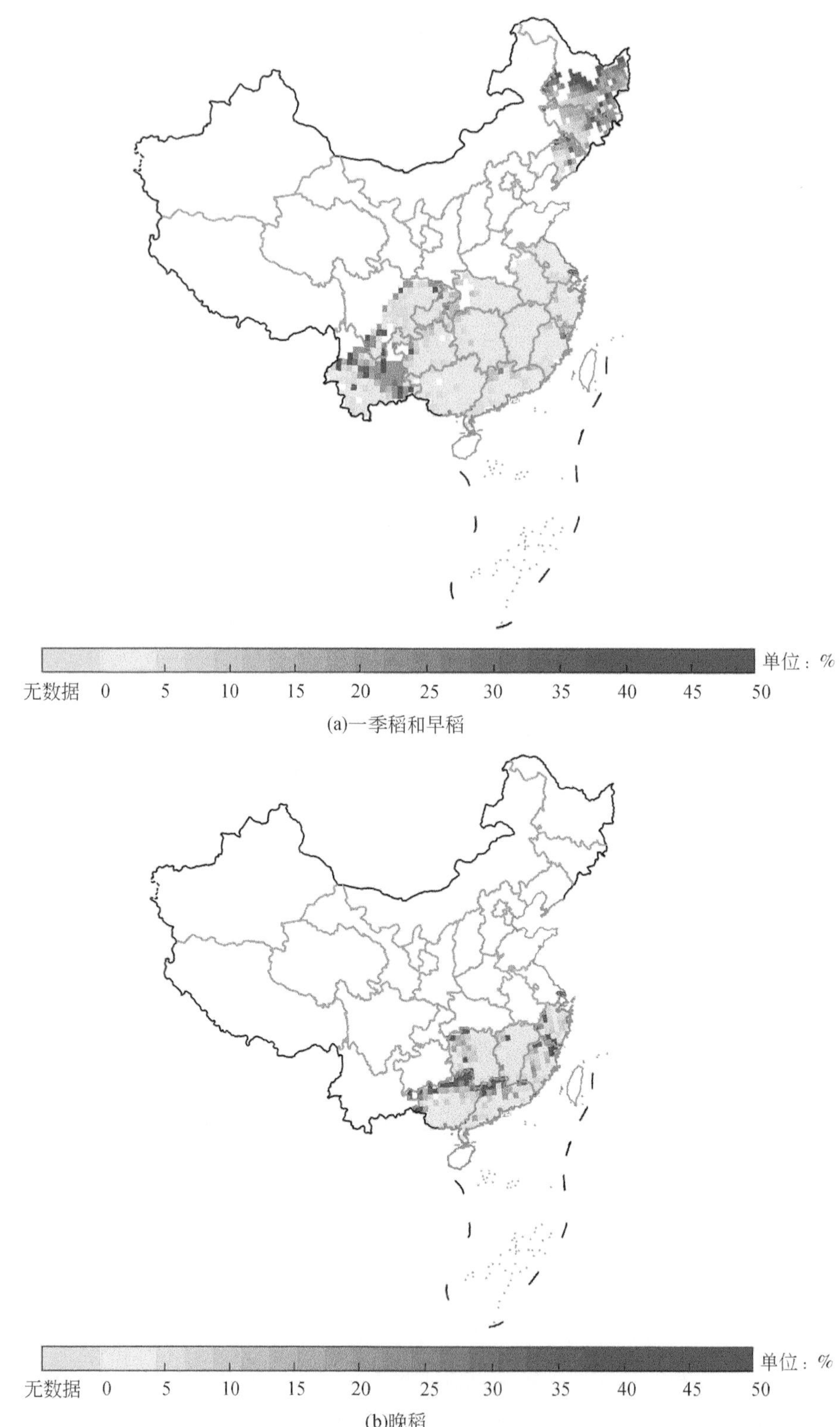

(a)一季稻和早稻

(b)晚稻

图 3.1　1980～2009 年极端低温致损程度的平均状况

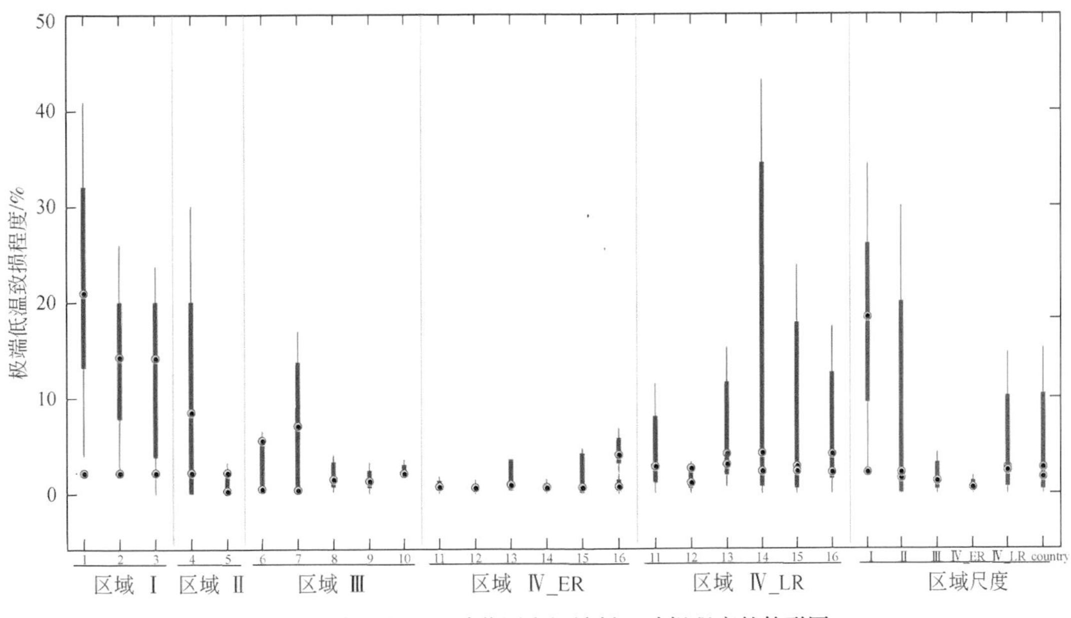

图 3.2　各省份及区域范围内极端低温致损程度的箱形图

注：横轴 1 ~ 16 为省份代码，Ⅰ ~ Ⅳ为区域代码，country 代表全国，代码对应情况见图 2.1；压缩矩形盒上下须的尾端分别代表第 90 和第 10 百分位数，中间的圆点代表中位数。

损失比较严重（超过 15%），其他大部分地区的损失程度在 0 ~ 15% 范围内。在东北单季稻区内，50% 以上的地区损失超过 18%，其中北部地区损失比较严重（超过 30%）；云贵高原单季稻区内损失差别较大，云南省东北部的损失较大（超过 15%），而其他地区的损失大多在 0 ~ 10%；与之相似，南方晚稻区内损失差异也比较大，其中西部和东南部损失较大（超过 10%），但其他大部分地区的损失在 0 ~ 5% 范围内。从省级尺度上看，内部差异较大的省份主要包括黑龙江省、云南省、晚稻区广西壮族自治区，这些省份大部分表现为北部损失高于南部。

在上文分析的基础上，以水稻种植省份/区域范围内损失序列的中位数作为该省份/区域的代表性损失程度，从而对比分析省级/区域尺度上的损失状况。根据图 3.2 可以看出，在省级尺度上：黑龙江省的损失最严重（约 21%），其次是吉林省和辽宁省（约 14%）；云南省的损失约 8%；晚稻区省份的损失在 1% ~4% 范围内，其中浙江省、广西壮族自治区和福建省的损失较大（约 4%），湖南省和广东省的损失次之（约 2%），江西省的损失最小（约 1%）；除此之外，其他省份的损失都较小（低于 1%）。在区域尺度上：我国东北单季稻区的损失最严重（约 18%），区域内损失值在 1% ~23% 范围内；其次是南方晚稻区（约 3%）和云贵高原单季稻区（约 2%），前者区域内损失值在 0 ~ 14% 范围内，后者在0 ~ 18% 范围内；长江流域单季稻区和南方早稻区大部分地区的损失较低（低于 1%）。从整个研究区内所有格点的损失状况来，代表性损失程度约 2%，大部分损失值在

0 ~ 15% 范围内。

3.3.2 时间变化规律

图 3.3 展示了极端低温致损的时间变化趋势和年代际变化类型，研究结果表明，1980 ~ 2009 年损失显著缓解的地区主要集中在东北单季稻区及南方晚稻区的大部分地区，其他局部地区也表现出显著缓解趋势，但分布比较零散并无明显分布规律。

从缓解幅度上看，黑龙江省北部的缓解幅度最大，超过 1%/a。从省级尺度上看（表 3.5），研究区内大部分省份的显著趋势占比未超过 30%，约有 36% 的省份内显著缓解趋势占比超过 50%：其中，黑龙江省和晚稻区浙江省内显著趋势占比较多（超过 90%），前者的缓解幅度较大（约 0.62%/a），后者缓解幅度较小（约 0.26%/a）；其他显著比例超过 50% 的省份依次是吉林省（87.93%）、辽宁省（84.21%）、晚稻区的福建省（79.07%）、湖南省（73.97%）、江西省（73.77%），和广西壮族自治区（63.86%），其中缓解幅度较大的是吉林省和辽宁省，均超过 0.3%/a。从区域尺度上来看，东北单季稻区和南方晚稻区的显著趋势所占比例较高（均超过 60%），其中前者的显著比例高达 92%；从缓解幅度上看，前者幅度较高，达 0.53%/a，而后者较小（约 0.16%/a）。从整

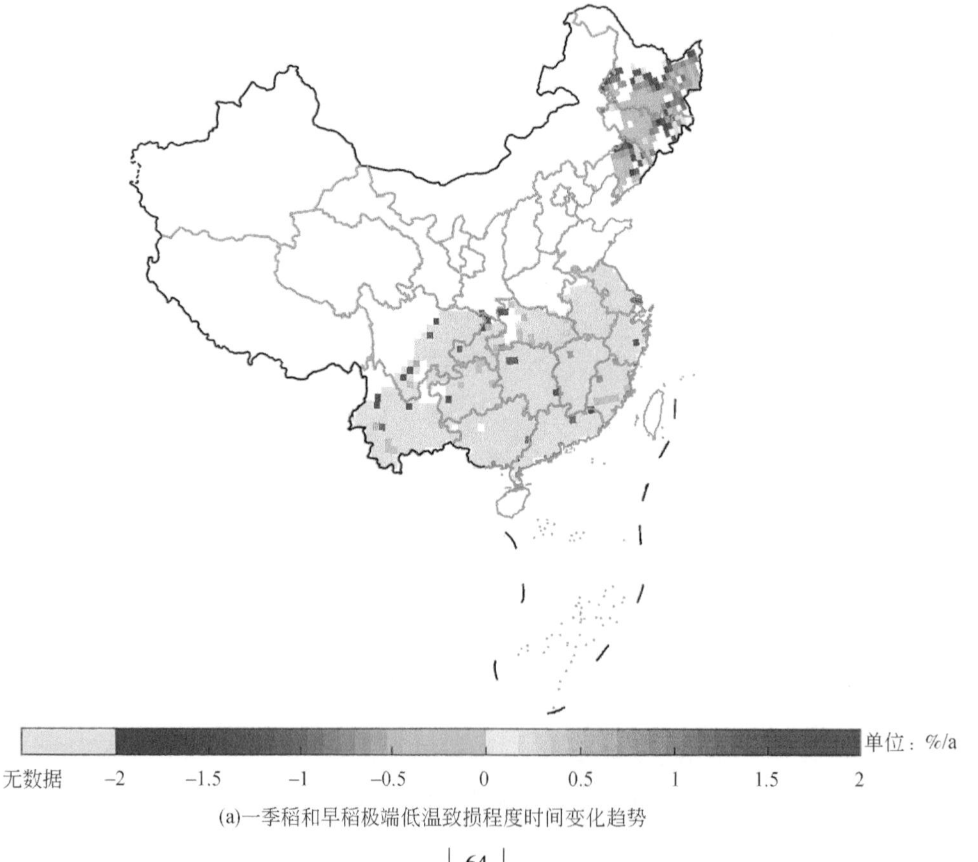

(a)一季稻和早稻极端低温致损程度时间变化趋势

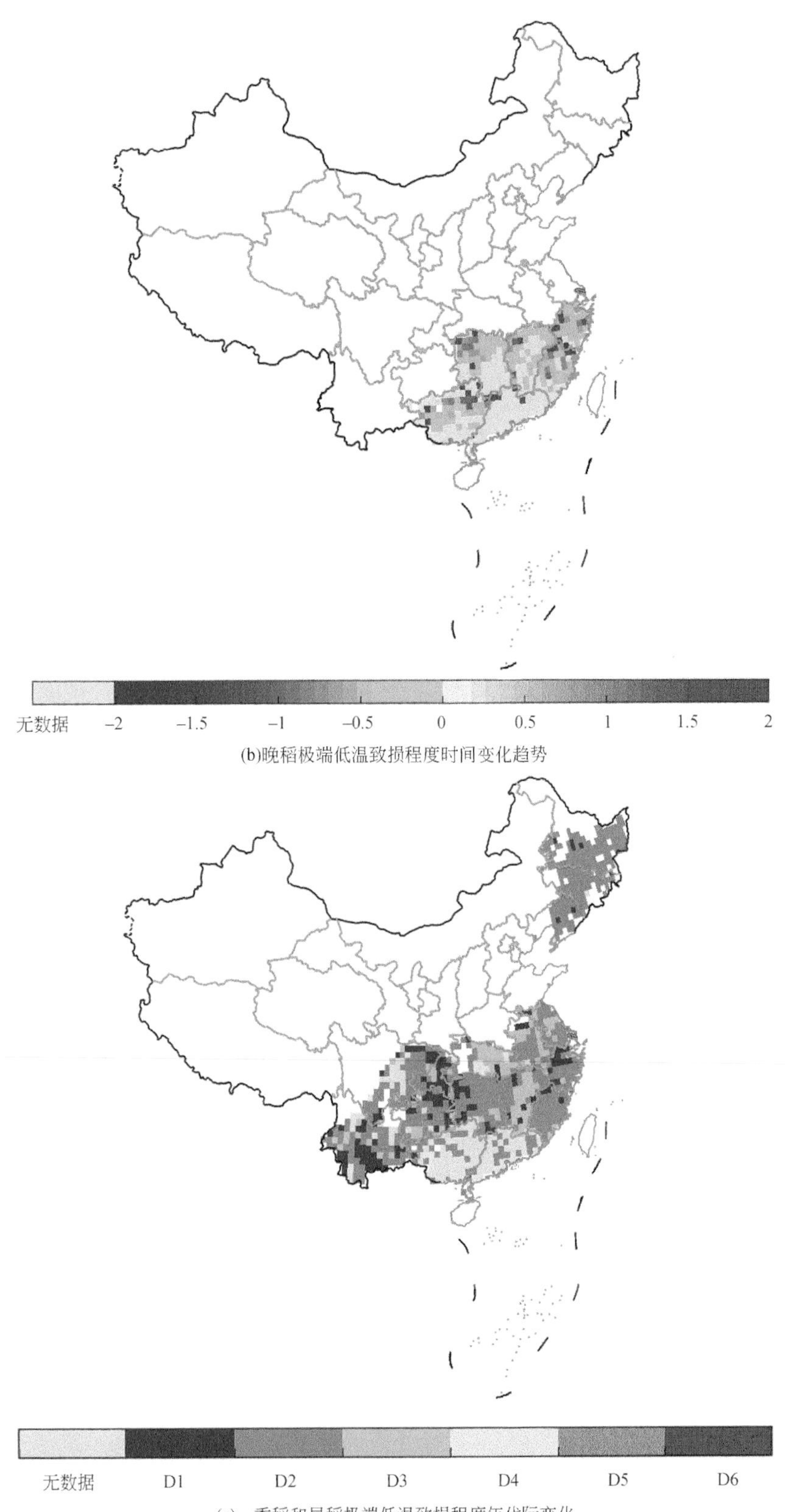

(b)晚稻极端低温致损程度时间变化趋势

(c)一季稻和早稻极端低温致损程度年代际变化

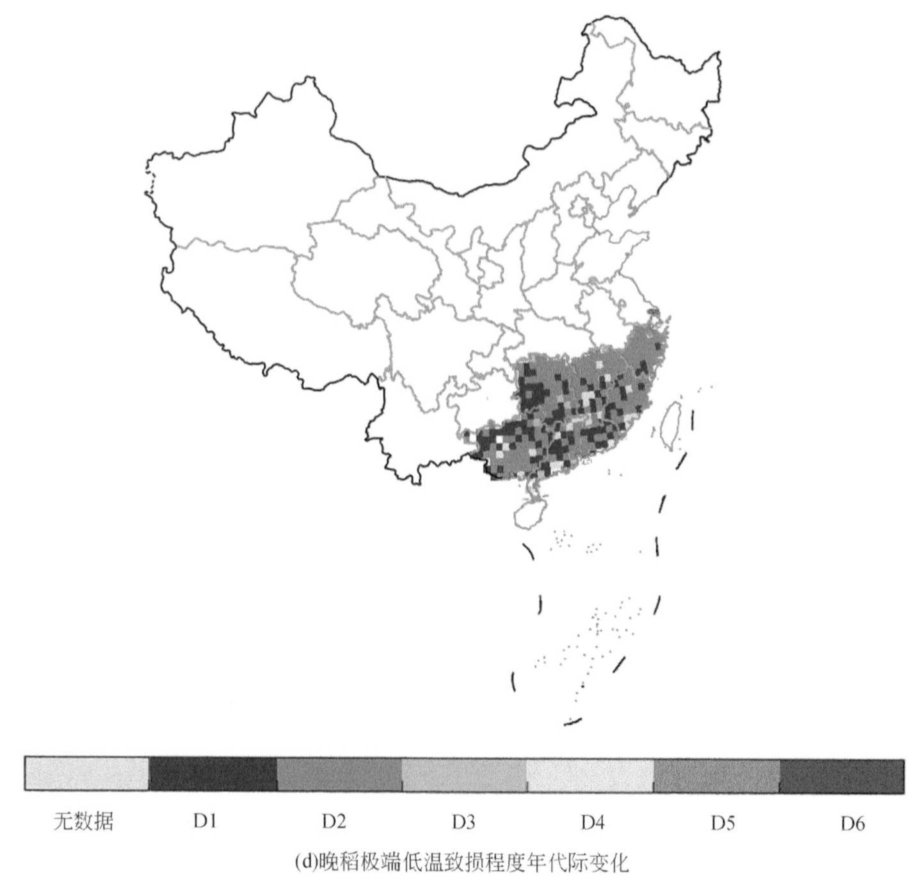

(d)晚稻极端低温致损程度年代际变化

图 3.3　1980～2009 年极端低温致损程度的时间变化趋势和年代际变化特征

个研究区来看，我国水稻主产区内约有 35.66% 的地区呈现出显著的线性缓解趋势，代表性缓解幅度（即中位数）达 0.26%/a。

尽管研究区内大部分地区并未表现出显著的时间变化趋势，但很多地区都表现出了明显的年代际变化特征［图 3.3（c），图 3.3（d）］。整体来看，我国水稻主产区内几乎所有地区的变化类型都标识为蓝色（也即 D 型），这说明相较于 20 世纪 90 年代，大部分地区近十年来极端低温致损都有所缓解。从省级尺度上看（表 3.5）：除早稻区广西壮族自治区和广东省年代际变化特征不明显外，其他省份的主导类型都为 D 型（指超过 50% 的地区表现为 D 型）；其中，重庆市和晚稻区广东省内 D1 型所占比例较大；湖北省和早稻区江西省内 D3 型所占比例较大；其他省份以 D2 型居多。从区域尺度来看（表 3.5）：全国 4 个水稻种植区内都以 D 型为主导年代际变化特征，且都以 D2 型居多。从全国整个研究区来看，D2 型所占比例最高，约 57.3%。

表 3.5　1980～2009 年各省份和区域范围内极端低温致损时间变化特征的统计表格

统计量		单季稻区省份										早稻区省份			
		P1	P2	P3	P4	P5	P6	P7	P8	P9	P10	P11	P12	P13	P14
显著变化趋势（$p<0.1$）	比例/%	94.55	87.93	84.21	5.50	11.86	7.14	3.33	1.67	10.64	7.50	4.11	4.92	19.44	3.61
	[代表性趋势/(%/a)]	-0.62	-0.32	-0.42	-0.69	-0.04	-2.80	-0.39	-0.24	-0.26	-0.21	-0.22	-0.11	-0.05	-0.25
年代际变化类型所占比例/%	D1	3.64	0.00	5.26	29.36	22.03	19.05	46.67	10.00	6.38	5.00	21.92	11.48	33.33	0.00
	D2	94.55	94.83	89.47	45.87	42.37	55.95	36.67	30.00	53.19	65.00	72.60	42.62	55.56	26.51
	D3	0.00	0.00	0.00	9.17	13.56	4.76	13.33	46.67	38.30	30.00	5.48	45.90	11.11	0.00
	I 1	0.91	3.45	0.00	0.00	1.69	1.19	3.33	11.67	2.13	0.00	0.00	0.00	0.00	6.02
	I 2	0.91	0.00	0.00	1.83	8.47	0.00	0.00	0.00	0.00	0.00	0.00	0.00	0.00	0.00
	I 3	0.00	1.72	0.00	0.00	5.08	0.00	0.00	0.00	0.00	0.00	0.00	0.00	0.00	0.00
	D	98.18	94.83	94.74	84.40	77.97	79.76	96.67	86.67	97.87	100.00	100.00	100.00	100.00	26.51
	I	1.82	5.17	0.00	1.83	15.25	1.19	3.33	11.67	2.13	0.00	0.00	0.00	0.00	6.02

统计量		早稻区省份		晚稻区省份						区域尺度					
		P15	P16	P11	P12	P13	P14	P15	P16	Ⅰ	Ⅱ	Ⅲ	Ⅳ_ER	Ⅳ_LR	country
显著变化趋势（$p<0.1$）	比例/%	9.84	9.30	73.97	73.77	100.00	63.86	27.87	79.07	90.78	7.74	6.13	7.28	66.95	35.66
	[代表性趋势/(%/a)]	-0.12	-0.28	-0.13	-0.14	-0.26	-0.16	-0.13	-0.25	-0.53	-0.04	-0.34	-0.17	-0.16	-0.26
年代际变化类型所占比例/%	D1	0.00	6.98	41.10	14.75	11.11	40.96	40.98	25.58	2.91	26.79	15.71	10.64	31.65	18.01
	D2	27.87	88.37	54.79	70.49	88.89	49.40	31.15	62.79	93.69	44.64	48.66	49.30	56.58	57.30
	D3	0.00	4.65	4.11	0.00	0.00	1.20	4.92	0.00	0.00	10.71	25.29	10.64	1.96	9.56
	I 1	0.00	0.00	0.00	9.84	0.00	4.82	11.48	2.33	1.46	0.60	3.83	1.40	5.04	2.74
	I 2	0.00	0.00	0.00	0.00	0.00	1.20	4.92	0.00	0.49	4.17	0.00	0.00	1.12	0.89
	I 3	0.00	0.00	0.00	1.64	0.00	2.41	3.28	0.00	0.49	1.79	0.00	0.00	1.40	0.67
	D	27.87	100.00	100.00	85.25	100.00	91.57	77.05	88.37	96.60	82.14	89.66	70.59	90.20	84.88
	I	0.00	0.00	0.00	11.48	0.00	8.43	19.67	2.33	2.43	6.55	3.83	1.40	7.56	4.30

注：各省代码同表 3.1。

3.4　极端高温致损的时空变化特征

3.4.1　空间分布状况

1980～2009 年极端高温致损的空间分布状况如图 3.4 所示。与之对应，各省份及区域范围内的损失数值统计如图 3.5 所示。以下将在这两个图的基础上对比分析各地区的极端高温致损状况。从整个研究区来看，除东北单季稻区和云贵高原单季稻区外，长江流域单季稻区、南方早稻区的大部分地区以及南方晚稻区的局部地区水稻产量都受到极端高温影响。在长江流域单季稻区，产量损失百分比在 0～25%，其中四川盆地西南部、长江中下游大部分地区的损失比较严重（超过 15%）；在南方早稻区，中部和南部的损失较高（超过 10%），其他部分的产量损失在 0～6% 范围内；相比之下，南方晚稻区的损失比较小，大部分地区的损失在 0～3% 范围内。从各省份范围内的分布状况来看，省内差异较大的主要是四川省、安徽省、早稻区广西壮族自治区，这些省份大部分表现为南部损失高于北部损失。

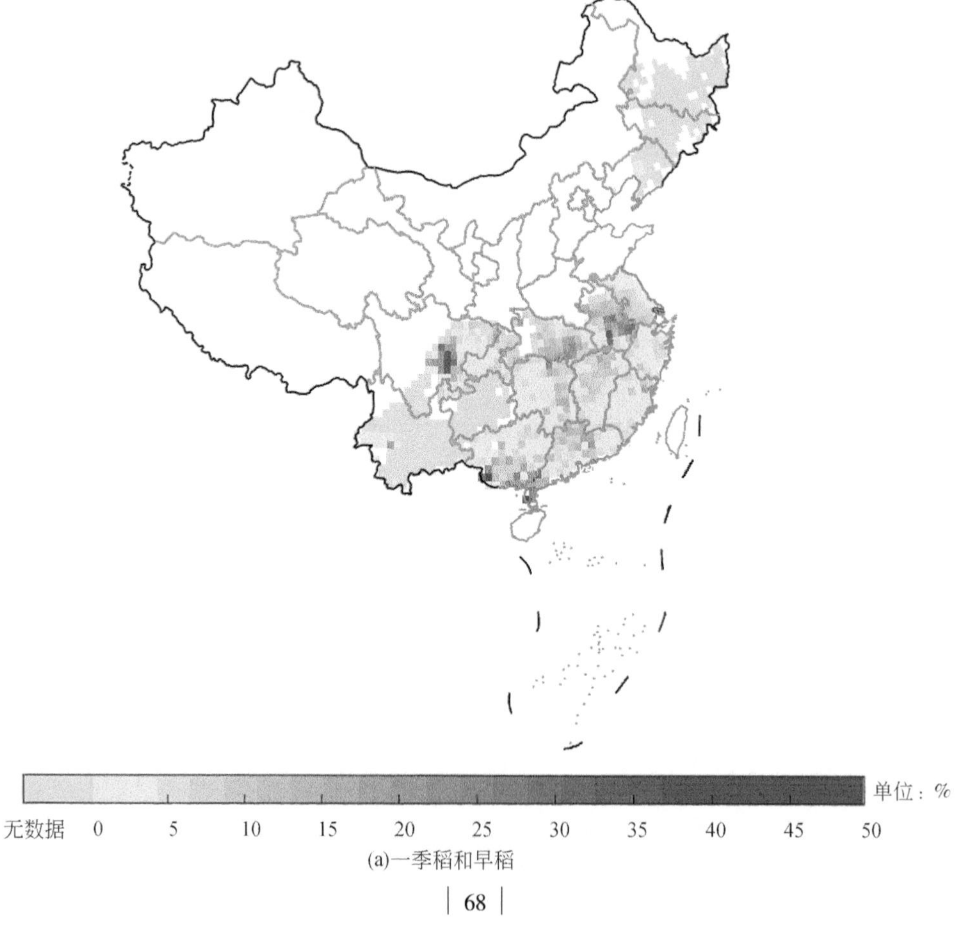

(a)一季稻和早稻

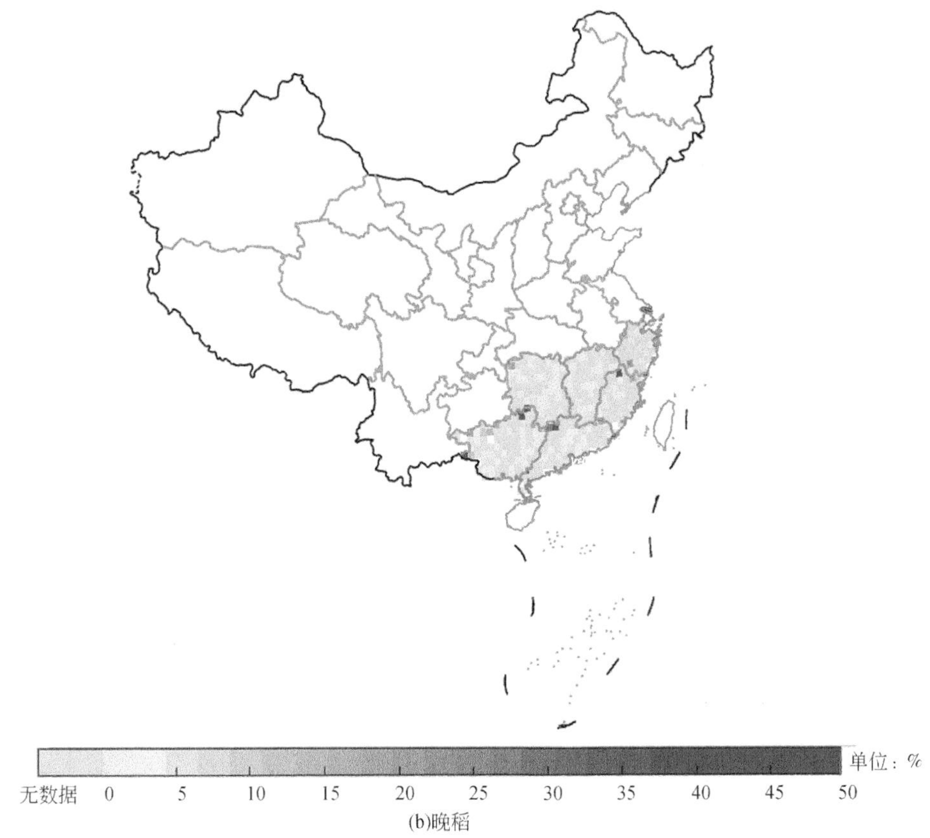

(b)晚稻

图 3.4　1980～2009 年极端高温致损程度的平均状况

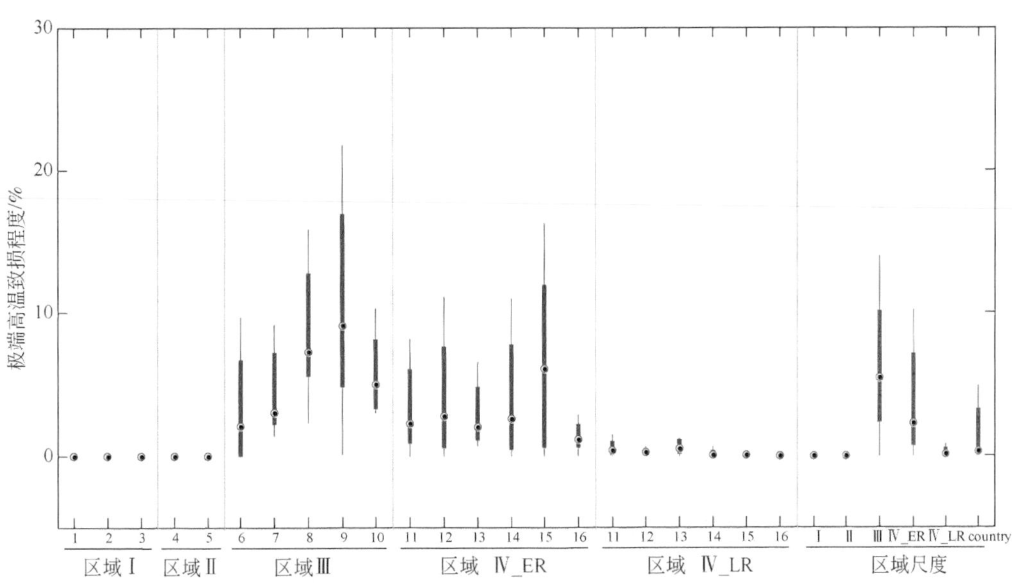

图 3.5　各省份及区域范围内极端高温致损程度的箱形图

注：横轴 1～16 为省份代码，Ⅰ～Ⅳ为区域代码，country 代表全国，代码对应情况见图 2.1；压缩矩形盒上下须的尾端分别代表第 90 和第 10 百分位数，中间的圆点代表中位数。

此处仍以各省份/区域范围内损失序列的中位数作为该省份/区域的代表性损失程度，从而对比分析省级/区域尺度上的损失状况。从省级尺度上来看（图3.5中标识为蓝色箱图）：研究区内有4个省份的损失超过5%，包括安徽省（9.1%）、湖北省（7.3%）、江苏省（5%）、早稻区广东省（6.1%）；损失程度在2%~3%的省份包括四川省、重庆市、早稻区湖南省、江西省、浙江省、广西壮族自治区；其他省份的损失都较小（接近于0）。对比各种植区域可以看出，长江流域单季稻区的损失最严重（约6%），区域内损失值在0~15%范围内；其次是南方早稻区（约3%），区域内损失百分比在0~10%；其他种植区的损失值较小，接近于0。从整个研究区内的损失状况来看，产量损失值一般在0-5%范围内，由于大范围地区的损失较小，因此代表性损失（也即中位数）接近于0。

3.4.2 时间变化规律

图3.6中展示了极端高温致损的时间变化情况。由于东北单季稻区和云贵高原单季稻区几乎不受极端高温影响，因此并未表现出相应的时间变化特征。整体来看，研究区内约有6.4%的地区表现出显著变化趋势，且都呈现加重趋势。这些变化显著的地区分布比较零散，在长江中下游地区以及东南沿海地区都有所分布，加重趋势约为0.38%/a。从省级尺度上看（表3.6）：江苏省内显著趋势所占比例最高（约27.5%），代表性趋势为0.56%/a（也即中位数）；其次是安徽省、早稻区浙江省和广东省，显著比例也较高（超过15%），加重趋势在0.25~0.55%/a范围内。从区域尺度上看：长江流域单季稻区约有11.1%的地区表现出显著趋势，代表值为0.53%/a；其次是南方早稻区，约有10.1%的地区表现出显著趋势，代表值为0.42%/a；其他种植区的显著趋势占比不超过5%。从整个研究区来看，约有6.4%的地区时间变化趋势比较显著，代表值为0.38%/a。

尽管研究区内大部分地区并未表现出显著的时间变化趋势，但很多地区都表现出了明显的年代际变化特征［图3.6（c），图3.6（d）］。东北单季稻区、云贵高原单季稻区基本不受极端高温影响，因此这些地区没有表现出明显的变化特征；南方晚稻区局部范围内产量损失的年代际变化特征表现为I2型（也即1980~2009年持续加重）；长江流域单季稻区和南方早稻区大部分范围内的年代际变化类型都用黄色或红色标识，这说明大部分地区在近十年来损失都有所加重的（I型）；在这些地区中，四川盆地单季稻区的变化类型比较一致，均表现为I3型（也即20世纪80年代到90年代有所缓解但近十年来大幅加重），其他地区的变化类型比较复杂。根据表4.6所示，在省级尺度上：I2型占比较大的有湖北省、安徽省、江苏省以及早稻区江西省、广西壮族自治区和广东省；四川省、重庆市和早稻区浙江省多表现为I3型；福建省则以I1型居多。在区域尺度上：东北单季稻区、云贵高原单季稻区、南方晚稻区极端高温致损的年代际变化特征均不明显；相比之下，长江流域单季稻区和南方早稻区的年代际变化特征比较明显，其中前者多表现为I3型，后者多表现为I2型。

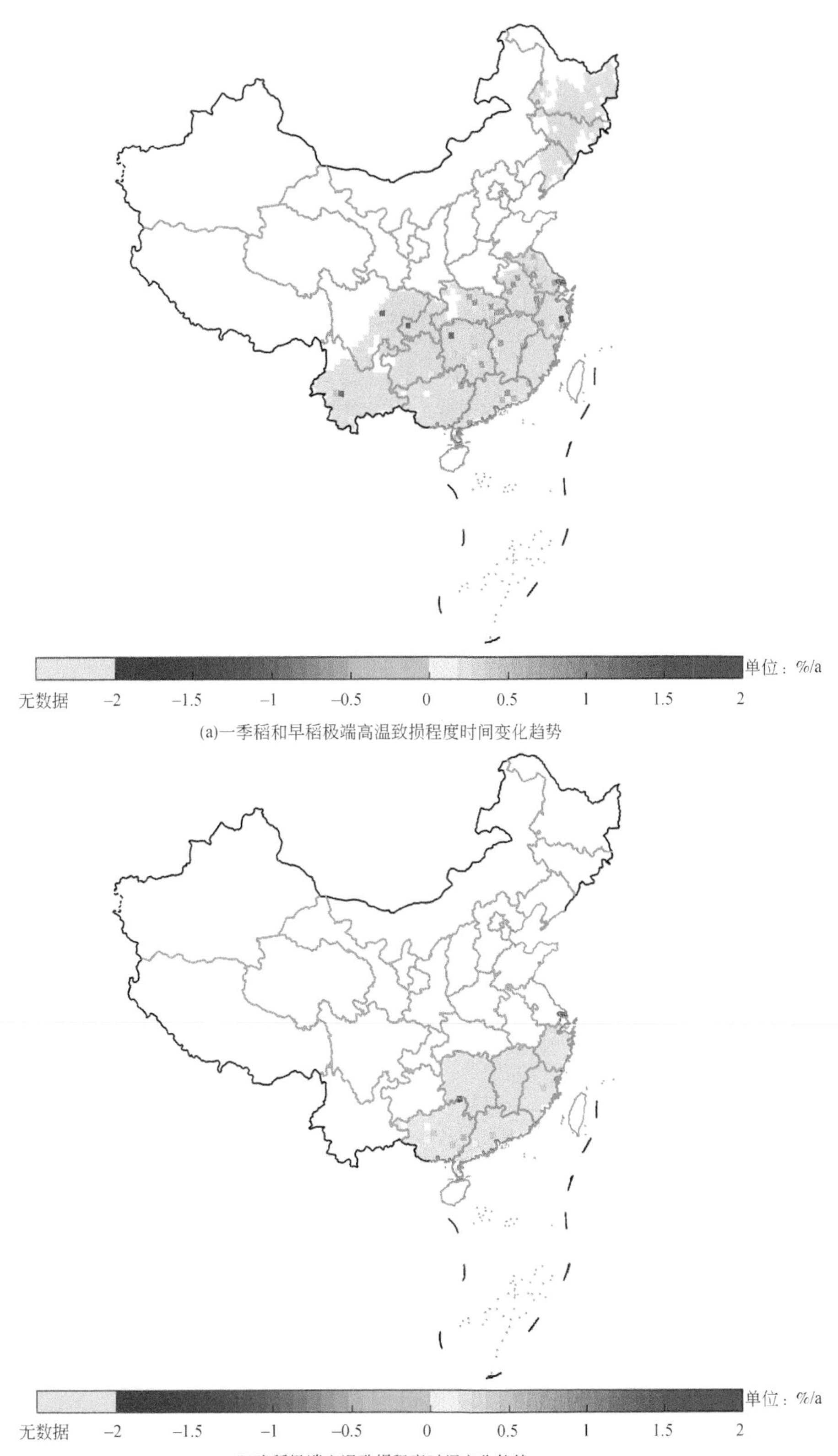

(a)一季稻和早稻极端高温致损程度时间变化趋势

(b)晚稻极端高温致损程度时间变化趋势

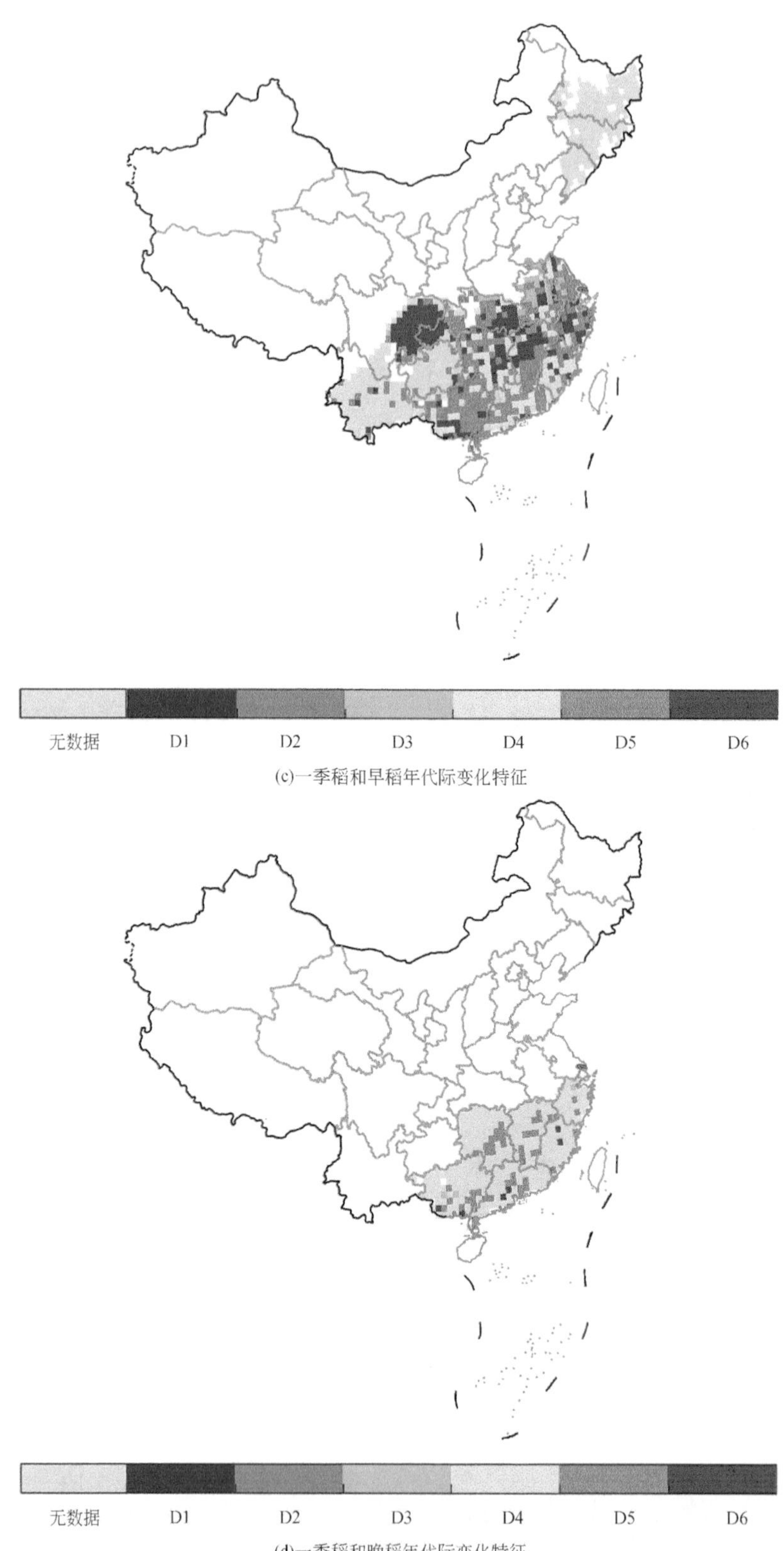

(c)一季稻和早稻年代际变化特征

(d)一季稻和晚稻年代际变化特征

图 3.6　1980～2009 年极端高温致损程度的时间变化趋势和年代际变化特征

表 3.6　1980～2009 年各省份和区域范围内极端高温致损时间变化特征的统计表格

统计量		单季稻区省份										早稻区省份			
		P1	P2	P3	P4	P5	P6	P7	P8	P9	P10	P11	P12	P13	P14
显著变化趋势（$p<0.1$）	比例/%	0.00	0.00	0.00	3.67	3.39	1.19	3.33	13.33	17.02	27.50	10.96	9.84	19.44	4.82
	［代表性趋势/（%/a）］	0.00	0.00	0.00	0.36	0.01	11.18	4.91	0.38	0.41	0.56	0.67	0.29	0.28	0.49
年代际变化类型所占比例/%	D1	0.00	0.00	0.00	0.00	0.00	0.00	0.00	0.00	0.00	0.00	0.00	0.00	0.00	0.00
	D2	0.00	0.00	0.00	0.00	0.00	0.00	0.00	3.33	0.00	0.00	0.00	1.64	8.33	3.61
	D3	0.00	0.00	0.00	0.00	0.00	1.19	0.00	11.67	34.04	22.50	0.00	1.64	2.78	0.00
	I1	0.00	0.00	0.00	4.59	5.08	0.00	0.00	8.33	14.89	12.50	34.25	13.11	8.33	19.28
	I2	0.00	0.00	0.00	12.84	8.47	5.95	20.00	41.67	38.30	50.00	36.99	42.62	36.11	55.42
	I3	0.00	0.00	0.00	3.67	3.39	58.33	53.33	35.00	12.77	15.00	27.40	36.07	44.44	16.87
	D	0.00	0.00	0.00	0.00	0.00	1.19	0.00	15.00	34.04	22.50	0.00	3.28	11.11	3.61
	I	0.00	0.00	0.00	21.10	16.95	64.29	73.33	85.00	65.96	77.50	98.63	91.80	88.89	91.57

统计量		早稻区省份		晚稻区省份						区域尺度					
		P15	P16	P11	P12	P13	P14	P15	P16	Ⅰ	Ⅱ	Ⅲ	Ⅳ_ER	Ⅳ_LR	country
显著变化趋势（$p<0.1$）	比例/%	16.39	2.33	0.00	1.64	0.00	7.23	11.48	2.33	0.00	3.57	11.11	10.08	4.20	6.38
	［代表性趋势/（%/a）］	0.36	0.19	0.00	0.16	0.00	0.27	0.19	0.40	0.00	0.13	0.53	0.42	0.19	0.38
年代际变化类型所占比例/%	D1	0.00	0.00	0.00	0.00	0.00	0.00	0.00	0.00	0.00	0.00	0.00	0.00	0.00	0.00
	D2	0.00	0.00	0.00	1.64	0.00	1.20	0.00	0.00	0.00	0.00	0.77	1.96	0.56	0.82
	D3	0.00	0.00	0.00	0.00	2.78	2.41	0.00	0.00	0.00	0.00	12.64	0.56	0.84	2.82
	I1	37.70	44.19	0.00	0.00	0.00	0.00	0.00	0.00	0.00	4.76	6.51	26.33	0.00	8.82
	I2	50.82	32.56	15.07	18.03	5.56	10.84	18.03	6.98	0.00	11.31	28.35	43.98	13.17	22.02
	I3	1.64	13.95	0.00	0.00	0.00	2.41	3.28	4.65	0.00	3.57	37.55	22.13	1.68	14.01
	D	0.00	0.00	0.00	1.64	2.78	3.61	0.00	0.00	0.00	0.00	13.41	2.52	1.40	3.63
	I	90.16	90.70	15.07	18.03	5.56	13.25	21.31	11.63	0.00	19.64	72.41	92.44	14.85	44.85

注：各省份代号同表3.1。

3.5 极端低温和极端高温综合致损的时空变化特征

3.5.1 空间分布状况

图3.7中展示了极端低温和极端高温综合致损的空间分布状况。与之对应，各省份/区域范围内的损失数值统计如图3.8所示。以下将在这两个图的基础上对比分析各种植区的极端低温和极端高温综合致损状况。从全国整个研究区来看，大部分地区都受到二者的综合影响，并表现出不同程度的损失，数值范围在0～40%。其中比较严重的损失主要发生在东北地区、云南省东北部、四川盆地西南部、长江中下游单季稻区，南方早稻区的中部和南部、南方晚稻区的西部和东南部。在东北种植区内，50%以上的地区损失超过18%，其中北部地区损失比较严重（超过30%）；云贵高原种植区内损失差别较大，其中云南省东北部的损失较大（超过15%），其他部分的损失大多在0～10%；在长江流域单季稻区，产量损失百分比在0～30%，其中四川盆地西南部、长江中下游大部分地区的损失比较严重（超过15%）；在南方早稻区，中部和南部的损失较高（超过10%），其他部分的产量损失在2%～10%范围内；在南方晚稻种植区，产量损失百分比大多在0～18%，

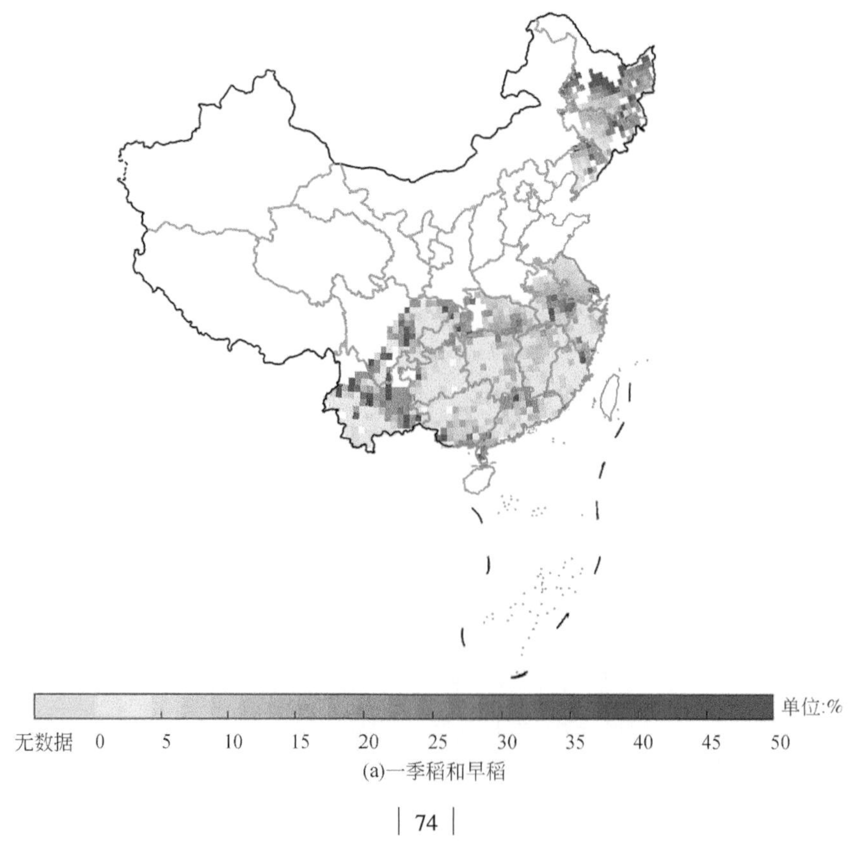

(a)一季稻和早稻

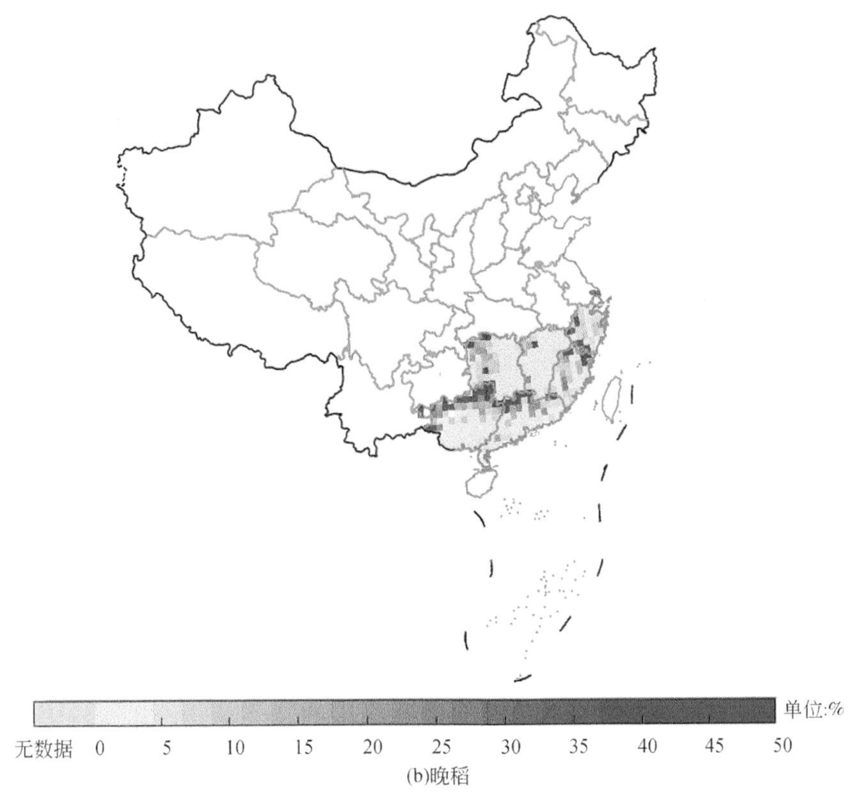

图 3.7　1980～2009 年极端低温和极端高温综合致损程度的平均状况

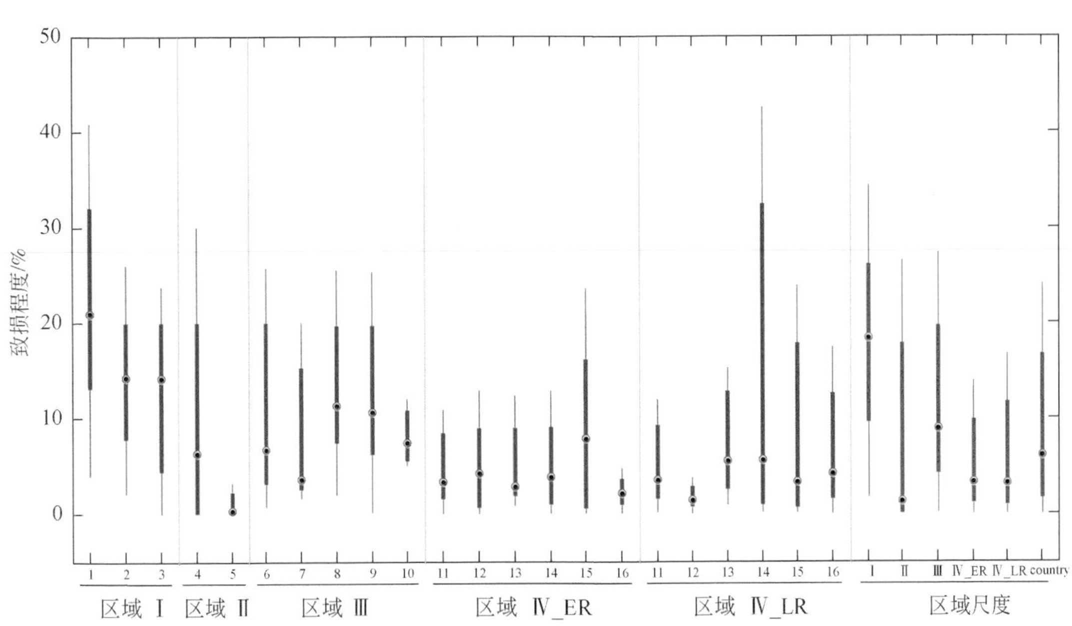

图 3.8　各省份及区域范围内极端低温和极端高温综合致损程度的箱形图

注：横轴 1～16 为省份代码，Ⅰ～Ⅳ为区域代码，country 代表全国，代码对应情况见图 2.1；压缩矩形盒上下须的尾端分别代表第 90 和第 10 百分位数，中间的圆点代表中位数。

该区域内部差异较大，其中西部和东南部损失较大（超过10%），但其他部分的损失在0～7%范围内。从各省份范围内的分布状况来看，省内差异较大的主要是黑龙江省、云南省和晚稻区广西壮族自治区。

在上文分析基础上，以水稻种植省份/区域范围内损失序列的中位数作为该省份/区域的代表性损失程度，从而对比分析省级/区域尺度上的损失状况。根据图3.8可以看出，在省级尺度上：黑龙江省的损失最严重（约21%），其次是吉林省和辽宁省（约14%）；除此之外，损失超过10%的省份还有湖北省（11.3%）、安徽省（10.6%）；代表性损失程度在5%～10%的省份依次是广东省早稻区（7.8%）、江苏省（7.4%）、四川省（6.8%）、云南省（6.3%）、福建省（5.6%）和浙江省（5.5%）的晚稻区，其他省份低于5%，损失程度较轻。从区域尺度上看，东北单季稻区的损失最严重（达18.4%）；其次是长江流域单季稻区（约9.1%）；其他种植区的损失均在4%以下，其中云贵高原单季稻区的损失相对较小（1.4%），但是区域内损失差异较大（超过50%的地区损失程度在1.4%～26.5%范围内）；南方早稻区的损失约3.4%，而晚稻区的损失约3.2%；尽管早稻区和晚稻区的代表性损失程度比较接近，但二者损失较大地区的分布位置却相差较大，早稻区内主要是中部和南部地区受损严重，而晚稻区主要是西部和东南部受损严重。从整个研究区来看，代表性损失程度约为6.1%，损失值大多在0～24%范围内。

3.5.2　时间变化规律

图3.9展示了极端低温和极端高温综合致损的时间变化趋势及年代际变化类型。根据该图可以看出，东北种植区内产量损失显著缓解，尤其在黑龙江省北部，缓解趋势超过10%/a；此外，变化趋势显著的地区还分布在晚稻区北部（0.1%～10%/a）；其他大部分地区的变化趋势并不显著。对比不同省份（表3.7），黑龙江省和晚稻区浙江省的显著变化趋势占比最大，均超过90%，代表性变化趋势分别是-0.62%/a和-0.40%/a；其次是吉林省、辽宁省和晚稻区福建省，显著趋势占比超过80%，代表性趋势分别是-0.32%/a、-0.38%/a和-0.35%/a。从整个研究区来看，大部分省份内显著趋势所占比例低于30%。

尽管研究区内大部分地区并未表现出显著的时间变化趋势，但很多地区都表现出了明显的年代际变化特征［图3.9（c），图3.9（d）］。整体来看，东北种植区、云贵高原种植区、四川盆地东部和南方晚稻区内的变化类型大部分都标识为蓝色（也即D型），这说明相较于20世纪90年代，这些地区在20世纪初以来产量损失有所缓解；相比之下，长江流域单季稻区和南方早稻区的大部分范围内年代际变化类型都用黄色或红色标识，说明这些地区在近十年来损失有所加重（I型）。在我国水稻主产区内，东北种植区内的年代际变化类型比较一致，均表现为D2型（也即80年代到21世纪初持续缓解）；相比之下，其他大部分地区的变化类型都比较复杂。根据表4.7，从省级尺度上看：东北三省都以D2

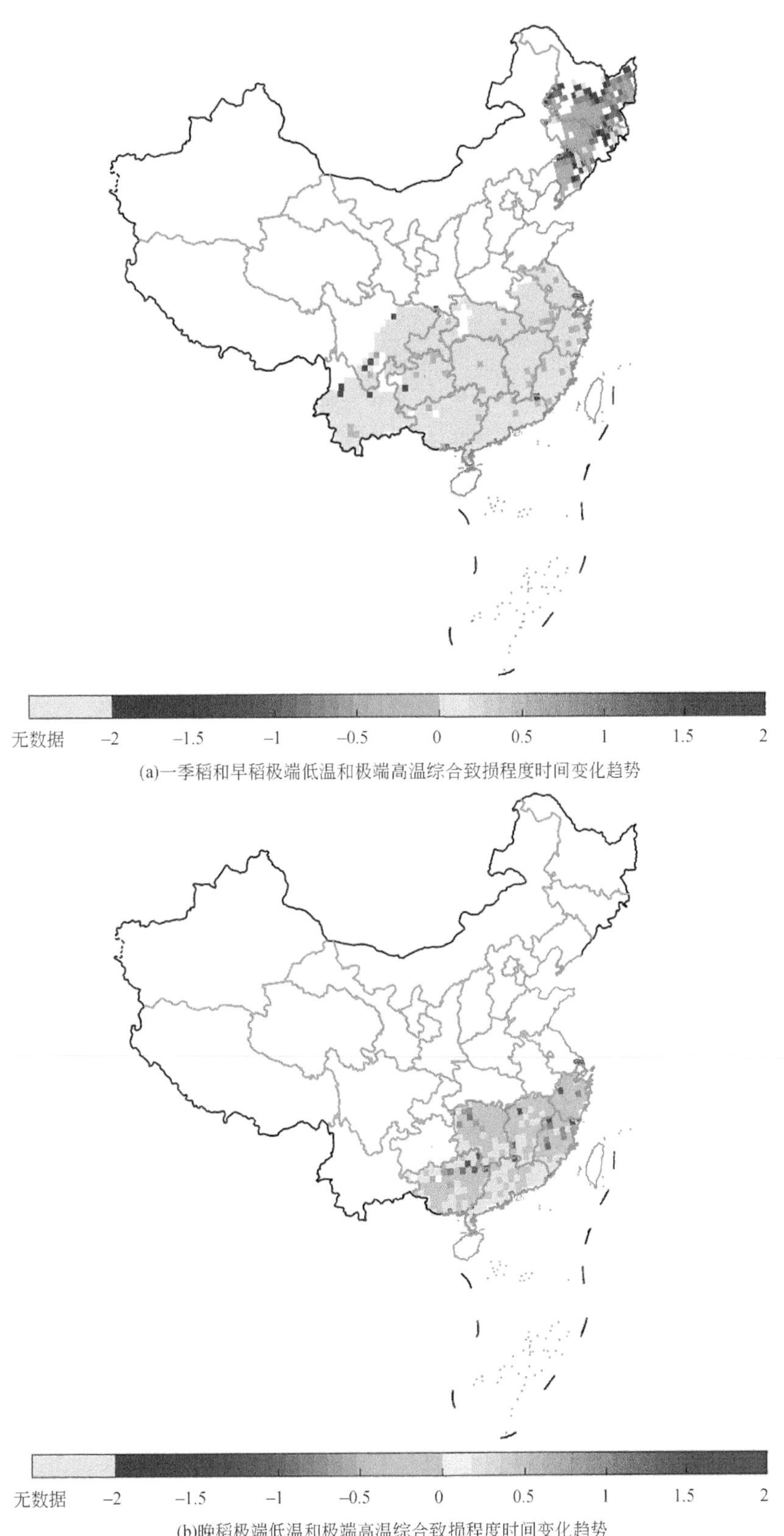

(a)一季稻和早稻极端低温和极端高温综合致损程度时间变化趋势

(b)晚稻极端低温和极端高温综合致损程度时间变化趋势

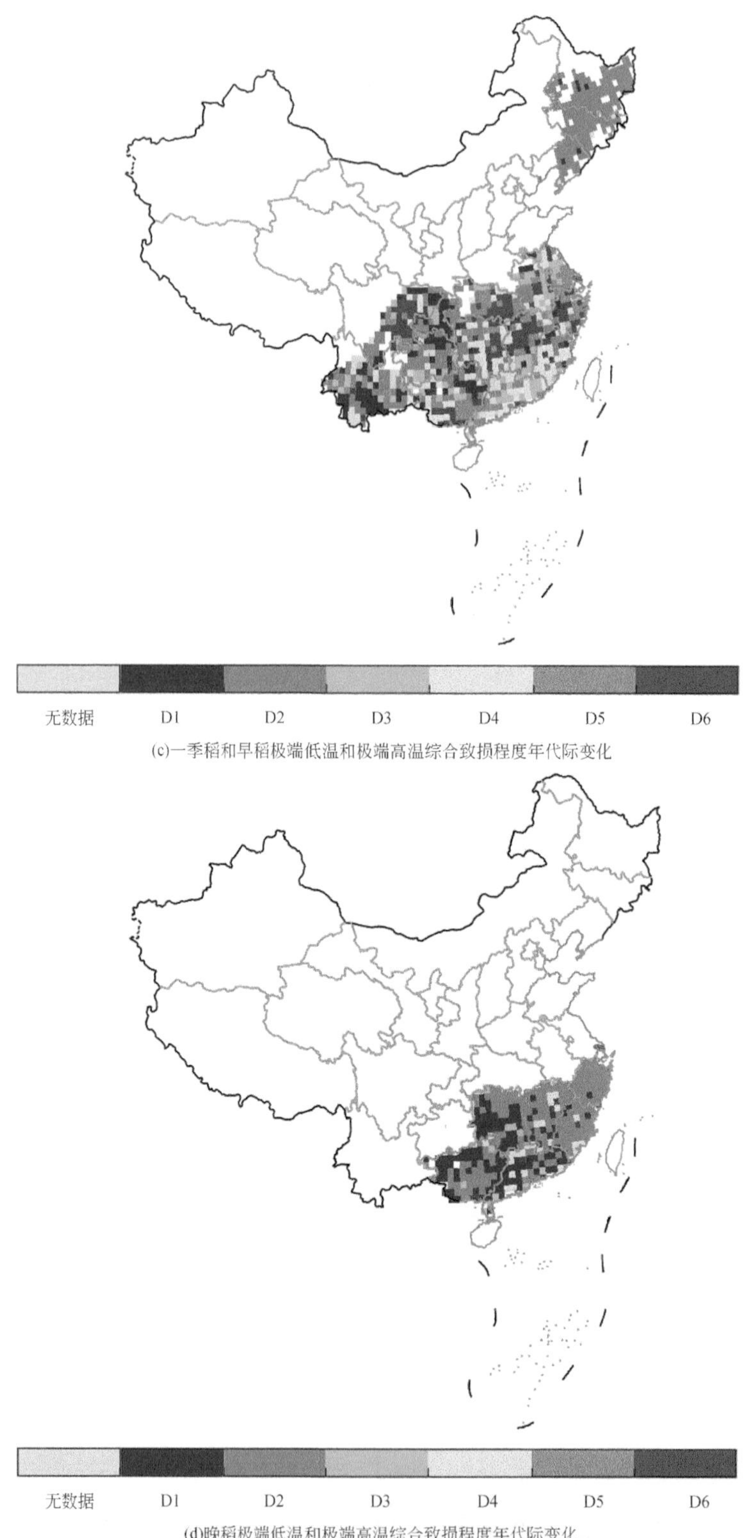

图 3.9　1980~2009 年极端低温和极端高温综合致损程度的时间变化趋势和年代际变化特征

表 3.7　1980 ~ 2009 年各省份和区域范围内极端高温致损时间变化特征的统计表格

统计量		单季稻区省份										早稻区省份			
		P1	P2	P3	P4	P5	P6	P7	P8	P9	P10	P11	P12	P13	P14
显著变化趋势（p<0.1）	比例/%	94.55	87.93	89.47	8.26	15.25	8.33	13.33	25.00	0.00	2.50	5.48	1.64	2.78	1.20
	[代表性趋势/(%/a)]	-0.62	-0.32	-0.38	-0.01	-0.03	-1.30	-0.80	-0.13	NaN	0.99	0.87	-0.62	1.60	1.21
年代际变化类型所占比例/%	D1	3.64	0.00	5.26	30.28	22.03	19.05	46.67	3.33	6.38	5.00	2.74	4.92	8.33	22.89
	D2	94.55	94.83	94.74	24.77	44.07	21.43	3.33	26.67	17.02	0.00	19.18	9.84	8.33	8.43
	D3	0.00	0.00	0.00	9.17	13.56	7.14	13.33	5.00	31.91	30.00	0.00	16.39	11.11	9.64
	I 1	0.91	3.45	0.00	4.59	5.08	7.14	0.00	8.33	14.89	12.50	35.62	16.39	8.33	19.28
	I 2	0.91	0.00	0.00	11.93	11.86	9.52	26.67	21.67	17.02	37.50	15.07	14.75	19.44	22.89
	I 3	0.00	1.72	0.00	4.59	3.39	34.52	10.00	35.00	12.77	15.00	27.40	37.70	44.44	16.87
	D	98.18	94.83	100.00	64.22	79.66	47.62	63.33	35.00	55.32	35.00	21.92	31.15	27.78	40.96
	I	1.82	5.17	0.00	21.10	20.34	51.19	36.67	65.00	44.68	65.00	78.08	68.85	72.22	59.04

统计量		早稻区省份		晚稻区省份						区域尺度					
		P15	P16	P11	P12	P13	P14	P15	P16	I	II	III	IV_ ER	IV_ LR	country
显著变化趋势（p<0.1）	比例/%	3.28	18.60	53.42	67.21	94.44	48.19	6.56	79.07	91.75	10.71	10.34	4.76	53.78	32.84
	[代表性趋势/(%/a)]	-1.48	-0.36	-0.33	-0.18	-0.40	-0.42	-1.30	-0.35	-0.53	-0.01	-0.22	-0.29	-0.28	-0.39
年代际变化类型所占比例/%	D1	0.00	13.95	54.79	14.75	2.78	46.99	50.82	9.30	2.91	27.38	14.18	9.24	34.73	18.24
	D2	8.20	20.93	38.36	68.85	97.22	42.17	13.11	76.74	94.66	31.55	16.48	12.32	50.70	38.25
	D3	26.23	4.65	5.48	0.00	0.00	2.41	8.20	0.00	0.00	10.71	15.33	11.20	3.08	8.08
	I 1	36.07	44.19	0.00	9.84	0.00	0.00	14.75	2.33	1.46	4.76	8.81	26.89	4.48	10.82
	I 2	18.03	2.33	1.37	1.64	0.00	2.41	6.56	9.30	0.49	11.90	19.92	16.25	3.36	10.60
	I 3	3.28	13.95	0.00	4.92	0.00	3.61	3.28	2.33	0.49	4.17	24.90	22.69	2.52	12.08
	D	34.43	39.53	98.63	83.61	100.00	91.57	72.13	86.05	97.57	69.64	45.98	32.77	88.52	64.57
	I	57.38	60.47	1.37	16.39	0.00	6.02	24.59	13.95	2.43	20.83	53.64	65.83	10.36	33.51

为主导类型（所占比例超过 90%）；云南省和贵州省均以 D 型为主导，其中前者以 D1 型居多，后者主要表现为 D2 型；长江流域单季稻区的 5 个省份中，四川省、湖北省、江苏省以 I 型为主导，其中前两个省份以 I3 型居多，而江苏省多表现为 I2 型；此外，重庆市和安徽省以 D 型为主导，前者多表现为 D1 型，而后者以 D3 型居多；南方早稻区的 6 个省份都以 I 型为主导，其中江西省、浙江省多表现为 I3 型，湖南省、福建省、广东省以 I1 型居多，广西省内 I2 型的相对比例略高于 I1 和 I3 型；南方晚稻区的各省份主导类型均为 D 型（21 世纪初以来有所缓解），其中湖南省、广西壮族自治区、广东省多表现为 D1 型，而江西省、浙江省、福建省则以 D2 型居多。从区域尺度上看，全国 4 个水稻种植区中，东北种植区、云贵高原种植区和南方晚稻区的年代际变化特征以 D 型为主导（且以 D2 型居多），而长江流域单季稻区和南方早稻区以 I 型为主导，其中前者多表现为 I3 型，后者以 I1 型居多。

3.6 小结

在上文研究的基础上，对比分析极端低温致损和极端高温致损的模拟结果，可以发现，东北单季稻区、云贵高原单季稻区和南方晚稻区的极端低温致损程度较高，而长江流域单季稻区和南方早稻区极端高温致损比较严重。这种地域分布状况跟我国水稻主产区的种植条件和受灾情况比较吻合：东北单季稻区位于高纬度地区，常年热量条件匮乏，水稻整个生长发育过程都容易遭受低温冷害的影响（Zhang et al.，2014a；冯喜媛等，2013；马建勇等，2012）；云贵地区因高原强烈抬升，夏季容易遭受低温天气的影响，导致障碍型冷害多发（黄中艳，2009；王恒康等，1999）；长江中下游地区由于受副热带高压系统的影响，盛夏时节高温连晴酷热天气频发，常常与水稻的生殖生长期相重叠，多发高温热害（何永坤等，2011；张菡等，2015）；南方双季稻区，早稻的生殖生长期处于高温天气频发的时段，因此多发高温热害，而晚稻生长发育敏感阶段恰逢寒露风天气多发时期，容易发生低温冷害（何燕等，2010；孔佳良和余东林，2009；田俊和崔海建，2015；姚蓬娟等，2015）。总体来看，本研究的模拟结果能够较好地表征各地区产量的基本受损情况。

接下来将进一步讨论模拟结果对产量损失年际变化的捕捉情况。基本研究思路是：以极端低温（或极端高温）发生频繁的种植区为案例区，分析产量损失模拟值序列对历史重大冷害（或热害）年份的捕捉情况。例如，黑龙江省和云南省是极端低温发生频繁的典型地区，在这两个省份中分别选出一个代表性格点来开展研究：以距离最近的县来命名格点，选出的两个格点分别是巴彦县（黑龙江省）和宜良县（云南省）。在黑龙江省，1987 年、1991 年、1999 年、2002 年是历史记录中的重大冷害年份（矫江等，2004；王春乙，2010）。根据图 3.10（a）中巴彦县的极端低温致损序列，可以看出作物模型模拟出的重大损失年份与历史记录中的典型灾害年份比较吻合。同样地，图 3.10（b）中宜良县的损失序列也能够较准确地捕捉历史重大冷害年份［1986 年和 2002 年，参考黄中艳（2009）、王恒康等（1989）、赵永彤（2008）］。

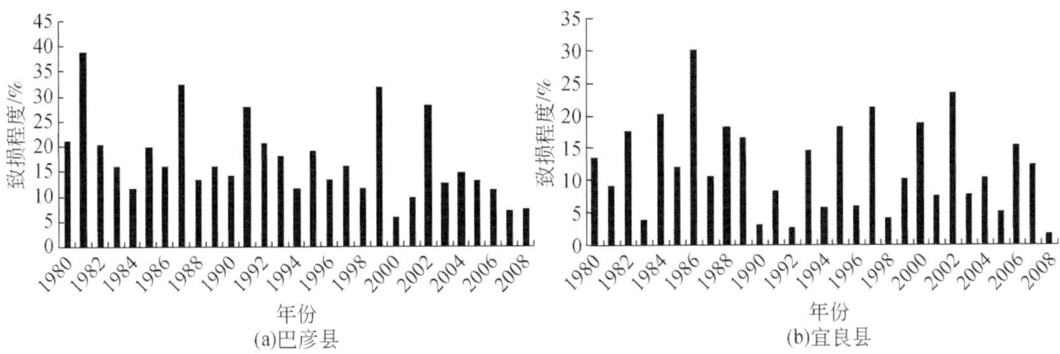

图 3.10　1980～2008 年巴彦县和宜良县的极端低温致损程度

此外，江苏省单季稻区和浙江省早稻区是极端高温发生频繁的典型地区，在这两个省份中分别以阜宁县和新昌县为代表来开展研究。在长江中下游地区，1994 年和 2003 年曾发生过重大高温热害事件并造成巨大损失（张倩等，2010；王春乙，2010）。通过图 3.11 可以看出，阜宁县和新昌县的极端高温致损序列都能够比较准确地捕捉到这些重大灾害年份。

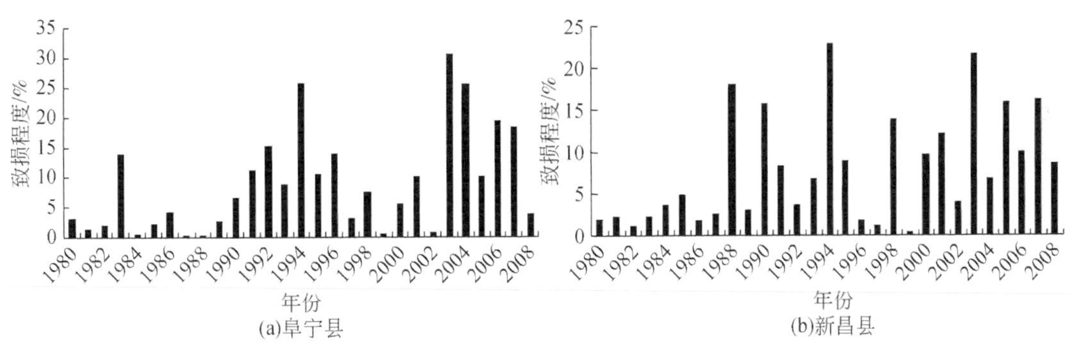

图 3.11　1980～2008 年阜宁县和新昌县的极端高温致损程度

此外，将模型模拟结果与第 3 章中统计方法的评估结果相比较可以发现，二者在整体上比较一致：统计结果表明，1980～2008 年极端低温胁迫的缓解促进了水稻产量提升，而极端高温胁迫的加重阻碍了水稻产量提升；在作物模型模拟结果中表现为，相应地区的极端低温致损有所缓解，而极端高温致损有所加重。

需要说明的是，尽管本书利用多套最优参数集合模拟的方法以降低模拟过程中的不确定性，然而不可避免的是，数据资料、模型构造等因素仍然会在一定程度上给模拟结果带来了不确定性，可能造成局部地区的模拟结果与现实情况存在偏差。因此，在应用本研究的结果时，还需要结合种植区的实际情况来综合分析。

参考文献

曹宏鑫，赵锁劳，葛道阔，等. 2011. 作物模型发展探讨［J］. 中国农业科学，44（17）：3520-3528.

冯喜媛，郭春明，陈长胜，等. 2013. 基于气象模型分析东北三省近50年水稻孕穗期障碍型低温冷害时空变化特征［J］. 中国农业气象，34（4）：462-467.

何燕，李政，钟仕全，等. 2010. 广西晚稻低温冷害空间分析模型构建及其区划［J］. 地理研究，29（6）：1037-1044.

何永坤，范莉，阳园燕. 2011. 近50年来四川盆地东部水稻高温热害发生规律研究［J］. 西南大学学报（自然科学版），33（12）：39-43.

黄中艳. 2009. 云南农业低温冷害特点及其防御对策［J］. 云南农业科技，（4）：6-8.

矫江，许显滨，孟英. 2004. 黑龙江省水稻低温冷害及对策研究［J］. 中国农业气象，25（2）：27-29.

孔佳良，余东林. 2009. 低温冷害对湖南晚稻危害特点及调控技术［J］. 湖南农业科学，（7）：67-69.

林忠辉，莫兴国，项月琴. 2003. 作物生长模型研究综述［J］. 作物学报，29（5）：750-758.

马建勇，许吟隆，潘婕. 2012. 东北地区农业气象灾害的趋势变化及其对粮食产量的影响［J］. 中国农业气象，33（2）：283-288.

潘学标. 2003. 作物模型原理［M］. 北京：气象出版社.

田俊，崔海建. 2015. 江西省双季早稻灌浆乳熟期高温热害影响评估［J］. 中国农业气象，36（1）：67-73.

王琛智. 2018. 基于遥感数据同化的复杂地形区域水稻产量模拟研究——以湖南省为例［D］. 北京：北京师范大学.

王春乙. 2010. 中国重大农业气象灾害研究［M］. 北京：气象出版社.

王恒康，段旭，董谢琼. 1999. 近45年来云南8月低温的气候分析［J］. 热带气象学报，15（1）：87-91.

王品. 2016. 气候变暖背景下极端温度对水稻产量的影响研究——以中国水稻主产区为例［D］. 北京：北京师范大学.

熊伟. 2009. 气候变化对中国粮食生产影响的模拟研究［M］. 北京：气象出版社.

杨沈斌，申双和，赵小艳，等. 2010. 气候变化对长江中下游稻区水稻产量的影响［J］. 作物学报，36（9）：1519-1528.

姚蓬娟，王春乙，张继权. 2015. 长江中下游地区双季早稻冷害、热害时空特征分析［J］. 自然灾害学报，24（4）：86-96.

张菡，郑昊，李媛媛，等. 2015. 针对水稻的四川盆地高温热害风险评估［J］. 江苏农业科学，43（12）：406-409.

张倩，赵艳霞，王春乙. 2011. 长江中下游地区高温热害对水稻的影响［J］. 灾害学，26（4）：57-62.

张倩. 2010. 长江中下游地区高温热害对水稻的影响评估［D］. 北京：中国气象科学研究院.

赵永彤. 2008.《中国气象灾害大典·云南卷》出版发行［J］. 云南档案，（6）：22.

郑业鲁，薛绪掌. 2006. 数字农业综论［M］. 北京：中国农业科学技术出版社.

Asseng S, Ewert F, Rosenzweig C, et al. 2013. Uncertainty in simulating wheat yields under climate change［J］. Nature Climate Change, 3（9）：827-832.

Chen Y, Zhang Z, Tao F L. 2018. Improving regional winter wheat yield estimation through assimilation of phenology and leaf area index from remote sensing data [J]. European Journal of Agronomy, 101 (11): 163-173.

Gao L, Jin Z, Huang Y, et al. 1992. Rice clock model-a computer model to simulate rice development [J]. Agricultural and Forest Meteorology, 60 (1): 1-16.

Horie T, Nakagawa H, Centeno H G S, et al. 1995. The rice crop simulation model SIMRIW and its testing [J]. Modeling the Impact of Climatic Change on Rice Production in Asia: 95 (1): 51-66.

IPCC. 2007. Climate Change 2007: the Physical Science Basis. Contribution of Working Group I to the Fourth Assessment Report of the Intergovernmental Panel on Climate Change [M]. New York: Cambridge University Press.

IPCC. 2013. Climate change: Working Group I contribution to the IPCC fifth assessment report (AR5) [R]. Switzerland: IPCC.

Jones J W, Hoogenboom G, Porter C H, et al. 2003. The DSSAT cropping system model [J]. European Journal of Agronomy, 18 (3): 235-265.

Shi W, Tao F, Zhang Z. 2013. A review on statistical models for identifying climate contributions to crop yields [J]. Journal of Geographical Sciences, 23 (3): 567-576.

Shuai J, Zhang Z, Tao F L, et al. 2016. How ENSO affects maize yields in China: understanding the impact mechanisms using a process-based crop model [J]. International Journal of Climatology, 36 (1): 424-438.

Shuai J, Zhang Z, Tao F, et al. 2015. How ENSO affects maize yields in China: understanding the impact mechanisms using a process-based crop model [J]. International Journal of Climatology, 36 (1): 424-438.

Stein M. 1987. Large sample properties of simulations using Latin hypercube sampling [J]. Technometrics, 29 (2): 143-151.

Tao F L, Rötter R P, Palosuo T. 2016. Designing future barley ideotypes using a crop model ensemble [J]. European Journal of Agronomy, 82 (A): 144-162.

Tao F L, Zhang Z, Liu J, et al. 2009b. Modelling the impacts of weather and climate variability on crop productivity over a large area: A new super-ensemble-based probabilistic projection [J]. Agricultural and Forest Meteorology, 149 (8): 1266-1278.

Tao F, Yokozawa M, Zhang Z. 2009a. Modelling the impacts of weather and climate variability on crop productivity over a large area: a new process-based model development, optimization, and uncertainties analysis [J]. Agricultural and Forest Meteorology, 149 (5): 831-850.

Tao F, Zhang S, Zhang Z. 2013. Changes in rice disasters across China in recent decades and the meteorological and agronomic causes [J]. Regional Environmental Change, 13 (4): 743-759.

Tao F, Zhang Z. 2013. Climate Change, High-Temperature Stress, Rice Productivity, and Water Use in Eastern China: A New Superensemble-Based Probabilistic Projection [J]. Journal of Applied Meteorology and Climatology, 52 (3): 531-551.

Van Vuuren D P, Edmonds J, Kainuma M, et al. 2011. The representative concentration pathways: an overview [J]. Climatic change, 109: 5-31.

Wang P, Zhang Z, Chen Y, et al. 2015. How much yield loss has been caused by extreme temperature stress to the irrigated rice production in China? [J]. Climatic Change, 134 (4): 635-650.

Yuan W, Bing X, Chen Z, et al. 2015. Validation of China-wide interpolated daily climate variables from 1960 to 2011 [J]. Theoretical & Applied Climatology, 119 (3-4): 689-700.

Zhang J, Zhang Z, Chen Y. 2020. A remote sensing-based scheme to improve regional crop model calibration at sub-model component level [OL]. https://doi.org/10.1016/j.agsy.2020.102814 [2020-5-31]

Zhang J, Zhang Z, Wang C Z, et al. 2019. Double-Rice System Simulation in a Topographically Diverse Region—A Remote-Sensing-Driven Case Study in Hunan Province of China [J]. Remote Sens. 11 (13): 1577-1594.

Zhang Z, Wang P, Chen Y, et al. 2014a. Global warming over 1960-2009 did increase heat stress and reduce cold stress in the major rice-planting areas across China [J]. European Journal of Agronomy, 59: 49-56.

第4章 基于作物模型-机器学习混合建模的水稻脆弱性曲线研究

在前述章节研究中，我们对全国主要水稻种植区以经纬度0.5°×0.5°格网的分辨率，使用了作物模型MCWLA-Rice进行了极端温度灾害胁迫下的单产损失模拟，并在省级尺度上进行了结果讨论。但在实际生产过程中，行政区划决定的政策管理措施对水稻种植的影响差异巨大，且多以县市为基本单位进行。故在本章节，我们将以县市为最小基本单元对极端温度灾害胁迫下的水稻单产损失进行模拟。

同时，尽管前述章节已对历史时期（1980～2009年）的极端温度胁迫下的水稻单产损失进行了模拟，但历史记录中多以灾害事件为一次基本单元，且由于历史事件总是存在灾害程度多样性不足的局限，往往呈现出低强度灾害高频率出现，高强度灾害低频率出现的特征，从而导致研究人员无法全面掌握农作物面对极端气象灾害事件时的反应过程。如何系统设计全面多样的极端温度灾害情景，发展技术手段快速准确量化灾害事件的单产损失结果来应对和预测未来可能的极端温度灾害影响至关重要。本章将结合作物模型和机器学习方法，从灾害事件的角度出发，对所有可能的灾害强度下的水稻单产损失进行模拟，以帮助建立我国的农业风险防范体系。相应地，根据方法所需数据对研究区域和时间段也进行了一定的调整。

4.1 材料与方法

4.1.1 研究区

基于中国农业熟制区划、中国农业自然区划和中国陆地生态系统的水田分布情况，本书将全国15省1021县（475个一季稻种植县和546个双季稻种植县）划分进入8个水稻典型种植区（图4.1，表4.1），各区域内的水稻种植制度、基本地理特征和热量情况基本一致。

一季稻东北平原区（Ⅰ-1区）：纵跨黑龙江、吉林和辽宁三省，位于东经111.6°～东经135.1°和北纬40.0°～北纬52.6°之间，除小兴安岭和长白山脉附近以外地势平坦。全年≥10℃积温集中在1000～2000℃，水稻生长期长年均值115天左右。

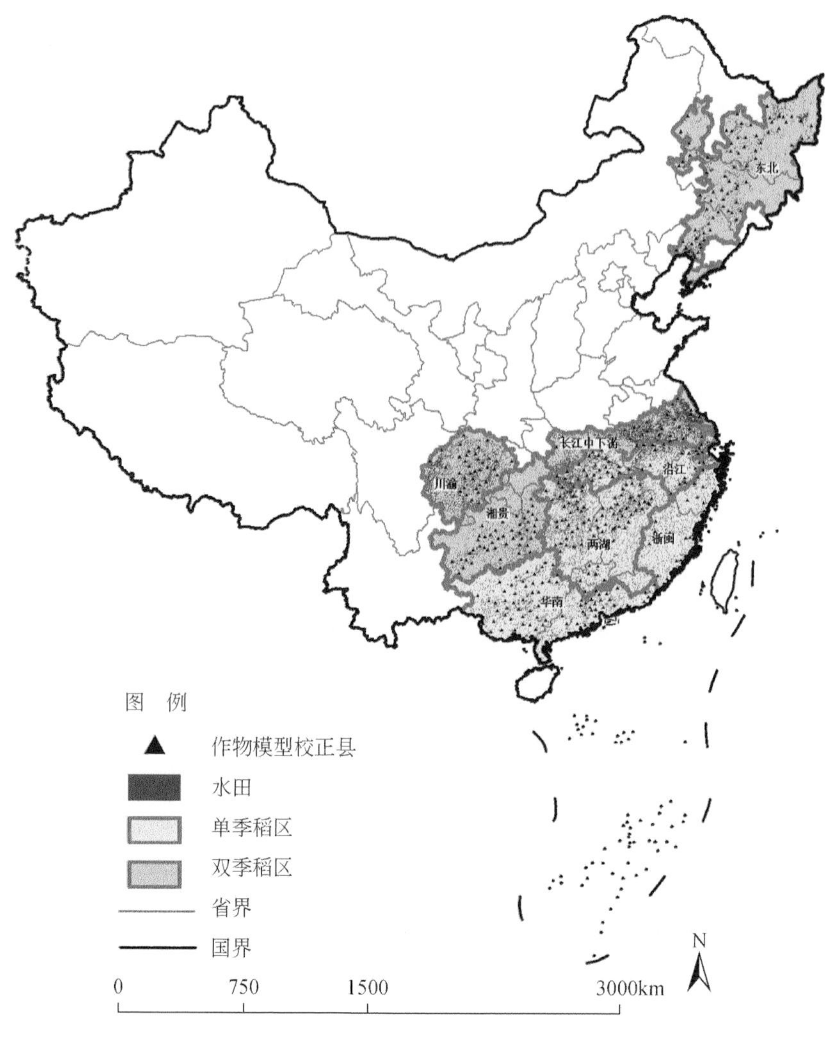

图 4.1 研究区内作物模型校正县的分布图

表 4.1 中国水稻典型种植区简介

种植制度	编号	区划名称	简称	主要分布地区
一季稻	Ⅰ-1	东北地区	东北	黑龙江、辽宁、吉林
	Ⅰ-2	长江中下游区	长江中下游	河南、安徽、江苏
	Ⅰ-3	川渝地区	川渝	四川、重庆
	Ⅰ-4	湘贵丘陵区	湘贵	湖南、贵州
双季稻	Ⅱ-1	沿江平原丘陵区	沿江	湖北、安徽、浙江、江西
	Ⅱ-2	两湖平原丘陵区	两湖	湖南、湖北、江西
	Ⅱ-3	浙闽丘陵山地区	浙闽	浙江、福建
	Ⅱ-4	华南低平原区	华南	广东、广西、福建

一季稻长江中下游区（Ⅰ-2 区）：以江苏与安徽两省为主，包括小范围河南地区，范围在东经 111.6°~东经 121.9°和北纬 30.3°~北纬 33.9°之间，地势平坦。全年≥10℃积温大多处于2500~3000℃之间，水稻生长期长年均值 104 天左右。

一季稻川渝地区（Ⅰ-3 区）：以四川省与重庆直辖市为主，在东经 97.3°~东经 110.2°，北纬 26.06°~北纬 34.2°之间，地貌包括平原、盆地和丘陵。全年≥10℃积温约 2700~3100℃，水稻生长期长年均值 120 天左右。

一季稻湘贵丘陵地区（Ⅰ-4 区）：以湖南和贵州两省为主，在东经 103.6°~东经 112°，北纬 24.6°~北纬 31.4°之间，地貌以丘陵和台地为主。全年≥10℃积温约 2500~3100℃，水稻生长期长年均值 120 天左右。

双季稻沿江平原丘陵区（Ⅱ-1 区）：横跨湖北、浙江、江西和安徽四省，范围在东经 111.6°~东经 122.1°和北纬 27.8°~北纬 31.6°之间，地貌以平原和台地为主。全年≥10℃积温 2500~3300℃，早稻生长期长年均值 73 天左右，晚稻 96 天左右。

双季稻两湖平原丘陵区（Ⅱ-2 区）：占湖北、湖南和江西三省，范围在东经 106.4°~东经 117.6°和北纬 23.2°~北纬 30.0°之间，地貌以平原、台地和丘陵为主。全年≥10℃积温 2500~4400℃，早稻生长期长年均值 80 天左右，晚稻 90 天左右

双季稻浙闽丘陵山地区（Ⅱ-3 区）：以浙江和福建两省为主，范围在东经 115.7°~东经 122.0°和北纬 24.4°~北纬 29.8°之间，地貌以丘陵和小起伏山地为主。全年≥10℃积温 2700~4000℃，早稻生长期长年均值 80 天左右，晚稻 100 天左右。

双季稻华南低平原区（Ⅱ-4 区）：主要包括广东和广西北部，以及小范围福建地区，范围在东经 106.0°~东经 118.8°和北纬 21.4°~北纬 25.3°之间，地貌类型以平原、台地和丘陵为主。全年≥10℃积温集中在 4000~5200℃范围内，早稻生长期长年均值 100 天左右，晚稻 99 天左右。

4.1.2 极端温度灾害情景的设置与模拟

建立脆弱性曲线需要大量极端温度灾害事件对应的天气指数与单产损失，本章将按照表 4.2 为研究区内每一个县市均设置冷害情景与热害情景。其中，冷害情景和热害情景的设计基础为理想天气情景；而理想天气情景可被定义为 1990~2010 年，消去极端温度后的历史气象数据均值，对应的产量为潜在单产；而由不同极端温度灾害情景中的气象数据驱动模型模拟得到的单产则分别为冷害胁迫单产和热害胁迫单产。需要注意的是，为尽量拟合现实情况，对于东北地区一季稻和南方地区的早稻，其低温冷害情景中的两种类型的低温冷害事件同时随机产生，对应的胁迫产量即是由全生育期内的低温冷害事件共同决定的。

在极端温度灾害情景中，低温冷害事件和高温热害事件的温度数值（最高温或最低

温）按照第2.1节中的具体定义，由Matlab在给定数值范围内随机产生（表4.2）。而Matlab产生的随机数服从均匀分布，因此了轻、中、重等不同等级的极端温度灾害出现的概率大致相等，保障了后续脆弱性曲线模拟结果的可信度。

表4.2　极端温度灾害情景的设置方法

情景代码	情景类型	处理方法	具体操作		模拟单产
			生殖生长期极端温度灾害的产生	其他极端温度灾害的产生	
S0	理想天气情景	对于每一个县市，将1990～2010年的极端低温和极端高温均以对应的温度阈值下限或上限替代。取每个县市所有气象数据21年内的平均值作为理想天气数值	无	无	潜在单产
SC	冷害情景	在最佳天气情景的基础上根据冷害事件的定义产生随机冷害温度取代原温度数据	1）根据前人研究经验，将孕穗和抽穗开花期作为生殖生长期极端温度灾害敏感期； 2）按照生殖生长期低温冷害轻、中、重的定义，在上一步设定的极端温度灾害敏感期内随机产生连续3～10天在（低温冷害阈值-2）和低温冷害阈值之间的日均温，如早稻抽穗开花期的冷害取值范围为18～20℃； 3）按照产生的冷害日均温数据，改变最佳天气情景中对应位置的日最高温和日最低温	双季稻地区早稻的5月低温事件的产生： 1）按照5月低温的轻、中、重定义，在5月随机产生连续5～10天在17～20℃范围内的日均温； 2）按照产生的冷害日均温数据，改变最佳天气情景中对应位置的日最高温和日最低温	冷害胁迫单产
SH	热害情景	在最佳天气情景的基础上根据热害事件的定义产生随机热害温度取代原温度数据	1）根据前人研究经验，将孕穗和抽穗开花期作为生殖生长期极端温度灾害敏感期； 2）按照高温热害的轻、中、重定义，随机产生连续3～10天日最高温在35～38℃的温度； 3）计算改变日最高温后的日均温数值是否超过30℃，若没有，则改变日最低温数值至日均温30℃； 4）用上一步中的日最高温和日最低温取代最佳天气情景中的对应位置的数据	无	热害胁迫单产

在最优管理条件和理想气象条件下，作物可能会获得的最高产量被称为潜在产量（Loomis and Connor，1992；Lobell et al.，2009；刘保花等，2015），而地面观测产量一般被称为实际产量。在极端温度灾害情景中，遭受到极端温度灾害打击后的作物产量为胁迫产量。潜在产量和实际产量或胁迫产量之间的差值即为产量差。水稻作为一种灌溉农业，其最大光温产量可被视为潜在产量。潜在产量的测定方法一般包括：高产纪录、田间试验、高产农户和作物模型模拟。高产纪录是指在较好的地块上，专家指导农民不计水肥投入而获取的最大产量。但由于对地块的选择性和不计成本的投入，所得最大产量不具有普遍性。田间试验产量是指对未经特定选择的试验田块中通过加强管理试验措施，并排除光温条件的限制而得到的产量。但由于不同试验田块的土壤、气候、投入和技术管理的差异，所得产量也有所不同。高产农户法则是选取大量农户中产量较高的那部分的均值（一般为产量前5% ~10%的农户）。最后，模型模拟的产量差是目前定量化潜在产量最常用的方法，它通过结合多年多年气象数据和栽培管理措施，可以在田块、区域或者国家尺度上进行潜在产量的模拟。与前述三种方法相比，模型模拟的方法更为灵活，不仅可以模拟理想天气情景下的潜在产量，更可以模拟实际产量和不同灾害情景下的胁迫产量。

在管理条件不变的情况下，按照模型模拟法的研究思路，作物模型 MCWLA-Rice 将在本书中对理想天气情景下的潜在产量和极端温度灾害下的胁迫产量进行模拟，进而将两者产量的差值视为极端温度灾害造成的产量损失。其中，校正后的 MCWLA-Rice 的所有参数在不同天气情景下保持不变，以保证模拟结果的准确性。具体流程如下。

1）使用 Matlab 软件按照表 4.2 中情景设置的方法随机设计了图 4.1 中每个县市的理想天气情景、低温冷害情景和高温热害情景；

2）经本地化校正后的 MCWLA-Rice 模型分别在不同的天气情景下运行，得到了对应的潜在单产、冷害胁迫单产或热害胁迫单产；

3）对极端温度灾害情景中的灾害事件进行计算得到天气指数；

4）潜在单产和胁迫单产之间的差值即为极端温度灾害单产损失，单产损失与潜在单产之间的比值为单产损失率。

4.1.3 作物模型的分布式校正方法

作物模型的本地化校正是准确模拟作物产量进而计算不同灾害情景下作物产量损失的基础。在前述章节，我们通过大量重复实验得到了每一个行政省校正后的最佳参数；但这种方法本身充满了不确定性，且耗费大量的时间和计算成本。进而，本章将使用一种分步式作物模型校正法对作物模型 MCWLA-Rice 在县级尺度上进行模型校正，为进一步模拟极端温度灾害情景下的作物产量损失率和训练机器学习方法提供可靠的模拟基础。

在图 4.1 的每一个典型水稻种植区内，综合考虑水稻种植的空间分布情况和校正作物模型的地面数据可获得性，本章从 1021 个县市里挑选了 214 个县市进行作物模型的本地化校正与验证。所需数据包括 1990 ~ 2010 年的每日气象数据、格点尺度的 GLASS LAI 及由其反演的关键物候（移栽、抽穗和成熟）数据、县级尺度的地面观测产量数据和土壤水文等环境数据。由 GLASS LAI 反演得到的关键物候数据在本文中又可称为观测生育期。此外，在 1990 ~ 2010 年随机挑选其中 14 年作为校正年份，剩余 7 年作为验证年份。

分步式作物模型校正法的基本原理是：将作物模型按照作物生长发育的逻辑顺序分解成若干子功能模块后，优化算法按分解顺序依次校正每一功能模块对应的模型参数直至满足当前功能模块的优化终止条件；当且仅当完全校正了上一功能模块的对应参数后才开始对下一功能模块进行校正直至所有模型参数得到校正。

根据以上原理，首先对作物模型 MCWLA-Rice 进行功能性分解（图 4.2）。以典型中间产物和最终产量作为代表，作物模型 MCWLA-Rice 的主要模拟过程包括生育期模块、LAI 模块和产量模块三大部分（模拟机理详见本书 3.1 节）。MCWLA-Rice 根据输入的移栽日期开始水稻的生长发育模拟，而生育期模块进一步决定了作物模拟过程中的抽穗日期和成熟日期，即限定了作物的营养生长期（移栽到抽穗）和生殖生长期（抽穗到成熟）。LAI 模块的逐日 LAI 生长速度、光合作用和土壤水胁迫等计算方法在营养生长期和生殖生长期不同；而产量模块的干物质积累不仅受生殖生长期的时长限制，更与叶面积模块中的叶片光合作用息息相关。因此，MCWLA-Rice 中的功能模块校正顺序应该是：生育期模块→叶面积模块→产量模块，对应的作物模型参数数量依次是 7 个、2 个和 8 个，各参数的含义及先验区间详见表 4.3。

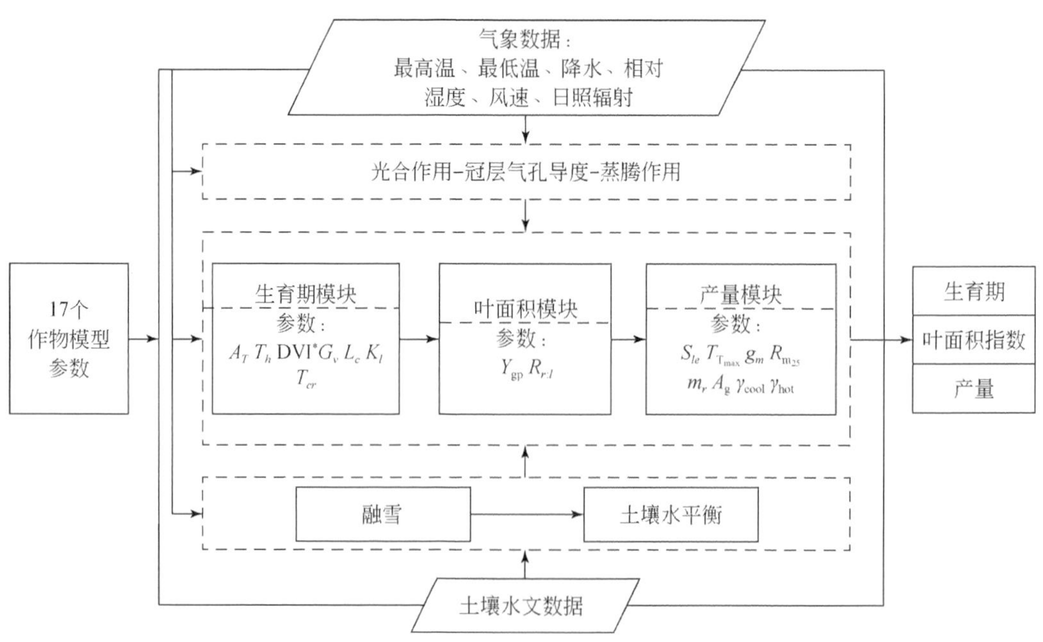

图 4.2　作物模型 MCWLA-Rice 的关键功能模块分解

表 4.3　作物模型 MCWLA-Rice 各模块参数名称、含义及先验区间

模块	名称	含义	先验区间
生育期模块	A_T	生长发育速度对气温的敏感系数	0.18～0.22
	T_h	DVR 达到理想最快生长速度 1/2 时气温/℃	13.92～15.92
	DVI*	作物开始对光周期敏感的 DVI 值	0.74～1.14
	G_v	移栽到抽穗的最短天数/d	33.98～37.98
	L_c	昼长的临界值/h	12.4～14.4
	K_l	生长发育速度对昼长的敏感系数	0.71～1.11
	T_{cr}	当 DVI>1 时 DVR 的经验参数	12.0～18.0
LAI 模块	Y_{gp}	产量差	0.6～0.99
	$R_{r:l}$	根深度相对叶面积的生长速率	1.0～2.0
产量模块	S_{le}	相对叶片吸收光和有效辐射的尺度因子	0.4～0.6
	$T_{T_{max}}$	最大蒸散发速率	3.0～7.0
	g_m	计算大气水分需求的经验参数	3.0～7.0
	$R_{m_{25}}$	25°C 时的维持呼吸	0.33～0.73
	m_r	计算维持呼吸的经验参数	40.0～60.0
	α_g	生长呼吸参数	0.15～0.55
	γ_{cold}	低温导致小穗不育率的曲率系数	1.0～2.5
	γ_{hot}	高温导致小穗不育率的曲率系数	12.5～18.5

在分解了作物模型 MCWLA-Rice 的基础上，使用粒子群优化算法（Particle Swarm Optimization，PSO）依次对三个功能模块的对应参数进行校正（Poli et al.，2007）。PSO 算法是一种可使多变量群体同时进化的智能算法。在 PSO 算法中，每个粒子都代表了问题的一个潜在解，其属性包括位置坐标，进化速度和当前适应度。位置坐标即是由问题的潜在解数值组成，速度为问题的潜在解改变的方向和频率，适应度是问题的潜在解对应得到的输出结果和参考结果之间的差值，一般为人为主观设定。在本研究中，MCWLA-Rice 中的 17 个待优化参数的范围构成了一个 17 维空间，30 套原始参数集代表的 30 个粒子在这个 17 维空间中飞行。每一个粒子的 17 维参数值决定了飞行位置，通过比较代价函数得到的粒子个体适应度（局部最优解）和群体适应度（全局最优解）来决定了 30 个粒子的进化方向和速度，进而粒子可不断调整其位置以在 17 维空间中寻找最优解。

对 MCWLA-Rice 在每一个县市的详细校正过程如下。

1）使用拉丁超立方抽样法从先验参数区间（表 4.3）中随机产生 30 套原始参数集。

2）使用作物模型 MCWLA-Rice 的生育期模块模拟产生格点尺度的抽穗日期和成熟日期，建立模拟生育期和参考生育期（来自 GLASS LAI 反演的生育期数据集）之间的均方根误差（relative mean squared error，RMSE，式 4-1）作为代价函数；

$$\mathrm{RMSE}=\left(\sum_{i=1}^{m}\sqrt{\frac{\sum_{y=1}^{21}(\mathrm{Phenology}_{iy}^{s}-\mathrm{Phenology}_{iy}^{r})^{2}}{21}}\right)/m \tag{4-1}$$

式中，$\mathrm{Phenology}_{iy}^{s}$和$\mathrm{Phenology}_{iy}^{r}$分别是第 y 年第 i 个格点的模拟生育期和遥感反演生育期；m 是当前研究县市的格点总数。RMSE 值越小，模拟生育期的结果越准确；RMSE 值最小可为 0。

3）确认是否至少有一套参数的当前模拟结果符合优化终止条件，若符合，输出生育期模块的对应参数和模拟结果，取代原始参数集中对应模块的参数，进行第 5）步；若不符合，遍历查找 30 套参数集在当前模拟结果中代价函数的最小值对应的参数作为局部最优解，遍历查找 30 套参数集在当前和历史所有模拟结果中代价函数的最小值对应的参数作为全局最优解，进行第 4）步后返回第 2）步。

4）根据局部最优解和全局最优解对 30 套参数集中当前功能模块的每一个参数按式（4-2）和式（4-3）进行更新，然后返回当前被校正的功能模块重新开始模拟过程：

$$V_{pi}^{k+1}=\omega V_{pi}^{k}+c_1 r_1(L_{\mathrm{best},pi}^{k}-X_{pi}^{k})+c_2 r_2(G_{\mathrm{best},pi}^{k}-X_{pi}^{k}) \tag{4-2}$$

$$X_{pi}^{k+1}=X_{pi}^{k}+V_{pi}^{k+1} \tag{4-3}$$

式中，X_{pi}^{k}和X_{pi}^{k+1}分别为第 pi 个参数在第 k 次和第 $k+1$ 次迭代的取值；V_{pi}^{k}和V_{pi}^{k+1}是第 pi 个参数分别从第 $k-1$ 次到第 k 次和从第 k 次向第 $k+1$ 次迭代的进化速度；$L_{\mathrm{best},pi}^{k}$和$G_{\mathrm{best},pi}^{k}$分别是第 pi 个参数在第 k 次迭代中的局部最优值和全局最优值。ω 为惯性权重，c_1 和 c_2 成为学习因子也称加速度系数，一般为非负数，r_1 和 r_2 是（0，1）之间的随机数。

5）使用作物模型 MCWLA-Rice 的 LAI 模块模拟产生格点尺度的 LAI，鉴于模拟 LAI 和 GLASS LAI 量级的差异，计算模拟 LAI 和 GLASS LAI 之间的相关系数 R 作为代价函数式（4-4）；

$$R=\left(\sum_{i=1}^{m}\frac{\sum_{y=1}^{21}\frac{\mathrm{cov}(\mathrm{LAI}_{iy}^{s},\mathrm{LAI}_{iy}^{r})}{\sqrt{\mathrm{var}(\mathrm{LAI}_{iy}^{s})\times\mathrm{var}(\mathrm{LAI}_{iy}^{r})}}}{21}\right)\Bigg/ m \tag{4-4}$$

式中，cov 是数学运算符协方差，var 是数学运算符方差，LAI_{iy}^{s}和LAI_{iy}^{r}分别是在第 y 年第 i 个格点的模拟 LAI 时间序列和实际 GLASS LAI 时间序列；m 是当前研究县市的格点总数。R 值越大，模拟 LAI 的精度越高；R 值最高可为 1。

6）确认是否至少有一套参数的当前模拟结果符合优化终止条件，若符合，输出 LAI 模块的对应参数和模拟结果，取代原始参数集中对应模块的参数，进行第 8）步；若不符合，遍历查找当前 30 套参数集模拟结果中代价函数的最小值作为局部最优解，遍历查找当前和历史所有模拟结果中代价函数的最小值作为全局最优解，进行第 7）步。

7）根据局部最优解和全局最优解对 30 套参数集的当前功能模块参数按第 4）步中式

(4-2) 和式 (4-3) 进行更新，返回第5) 步。

8) 作物模型 MCWLA-Rice 的产量模块模拟产生格点尺度的单产后取均值得到县级尺度单产，计算模拟单产和地面观测数据之间的相对均方根误差（relative RMSE，RRMSE）作为代价函数式 (4-5)；

$$\mathrm{RRMSE} = \frac{1}{\overline{\mathrm{Yield}^o}} \times \sqrt{\frac{\sum_{y=1}^{21} (\mathrm{Yield}_y^s - \mathrm{Yield}_y^o)^2}{21}} \times 100\% \tag{4-5}$$

$$\overline{\mathrm{Yield}^o} = \sum_{y=1}^{21} \mathrm{Yield}_y^o / 21 \tag{4-6}$$

式中，Yield_y^s和Yield_y^o分别为当前研究县市的模拟产量和观测产量，$\overline{\mathrm{Yield}^o}$为研究时段内观测产量的平均值。RRMSE 值越小，模拟产量准确度越高；RRMSE 值最低可为 0。

9) 确认是否至少有一套参数的当前模拟结果符合优化终止条件，若符合，输出产量模块的对应参数和模拟结果，完成了所有 17 个参数的优化过程和作物模型的本地化校正任务；若不符合，遍历查找当前 30 套参数集模拟结果中代价函数的最小值作为局部最优解，遍历查找当前和历史所有模拟结果中代价函数的最小值作为全局最优解，进行第10) 步。

10) 根据局部最优解和全局最优解对 30 套参数集的当前功能模块参数按第 4) 步中式 (4-2) 和式 (4-3) 进行更新，返回第 8) 步。

满足以下任意优化终止条件均可视为当前功能模块已完成校正。

1) 生育期模块的代价函数 RMSE 小于等于 8 天（GLASS LAI 数据的时间步长）；LAI 模块的代价函数 R 大于等于 0.90；产量模块的代价函数小于等于 10%。

2) 每一功能模块的迭代次数达到 100 次上限。

3) 在每一功能模块的参数校正过程中，均未达到前两项校正终止条件的情况下，当校正精度连续 5 次的改变幅度小于等于 0.1% 时，重置原始参数集；连续 5 次重置原始参数集后，认为校正精度已达到极限，输出当前最高精度的结果作为校正结果。

4.1.4 机器学习概述

4.1.4.1 机器学习发展历程

机器学习起源于神经心理学研究中递归神经网络（recurrent neural network，RNN）节点之间的相关性，是实现人工智能的一种数据分析技术，其从数据中学习经验，自动分析建模，发现模式并做出预测和决策（Goldberg and Holland，1988；王珏和石纯一，2003；Angra and Ahuja，2017；陈嘉博，2017）。机器学习是一门多领域交叉学科，涉及统计学、算法复杂度理论、逼近论、计算机科学和概率论等多门学科。当涉及大量数据和变量的复杂问题且没有预定的方程模型时，可考虑使用机器学习方法。

机器学习的历史可大致分为 4 个时期（Singh et al.，2016；何清等，2014）：①20 世纪 50 年代中叶到 60 年代中叶的起步期。人们认为只要赋予机器逻辑推理能力，机器将具有智能。以 Samuel 下棋程序、图灵测试和感知机未代表性成果的起步期了奠定了机器学习的基本规则；②60 年代中叶到 70 年代中叶的停滞期，人们在发现机器仅具有逻辑推理能力是不足以处理现实问题的，大量的知识学习必不可少。因此本阶段主要采用了逻辑结构或图结构描述机器学习的内部概念，代表成果有温斯顿的结构学习系统和海斯罗思的基本逻辑归纳学习系统；③70 年代中叶到 80 年代中叶的复兴期，主要研究方向从学习单个概念扩展至多个概念，并与实际应用相结合。标志性成果有决策树算法的提出和第一届机器学习国际研讨会的召开；④自 90 年代以来的发展期，代表性事件为 1997 年，超级电脑“深蓝”在国际象棋比赛中首次击败了世界排名第一的棋手；代表性成果包括深度学习（deep learning）和支持向量机（support vector machine）等，现实任务应用包括人脸识别、自动驾驶和精准农业等。在目前的发展期，机器学习的主要研究方向包括：面向特定任务分析和开发学习系统、模拟研究人类学习及计算机行为和探讨潜在的理论和算法发展空间。

机器学习的算法始终在发展变化，但其核心思想始终围绕着算法能力和计算复杂性展开。按照是否需要人工标记的标签数据，可将机器学习分为有监督、半监督和无监督三大类（王珏和石纯一，2003；Singh et al.，2016；何清等，2014）。有监督算法需要人工标记的标签数据，主要用来通过一系列变量来预测一个结果，其本质是训练机器学习的泛化能力。常见算法有回归算法、决策树算法、贝叶斯算法等；无监督算法不需要人工标记的标签数据，其需要从数据中发掘隐藏的结构，从而获得样本的结构特征，在一定意义上更近似于人类的学习方式。常被用来探索发现视频、图片或文字等观测对象的相似之处，常见算法包括聚类算法、关联算法；半监督算法的部分数据是被人工标记的标签数据，往往需要通过学习已标记数据去推断未标记数据，即不仅学习数据之间的结构关系，也要输出分类模型进行预测。半监督分类算法的训练成本较低，在实际应用中更加普遍。主要包括半监督的支持向量机和聚类算法等。需要注意的是，机器学习使用数学的方法从数据推算问题世界的模型，一般没有对问题世界的物理解释，只是从输入输出关系上反映问题世界的实际，实则是一个“黑箱”过程。

机器学习算法整体而言仍处于初级发展的阶段，存在着许多尚待解决的问题，如面向特定任务开发学习系统、研究人类学习过程和理论发展独立于应用领域之外的潜在的学习算法；而随着大数据和云计算时代的到来，机器学习势必将得到进一步的发展，具有更广阔的应用前景。

4.1.4.2 机器学习的农业应用

在农业领域，机器学习可被广泛应用于田间管理、家畜养殖、水资源配置和土壤管理等方面（Liakos et al.，2018；胡林等，2019）。具体应用如：利用机器学习更精准更快速地诊断病虫害，全面动态评估病虫害对作物的影响，代表性研究有 Chung 等（2016）利用支持向量机方法诊断了水稻幼苗恶苗病，判别正确率可达 87.9%；利用机器学习优化农药和化肥的投入来提高作物的产量，代表性研究有 Pantazi 等（2017）利用 ANN 和 XY-Fusion 方法区分小麦影像上的缺氮特征、黄色锈蚀和健康小麦的准确率可分别达 99.63%、99.83% 和 97.27%，从而实现了氮肥的精准施用；利用机器学习算法模拟估计作物的潜在蒸散发从而调配灌溉资源，代表性研究有陈晟（2018）将气象要素作为预测因子，利用极限学习机和随机森林等方法，估算了黑河流域春玉米和春小麦生长期内的需水量情况，为农业灌溉决策提供参考。此外，机器学习还可以在农业政策研究中发挥作用。于晓华等（2019）指出机器学习可以整合不同来源和类型（包括文字、图片和视频等）的数据，为政策研究者提供更多维度的参考资料；同时，相比于更关注于参数估计的传统计量经济学模型，机器学习更关注预测结果的准确性（Mullainathan and Spiess，2017），更符合农业政策研究的偏好。代表性研究如 Malhotra 和 Maloob（2017）使用梯度提升回归树分析了季风、农场工资、最低收购价格、国际粮食价格和交易政策等多方面因素对印度粮食价格的影响，发现农场工资和最低收购价格是对粮食价格预测精度影响最大的两个因素。

而在农业生产过程中，产量始终是最重要也是最受人们关心的要素，根据 Liakos 等（2018）的综述，目前农业领域中近 1/5 的机器学习相关研究与产量预测有关，代表性研究从方法理论到实际应用均有涉及。如 Su 等（2017）设计了一种作物模型和支持向量机耦合的方法，通过地理数据、土壤属性和气象要素来进行实时产量预测，并有望加入更多的社会管理要素来提高模型的预测能力。Schwalbert 等（2020）以气象要素和遥感影像作为预测因子，比较了线性回归、随机森林和循环神经网络对巴西大豆的预测效果。研究结果表明循环神经网络方法精度显著优于其他两者，平均绝对误差最小可达 $0.24\mathrm{mg/hm^2}$。Cao 等（2020）将气候要素和社会经济作为预测因子，使用随机森林、岭回归和 LightGBM 等机器学习方法模拟了中国县级小麦产量，最好模拟结果和真实结果之间的决定系数 R^2 可达 0.75。以上研究均在一定程度上反映了机器学习方法在产量预测方面具有成本低、损耗小和精度高等特点。

综上所述，机器学习算法目前已逐步被应用于农业研究的多个方面，有助于推动精准农业的实现，尤其在产量预测方面表现出了良好的模拟能力；且相比于作物模型，机器学习对使用者的专业素养要求低，具有可跨平台和易操作等特点，具有替代作物模型的潜力。但总体而言，机器学习在农业领域的应用仍处于初步发展阶段，有待对其应用的潜在可行性进行充分深入地发掘研究。

4.1.4.3　机器学习 XGBoost 概述

XGBoost（Extreme Gradient Boosting）由 Chen 和 Guestrin（2016）在 2015 年提出的一种基于梯度提升决策树（gradient boosting decision tree，GBDT）的集成学习算法。其中，集成的意思即是将多个学习模型组合以获得更好的效果，使得组合后的模型具有更强的泛化能力。XGBoost 支持多种基分类器（又名为弱分类器），包括线性模型和决策树等。其中，决策树一种由特征与概率决定的树形结构的预测模型，其可被用于数据的分类与回归。当使用决策树作为基分类器时，GBDT 只使用一阶导数信息来优化损失函数，而 XGBoost 则使用二阶泰勒展开对损失函数进行优化，同时得到了一阶导数和二阶导数信息，更好地拟合了损失函数，减少可能存在的误差，进一步优化了性能。此外，XGBoost 能自动利用 CPU 的多线程并行计算，提高了运行速率。需要注意的是，XGBoost 模型的并行计算并不是决策树的并行，其需要完成一次迭代过程，增加一棵决策树后，再进行下一次迭代。XGBoost 的并行是在特征粒度尺度上的，其在训练开始前就先对数据进行了排序，然后保存为一个块结构，后续迭代过程将反复调用该结构从而减少计算量。其运行原理和公式详细介绍如下（Chen and Guestrin，2016；沈晨昱，2019；李浩和朱焱，2020）。

机器学习模型训练的过程是追求最小化目标函数求解对应参数的过程。对任一种机器学习模型，目标函数通常都包括损失函数和正则项两部分［式（2-18）］。

$$\text{obj}(\theta)=L(\theta)+\Omega(\theta) \tag{4-7}$$

式中，θ 为模型参数，$\text{obj}(\theta)$、$L(\theta)$ 和 $\Omega(\theta)$ 分别为目标函数、损失函数和正则项。通常 $L(\theta)$ 越小，代表拟合效果越好，预测能力越强，常见的损失函数包括线性回归中的误差平方和函数和 Logistic 回归中的 Logistic 损失函数等。但如果只使用 $L(\theta)$ 来衡量一个模型，极有可能发生过拟合现象，即对训练数据集中已知数据的预测精度相当高，但对测试数据集中的未知数据预测精度很差。而加入的正则项 $\Omega(\theta)$ 可以被用来衡量模型的复杂程度，其随着机器学习模型的复杂度增强而增大；优化正则项可以避免模型过于复杂而导致鲁棒性降低。假设 XGBoost 的模型中集成了 k 个基分类决策树，则由基分类决策树产生的函数模型为

$$y_i=\sum_{k-1}^{K} f_k(x_i)\,,\ f_k \in F \tag{4-8}$$

式中，x_i和y_i分别为训练数据集中的决策因子和因变量；F 是所有基分类器空间，f_k是 F 中的某一基分类器，K 是基分类器的个数，此时，目标函数式（2-16）可以写作：

$$\text{obj}=\sum_{i=1}^{N} L(y_i,\hat{y}_i)+\sum_{k=1}^{K}\Omega(f_k) \tag{4-9}$$

式中，$\hat{y}_i$是 XGBoost 模型对训练数据集的模拟结果，N 为训练数据集中样本总个数，其余参数同上。

由式（4-8）和式（4-9）可得知 XGBoost 模型目标函数是所有树模型的集合，但又无

法一次获得。解决方法是根据前 $t-1$ 次迭代的模型训练得到第 t 棵树（此时，$t=K$），依次类推。如果将第 t 次的预测结果表达为$\hat{y}_l^{(t)}$，那么每一次迭代的结果对应可表示为

$$\hat{y}_l^{(0)}=0$$

$$\hat{y}_l^{(1)}=f_1(x_i)=\hat{y}_l^{(0)}+f_1(x_i)$$

$$\hat{y}_l^{(2)}=f_1(x_i)+f_2(x_i)=\hat{y}_l^{(1)}+f_2(x_i)$$

$$\cdots$$

$$\hat{y}_l^{(t)}=\sum_{k-1}^{t}f_k(x_i)=\hat{y}_l^{(t-1)}+f_t(x_i)$$

相应地，第 t 次迭代的目标函数对应表达式为

$$\begin{aligned}\text{obj}^{(t)}&=\sum_{i=1}^{n}L[y_i,\hat{y}_l^{(t)}]+\sum_{i=1}^{t}\Omega(f_i)\\&=\sum_{i=1}^{n}L[y_i,\hat{y}_l^{(t-1)}+f_t(x_i)]+\Omega(f_t)+\text{constant}\end{aligned}\tag{4-10}$$

式（4-10）中，constant 为常数项，损失函数部分进行二次泰勒展开的形式为

$$\sum_{i=1}^{n}L[y_i,\hat{y}_l^{(t-1)}+f_t(x_i)]=\sum_{i=1}^{n}\{L[y_i,\hat{y}_l^{(t-1)}]+g_i\times f_t(x_i)+\frac{1}{2}\times h_i\times f_t^2(x_i)\}\tag{4-11}$$

式中，g_i和h_i为损失函数的二阶导数。

对于式（4-10）中正则项，首先我们定义一个决策树：

$$f_t(x)=W_{q(x)},W\in R^M,q:R^d\to\{1,2,\cdots,M\}\tag{4-12}$$

式（4-12）中，R^M 指 W 的取值范围是 M 维实数空间，M 代表决策树上的叶子结点数量，R^d 指 q 的取值范围是 d 维实数空间，q 是决定每一个输入样本最终属于哪一个叶子节点的，W 是用来记录各叶子结点得分的向量。那么，XGBoost 中的正则化定义为

$$\Omega(f_t)=\gamma\times M+\frac{1}{2}\times\lambda\times\sum_{j=1}^{M}W_j^2\tag{4-13}$$

式（4-13）中，γ 和 λ 是 XGBoost 控制模型复杂度的参数，它们的值越大，模型越保守。

综合以上各式，第 t 次迭代时，需要的最小化的目标为

$$\begin{aligned}&\sum_{i=1}^{n}\left[g_i\times W_{q(x)}+\frac{1}{2}\times h_i\times W_{q(x_i)}^2\right]+\gamma\times M+\frac{1}{2}\times\lambda\times\sum_{j=1}^{M}W_j^2\\=&\sum_{j=1}^{M}\left[\left(\sum_{i\in I_i}g_i\right)\times W_j^2+\frac{1}{2}\times\left(\sum_{i\in I_i}h_i+\lambda\right)\times W_j^2\right]+\gamma\times M\\=&\sum_{j=1}^{M}\left[G_j\times W_j^2+\frac{1}{2}\times(H_j+\lambda)\times W_j^2\right]+\gamma\times M\end{aligned}\tag{4-14}$$

式（4-14）中，G_j 用于指代上一步中的 $\sum_{i\in I_i}g_i$；H_j 用于指代上一步中的 $\sum_{i\in I_i}h_i$，由于W_j和其他项是相互独立的，所以对式（2-27）的最小值问题就转化为了对一元二次函数求极值

的问题。不难得到，W_j的最优解为

$$W_j^* = \frac{G_j}{H_j+\lambda} \tag{4-15}$$

最优解对应的目标函数值为

$$\text{Obj}^* = -\frac{1}{2} \times \sum_{j=1}^{M} \frac{G_j}{H_j + \lambda} + \gamma \times M \tag{4-16}$$

除由运行原理带来的运算速率和准确度的改善之外，与机器学习中的其他集成算法相比，XGBoost 还具有如下优势：

1）XGBoost 算法能自动学习缺失值对应的分裂方向；

2）以基分类器为决策树时，与随机森林算法相似，支持列抽样以避免过拟合现象，同时也降低了复杂度；

3）通过为叶子节点分配了学习速率，降低了每棵树的权重及影响，使得后续计算具有更大的学习空间；

4）引入了可并行的近似直方图算法，解决了耗时问题，提高了运算效率。

4.1.5　基于机器学习的单产损失模拟方法

基于机器学习的水稻极端温度灾害损失评估详细流程（图 4.3）如下。

1）按种植区统计根据极端温度灾害情景中，经过 MCWLA-Rice 校正后的 214 个县市的天气指数和水稻单产损失率。

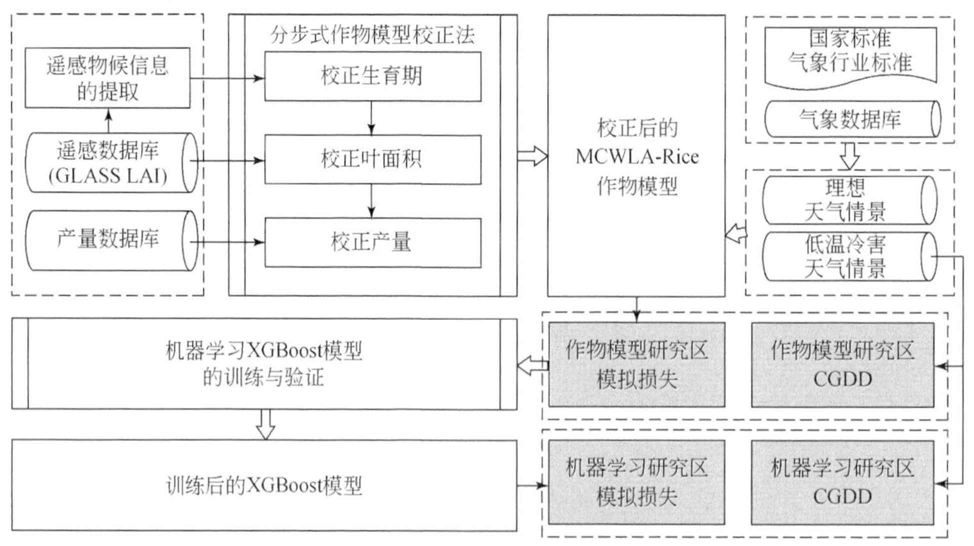

图 4.3　机器学习 XGBoost 的工作流程示意图

2）将天气指数和地理坐标作为预测因子，单产损失作为目标变量，分别进行最大最小归一化处理。天气指数是对气象灾害程度的量化指标；而根据前人研究，地理经纬度坐标是预测因子中常见的辅助变量；且在本研究中，地理经纬度坐标在作物模型 MCWLA-Rice 中也参与了单产模拟过程，与已有的基于作物模型的单产损失建立了因果关系。所以，天气指数和地理坐标共同构成了机器学习中的预测因子。

3）按照 7∶3 的比例将每个研究区内的天气指数和单产损失率划分为训练数据集和测试数据集。其中，训练数据集被用于优化 XGBoost 模型的先验参数，测试数据集被用于验证优化后 XGBoost 模型的性能。

4）使用训练数据集基于 GridSearchCV 方法对 XGBoost 方法进行调参。GridSearchCV 的原理是：预先给定 XGBoost 模型参数的先验范围和遍历步长，将原有 XGBoost 模型的先验参数范围分为了若干网格；遍历网格中所有参数组并交叉验证，选取训练和测试精度最高（相对均方根误差 RRMSE 最小）的一组参数作为 XGBoost 模型的最佳参数组，并输出此时的 XGBoost 模型参数，完成对 XGBoost 模型的训练。

5）使用测试数据集对训练后的 XGBoost 模型进行验证，评价训练后的 XGBoost 模型对未知数据集的模拟能力。

6）根据表 4.2 计算当前种植区剩余县市在极端温度灾害情景中对应的天气指数，同相应的地理坐标组成预测因子，输入到该种植区的训练后 XGBoost 模型中，得到剩余县市的单产损失率模拟值。

4.1.6 脆弱性曲线的建立

而在自然灾害系统的概念框架中，作为致灾因子的气象灾害与农作物承灾体可能损失之间的定量关系即被视为农作物承灾体的脆弱性（史培军，2002，2005；UN/ISDR，2004）。目前对农作物脆弱性的定量化评估已发展了多种模型与方法。主要包括：①基于历史数据的脆弱性评估方法。其基于历史灾情数据（文献、灾害数据库、政府统计数据等）来计算历史气象灾害事件造成的损失率，以评估区域尺度的脆弱性大小。此类方法往往受到历史时间序列长度的限制而难以被广泛应用。②基于指标体系的脆弱性评估方法。在对承灾体脆弱性的形成机制尚不清楚且相关理论不完善的情况下，人们多利用非参数方法量化致灾因子强度和灾害损失率之间的关系，以构建指标的形式划分致灾因子强度区间内的平均损失率，形成脆弱性矩阵。但指标体系方法最大的问题是无法规范其在不同地区、不同领域和不同空间尺度的评价指标，严重阻碍了它的应用范围以及在不同研究之间的比较。③基于脆弱性曲线的评估方法。脆弱性曲线是一种更为精细的评价方法，其函数化了承灾体在自然灾害打击下的机理过程，传递了外界干扰强度和承灾体损失之间的定量关系。最早被用于水灾评估，随后在滑坡、雪崩、冰雹、旱灾和台风等多种自然灾害中得以广泛发展应用。在对农业气象灾害的脆弱性曲线研究中，代表性研究有朱萌（2016）利用田间试验和作物模型 CERES-Rice 对吉林省东部地区的水稻建立了不同生育期的低温冷害脆弱性曲线。程婻（2019）基于历史气象数据和产量数据建立了浙江省的水稻高温强度指数和灾害损失的脆弱性曲线，并进一步划分了浙江省的高温灾害风险区划。因此，在本章节中，我们使用作物模型和机器学习方法得到了大量作物损失数据，为进一步构建脆弱性曲线提供了必要条件。

在农业气象灾害领域，一个典型的脆弱性曲线如图 4.4 所示，随着致灾强度的增强，灾害损失率逐渐按“S”形升高；依次经历低强度气象灾害打击下的缓慢增长（第Ⅰ阶段）、中等强度气象灾害打击下的快速增长（第Ⅱ阶段）和在高值区放缓速度逼近较高损失率（第Ⅲ阶段）的过程。本文综合前人经验使用 Logistic 函数描述图 4.4 中脆弱性曲线的方程（王志强，2008）。Logistic 回归函数又称增长函数，是一种非线性拟合方法，在农业领域方面已有旱灾、雪灾、雹灾和洪灾等多种气象灾害影响下的作物脆弱性曲线研究，具有对因变量的数据要求低、稳健性强和理论体系完善等优点。一个典型的 Logistic 回归函数如下所示：

$$y(x)=\frac{a}{b+e^{f(x)}} \tag{4-17}$$

式中，x 表示致灾因子强度，y（x）为对应的灾害损失率，a 和 b 分别为 Logistic 回归函数的系数。在实际拟合过程中，f（x）可以有线性、指数或对数等多种函数形式。

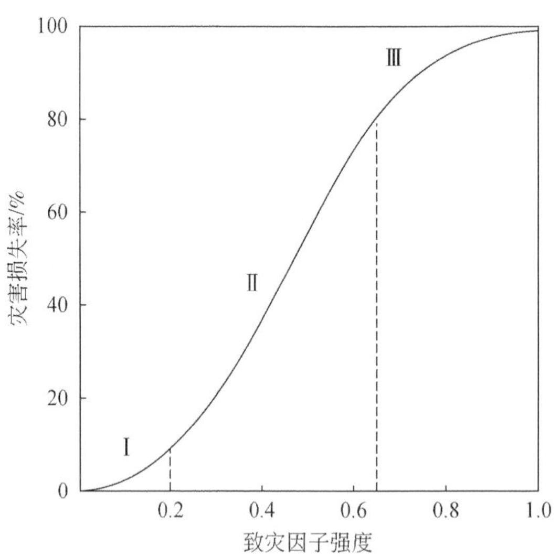

图 4.4　典型脆弱性曲线示意图

4.2 作物模型的模拟结果

4.2.1 生育期校正结果

图 4.5 展示了经分步式校正法校正后的 MCWLA-Rice 生育期模块的模拟结果和遥感反演生育期数据之间的对比。校正结果表明：以 GLASSLAI 数据时间分辨率（8d）为标准，MCWLA-Rice 模拟的生育期误差多在±8d 以内，抽穗期的模拟精度普遍高于成熟期的模拟精度。其中，一季稻地区中抽穗期模拟误差有 80% 以上在±8d 以内，所有地区的双季稻抽穗期模拟误差有 90% 以上在±8d 以内，所有地区的早稻成熟期模拟误差有 70% 以上都在±8d以内；所有地区的抽穗期模拟误差 100% 在±16d 以内，所有地区的一季稻和早稻成熟期模拟误差 100% 在±16d 以内，仅有晚稻成熟期模拟误差中的 10% 在±16d 以外。

从模拟误差的分布来看，在一季稻种植区内［图 4.5（a-1），图 4.5（a-2），图 4.5（a-3），图 4.5（a-4）］，东北地区和长江中下游地区的抽穗和成熟日期的真实值和模拟值在 1∶1 线两侧呈现出较为对称的分布形态；而川渝和湘贵地区的关键生育期的真实值和模拟值的分布较为集中，尤其是成熟日期的模拟值在川渝地区偏低［图 4.5（a-3）］，而在湘贵地区偏高［图 4.5（a-4）］。在双季稻种植区（图 4.5），早稻和晚稻的抽穗期模拟误差除在浙闽地区和华南地区以外，也均在 1∶1 线两侧呈现出较为对称的分布形态；而双季稻种植区内的模拟成熟期则呈现出早稻模拟成熟期过高估计，晚稻模拟成熟期过低估计的情况。考虑到实际种植过程中农户为保障同一地块两季水稻的产出，普遍在双季稻轮作过程中抢收早稻以便及时播种晚稻；而作物模型在模拟过程中缺乏人类干预过程，主要依靠温度条件决定生育期长度，在热量合适的早稻收获期间内倾向于延长生育期，在热量较为缺乏的晚稻收获期间内倾向于缩减生育期。即，在可接受的模拟误差范围内，较高的双季稻成熟期模拟误差（尤其是晚稻成熟期的模拟误差）体现出了作物模型模拟仍具有较大的技术改进空间以更好地模拟实际情况。

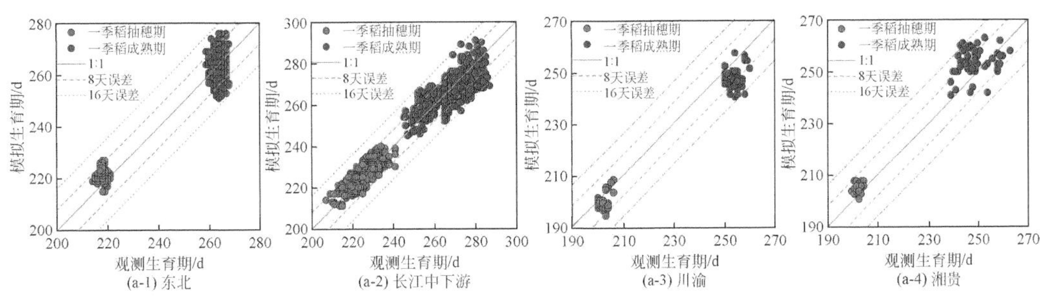

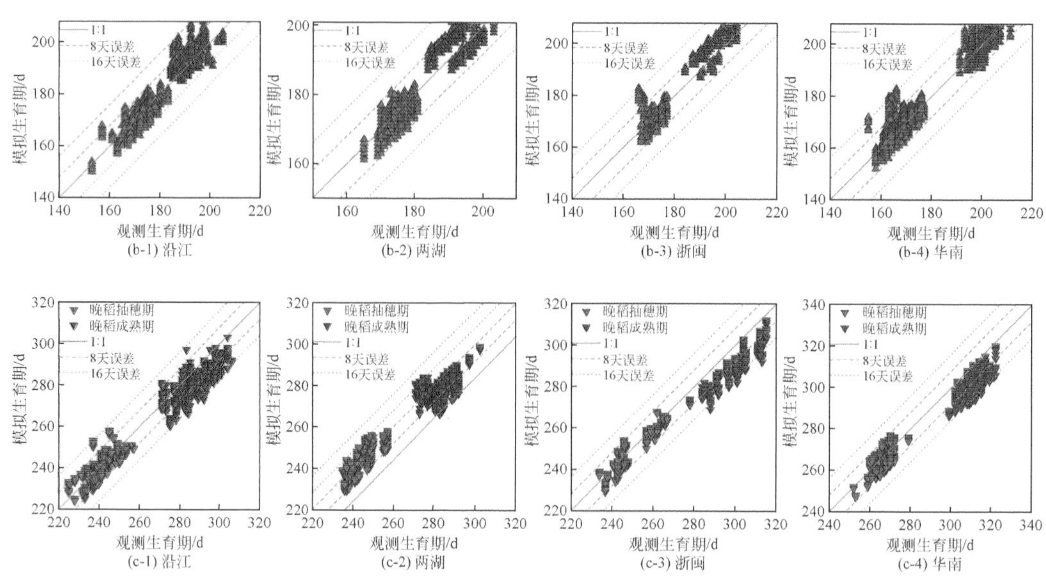

图4.5　作物模型 MCWLA-Rice 的关键生育期 1∶1 校正结果

在直观展示 MCWLA-Rice 的生育期模拟结果和观测数据之间的差异后（图 4.5），图 4.6 进一步使用均方根误差 RMSE 比较了两者之间的统计误差。计算结果表明，所有地区的生育期模拟误差 RMSE 的均值皆在 10d（含）以内。其中，一季稻地区的关键生育期 RMSE 均值在 5d 左右，成熟期误差略高于抽穗期［图 4.6（a）］。双季稻地区早稻［图 4.6（b）］的模拟抽穗期平均 RMSE 为 3d，模拟成熟期平均 RMSE 为 5d。双季稻地区晚稻［图 4.6（c）］的模拟抽穗期的 RMSE 均值为 4d，但其模拟成熟期误差较高，浙闽地区的平均 RMSE 为 10d，沿江和华南两地的平均 RMSE 为 8d，南岭地区为 7d，两湖地区为 6d。相比于同类型研究，本研究中的生育期模拟统计误差 RMSE 处于相对较低的水平，为后续 MCWLA-Rice 校正过程中的 LAI 校正和产量校正奠定了坚实的基础。

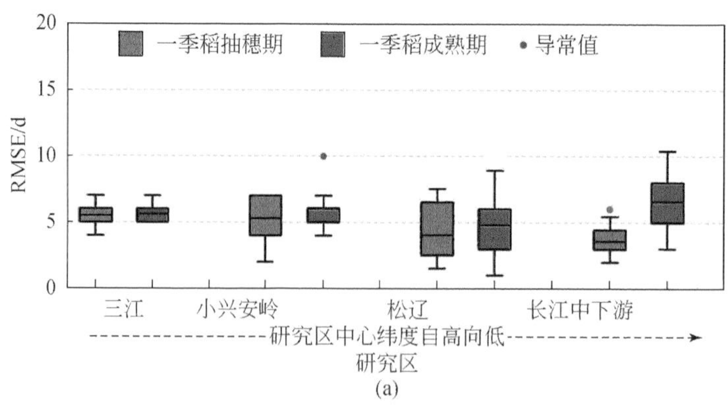

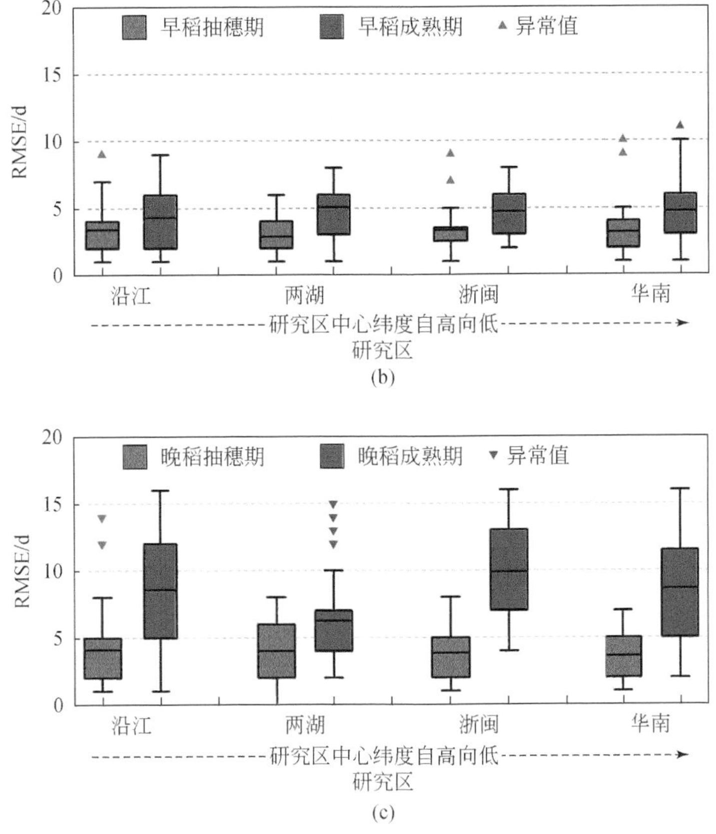

图 4.6 作物模型 MCWLA-Rice 关键生育期的校正误差 RMSE

4.2.2 叶面积指数校正结果

图 4.7 展示了由相关系数 R 计算得到的县级尺度上模拟 LAI 时间序列和观测 LAI 时间序列之间的相似性。R 值越高，模拟 LAI 的时间序列形态越接近于观测 LAI，模拟效果越好。整体而言，研究区内几乎所有县级尺度的模拟 LAI 和观测 LAI 的相似度可达 0.80 以上。其中，在一季稻种植区，所有地区相关系数 R 的均值都在 0.9 以上，其中以长江中下游地区最高，为 0.93。在双季稻地区，随着从早稻到晚稻的轮作变化，模拟 LAI 的精度也发生了显著的变化。除两湖地区的早稻模拟 LAI 平均精度（0.87）小于晚稻模拟 LAI 的平均精度（0.93）以外，双季稻地区的模拟 LAI 在早稻时期的精度要普遍高于其在晚稻时期的精度（沿江：0.94>0.92；浙闽：0.93>0.90；南岭：0.87>0.84；华南：0.94>0.88），这与前文生育期模拟结果误差中的晚稻成熟期误差较高相一致。此外，复杂地形上的模拟 LAI 精度明显较低。比如，模拟 LAI 在丘陵和山地比例较高的南岭地区的平均精度最低，

分别为0.87（早稻）和0.84（晚稻），推测这是由遥感影像产品和作物模型模拟过程在复杂地形上的误差升高而导致的模拟LAI精度降低。

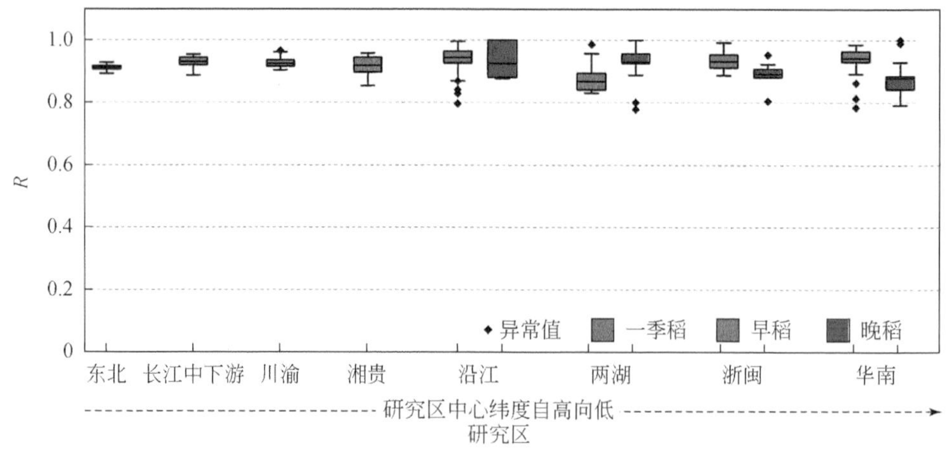

图4.7　作物模型MCWLA-Rice叶面积指数的校正精度 R

4.2.3　单产校正结果

模拟产量的精度是评价作物模型模拟能力最重要的指标。图4.8直观展示了作物模型模拟产量和观测产量的对比，并用 R^2 表征模拟产量和观测产量的一致性。

研究结果发现校正后的MCWLA-Rice的模拟产量与观测产量集中分布在图4.8的1∶1线两侧，表现出了作物模型对观测产量的良好模拟再现能力。其中，在一季稻种植区［图4.8（a-1）~图4.8（a-4）］，东北、长江中下游和川渝三个地区的 R^2 均达到了0.50以上；而在湘贵地区，有一定比例的模拟产量被过低估计，R^2 值较低（0.48）。在双季稻种植区［图4.8（b-1）~图4.8（b-4）和图4.8（c-1）~图4.8（c-4）］，R^2 主要在0.40~0.70之间波动；其中，研究区中心纬度较低的地区 R^2 值更高，如华南地区的早稻模拟产量 R^2 可

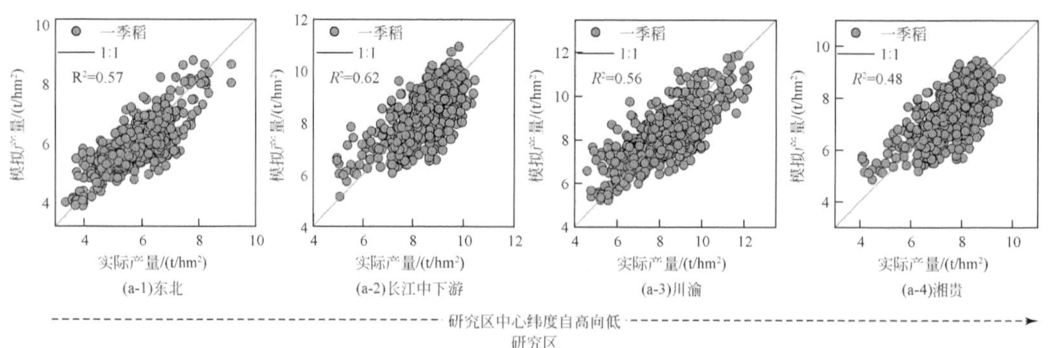

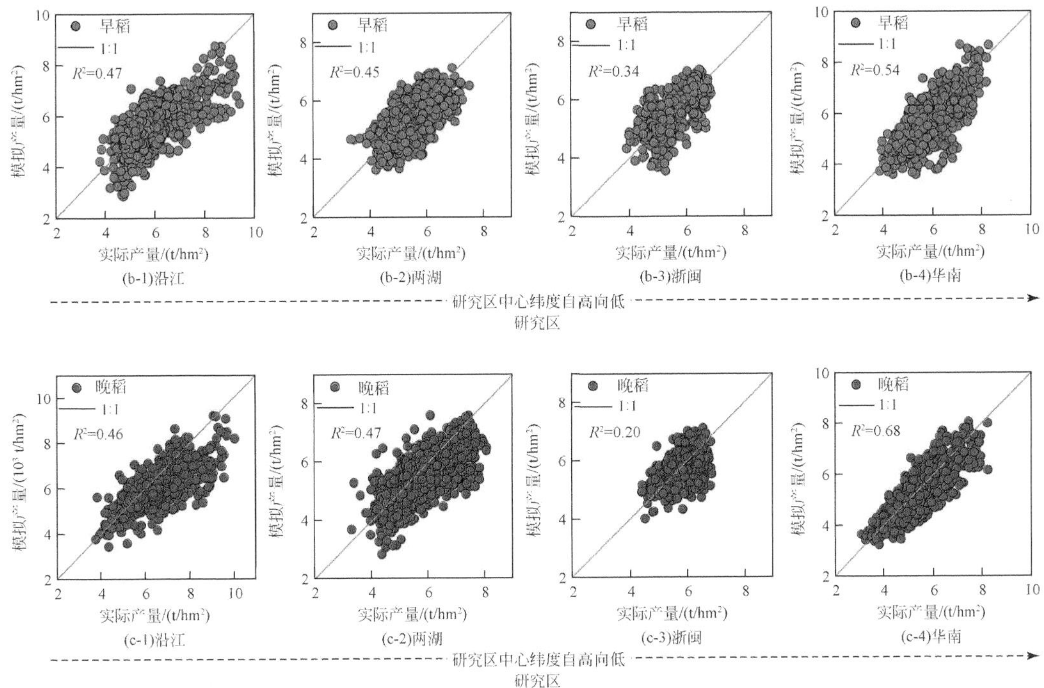

图 4.8　作物模型 MCWLA-Rice 产量的校正精度 R^2

达 0.54，南岭和华南地区的晚稻模拟产量 R^2 分别为 0.70 和 0.68。但从图 15 中也发现在描述产量模拟情况时，并不能完全依赖 R^2 来衡量作物模型模拟产量的误差，如在浙闽地区，早稻和晚稻模拟产量和观测产量紧密聚集在 1∶1 线两侧，但其 R^2 值（0.34 和 0.20）却是所有种植区模拟结果中最低的。

因此，图 4.9 进一步用 RRMSE 从模拟误差的角度评估校正后的 MCWLA-Rice 的产量模拟精度。几乎所有研究内的县市尺度 RRMSE 都集中在 5% ~15% 的范围内。从模拟误差 RRMSE 随研究区中心纬度的变化来看，在一季稻地区随着中心纬度的逐渐降低，RRMSE 均值也逐渐降低（分别为东北：12%、长江中下游：8% 和川渝：7%）。相似的空间变化特征也在南方双季稻地区有所呈现，从沿江平原到华南平原，RRMSE 均值自 13.00% 向 8.00% 变化。早晚稻之间的 RRMSE 差值随着研究区中心纬度的降低也在逐渐缩小，两者之间的差值从最高 3%（两湖地区）降至最低 0.3%（南岭地区）。这与晚稻的成熟期模拟精度较低和 LAI 模拟精度均较低的结果不一致（图 4.6 和图 4.7），结合 R^2 的评估结果来看，可以认为热量条件可能是对校正后的作物模型模拟产量精度影响最大的因素，对大范围地区的同种水稻种植制度（一季稻或双季稻），作物模型 MCWLA-Rice 在热量更为充足的低纬度地区对产量的模拟能力更好，甚至可以降低生育期与 LAI 模拟结果精度较低的影响。

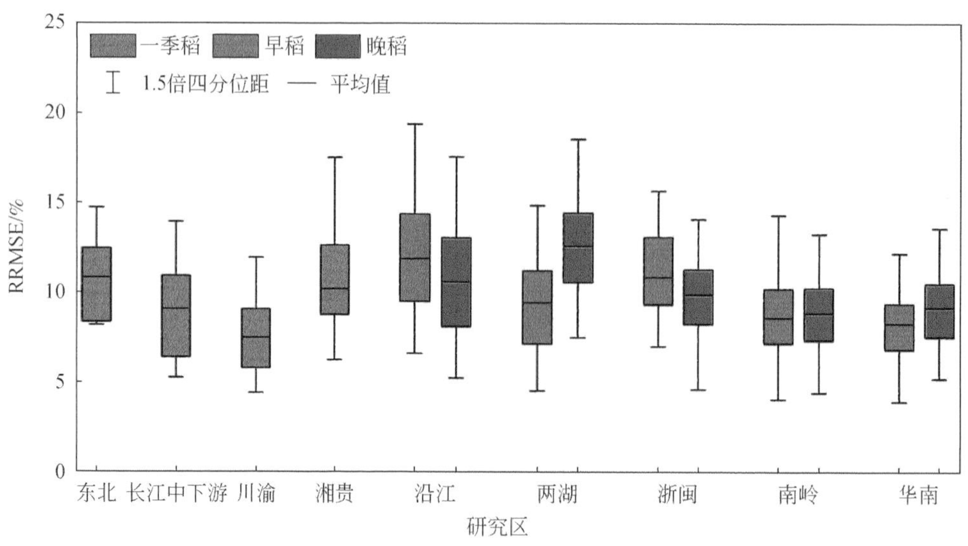

图 4.9 作物模型 MCWLA-Rice 产量的校正误差 RRMSE

4.3 机器学习的模拟结果

以全国性的生殖生长期内低温冷害和高温热害为例（表 4.2），本书分别使用 CGDD［chill temperature growing-degree-days，式（4-18）］和 HGDD［high temperature growing-degree-days，式（4-19）］描述极端温度灾害情景中的低温冷害和高温热害灾害强度，并搜集整理校正后的 MCWLA-Rice 在对应灾害情景下的县市单产损失率及各项预测指标（见 4.1.5 节）来进行机器学习的训练与验证。

$$\text{CGDD}=\begin{cases}0, & \text{if } T_{mean,i}\geqslant T_{low}\\ \sum_{i=1}^{n}(T_{low}-T_{mean,i}), & \text{if } T_{mean,i}<T_{low}\end{cases} \tag{4-18}$$

$$\text{HGDD}=\begin{cases}0, & \text{if } T_{mean,i}<T_{high}\\ \sum_{i=1}^{n}(T_{mean,i}-T_{high}), & \text{if } T_{mean,i}\geqslant T_{high}\end{cases} \tag{4-19}$$

式中，T_{low}和T_{high}分别是低温冷害和高温热害的成灾阈值（表 2.1）。n 为灾害持续天数，$T_{mean,i}$是成灾第 i 日的日均温。低温冷害和高温热害对应的水稻单产损失在下文中将分别以 Y_{Closs} 和 Y_{Hloss} 进行表示。

使用机器学习 XGBoost 模拟每个水稻典型种植区内剩余县市单产损失率的前提是对其进行训练和测试，图 4.10 和图 4.11 以模拟单产损失率的相对均方根误差（RRMSE）和决定系数（R^2）来评估 XGBoost 模型在各种植区对冷害和热害损失模拟的训练和测试精度；其中，训练误差代表着对已知数据的模拟精度，测试误差代表着对未知数据的模拟精度。

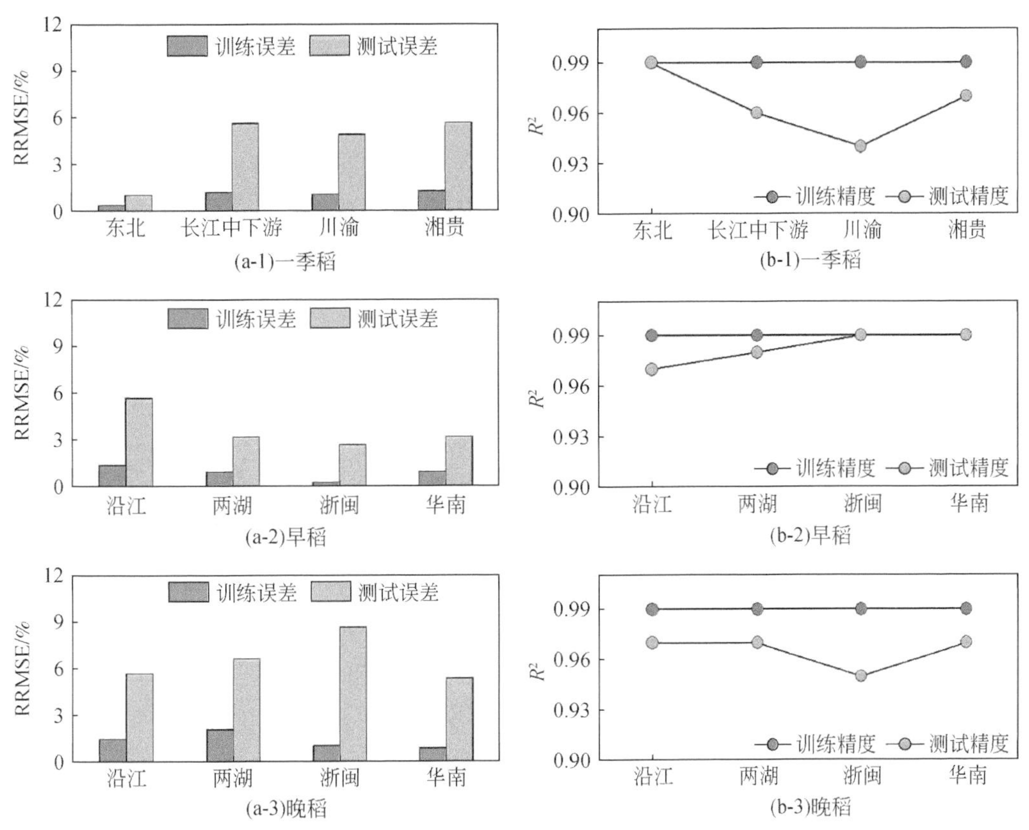

图 4.10　机器学习 XGBoost 的冷害训练与验证精度

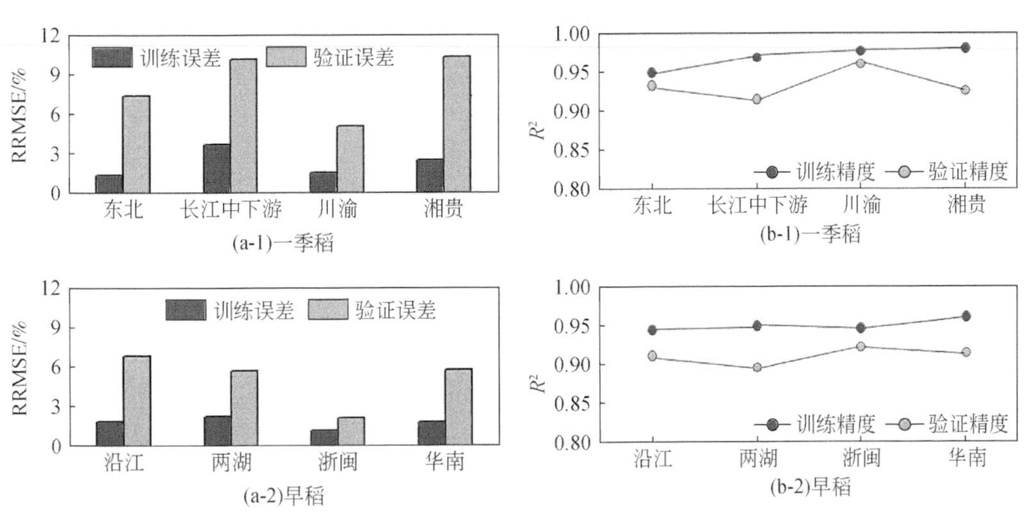

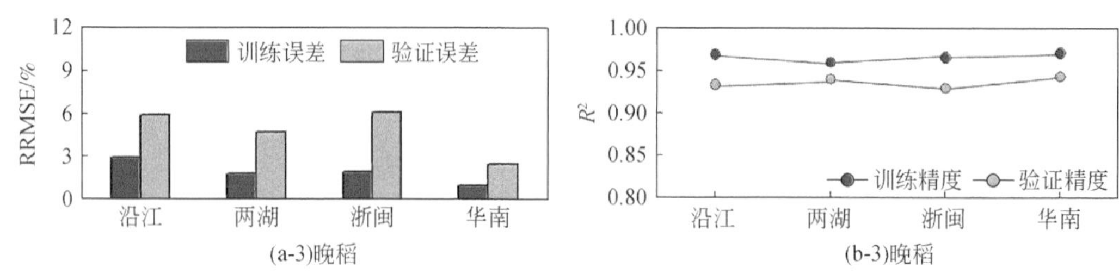

图 4.11 机器学习 XGBoost 的热害训练与验证精度

根据图 4.10 和图 4.11 来看，使用地理经纬度坐标和天气指数作为预测因子的 XGBoost 模型对冷害损失的训练误差 RRMSE 在 5% 之内，测试误差稍高但也均位于 10% 以下；测试精度 R^2 无论是训练还是测试均位于 0.90 以上。整体来看，基于机器学习方法模拟单产损失的精度和基于作物模型模拟单产的精度位于同一误差范围内，可以认为本小节中训练后的 XGBoost 模型能够对水稻冷害和热害损失进行较为准确的模拟；同时 XGBoost 的训练和测试精度也表现出了一定程度的差异：从地区差异来看，XGBoost 模型在一季稻地区中对冷害的训练和模拟误差 RRMSE 随着地区中心纬度的降低而逐渐升高（图 4.10），对于一季稻热害和双季稻中的晚稻冷害的训练和模拟误差 RRMSE 也有着类似的分布［除川渝和华南地区外，图 4.11（a-1）和图 4.10（a-3）］。而在双季稻地区，早稻的冷害和热害的训练和模拟误差 RRMSE 随着地区中心纬度的降低而逐渐降低（除华南地区外）。最后，从不同灾害类型来看，水稻对冷害损失模拟的训练和测试精度普遍优于热害（图 4.10）。

综上所述，训练后的 XGBoost 模型具有良好的模拟能力，能有效预测水稻单产损失，但同时受所在地区的热量、地形和种植制度的影响，也具有一定程度的不确定性。

4.4 极端温度胁迫下的脆弱性曲线

根据图 4.12 中天气指数–单产损失率的散点图来看，水稻冷害的模拟曲线基本贴合散点图分布趋势，决定系数 R^2 多在 0.5 ~ 0.9 的范围内，只有两湖［图 4.12（c-2）］和华南地区［图 4.12（c-4）］的晚稻的 R^2 小于 0.50。与冷害相比，水稻的热害脆弱性的散点图分布更集中，得到的脆弱性曲线的决定系数 R^2 也更高，多在 0.6 ~ 0.9 的范围内（图 4.13）。

水稻脆弱性的趋势线整体大致符合“S”形曲线，表现为：单产损失率在低天气指数强度范围内缓慢升高，反映了水稻在低强度气象灾害打击后具有一定的恢复力，如一季稻种植区的水稻在标准化 CGDD 强度低于 0.2 的范围内，单产损失率上升普遍缓慢；中等强度的天气指数范围内，水稻单产损失率急剧升高，图 4.12 和图 4.13 中几乎所有脆弱性曲线在标准化 CGDD 强度的 0.2 ~0.8 范围内均随着冷害强度的升高而快速爬坡；而到了高强度的天气指数范围内，水稻的生产功能趋向于被完全破坏的状态，单产损失率接近一个较为固定的高值，典型表现如一季稻种植区内的川渝地区［图 4.12（a-3）］和晚稻的浙闽地区［图 4.12（c-3）］在标准化 CGDD 强度高于 0.8 后，脆弱性趋势线趋向于平缓，单产损失率基本上不再增加。

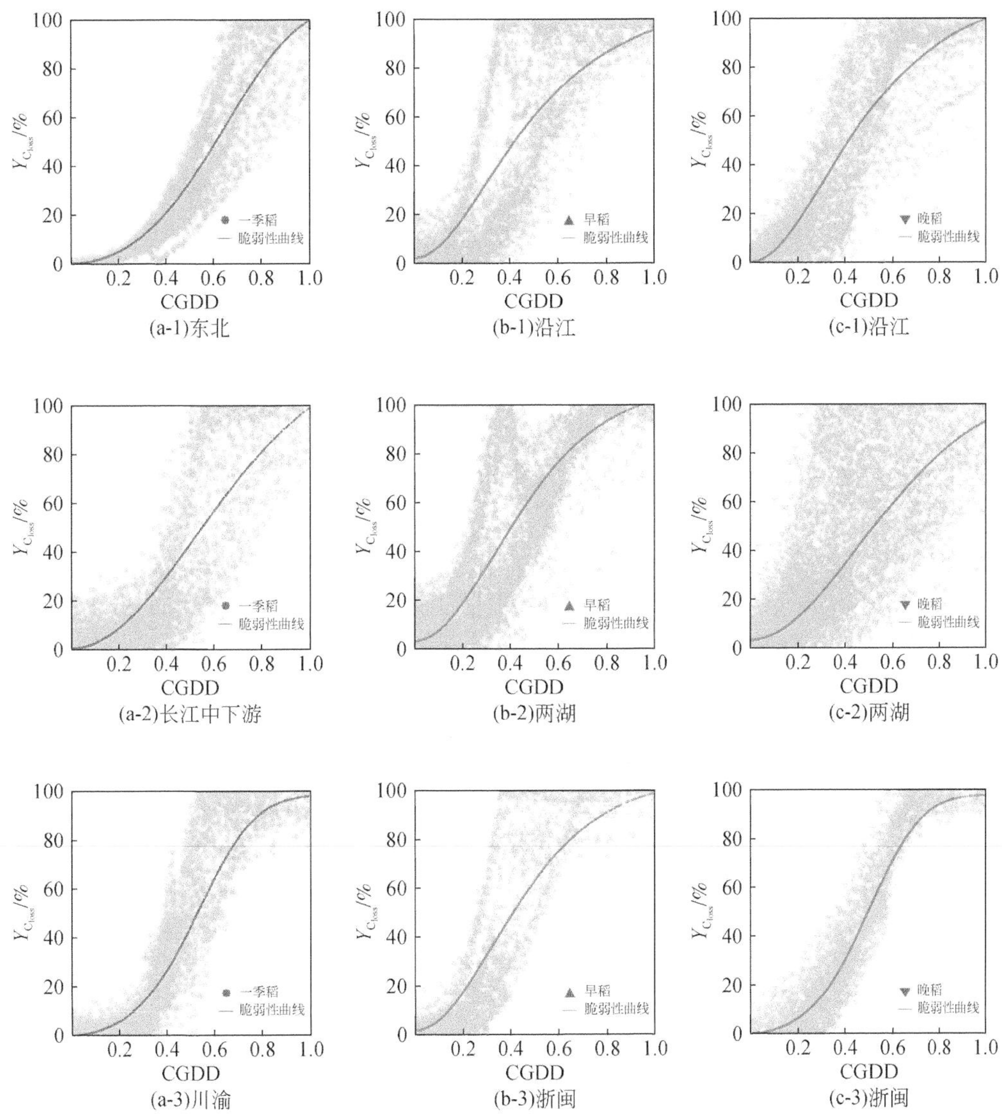

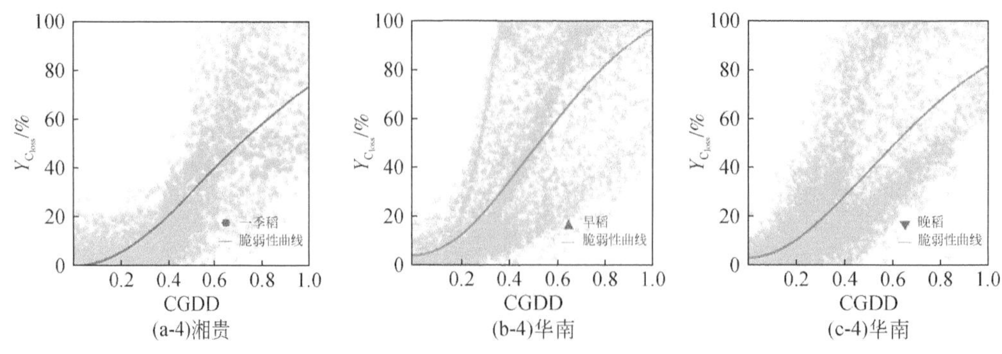

(a-4)湘贵 (b-4)华南 (c-4)华南

图 4.12　我国水稻典型种植区的水稻冷害脆弱性曲线

从地域差别的角度来看，水稻在同等强度的冷害胁迫下的产量损失在低纬度地区趋向于降低。如，一季稻主产区中的湘贵地区［图 4.12（a-4）］、双季稻主产区中的华南地区［图 4.12（b-4）和图 4.12（c-4）］在高强度的冷害胁迫下，单产损失率普遍比同等种植制度下的其他地区偏低；考虑到低纬度地区普遍具有较高的热量种植条件，这反映了全生育期内高热量累积对低温冷害打击下的水稻生长具有一定的补偿效应。而对于热害，随着种植区的中心维度的降低，一季稻地区的热害脆弱性拐点明显向后迁移（图 4.13），从长江中下游地区到湘贵地区，单产损失率接近固定时对应的 HGDD 强度从 0.5 后推至 0.8 左右。

从种植制度的角度来看，在同等强度的冷害胁迫下，晚稻的脆弱性普遍低于早稻，这种差别尤其在两湖［图 4.12（b-2）和图 4.12（c-2）］和华南地区［图 4.12（b-4）和图 4.12（c-4）］较为明显。相似地，在同等强度的热害胁迫下，早稻的敏感性也会高于晚稻（图 4.13）。

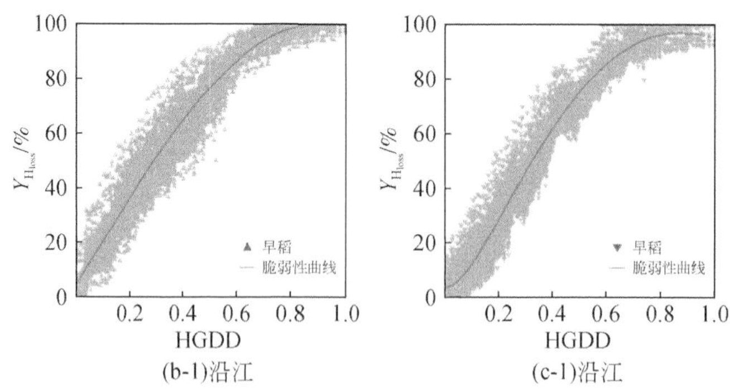

(b-1)沿江 (c-1)沿江

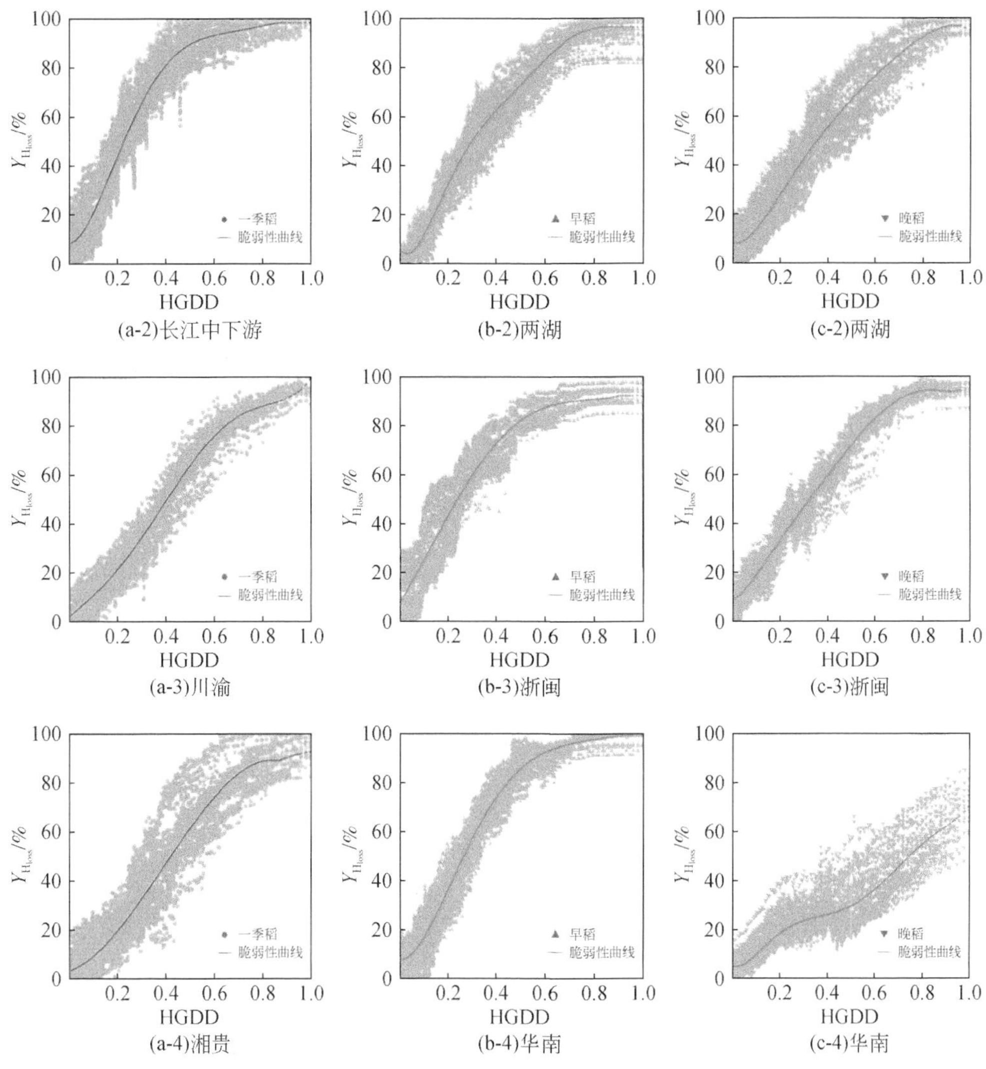

图 4.13　我国水稻典型种植区的水稻热害脆弱性曲线

注：无东北地区，为表述一致，a 列编号由 a-2 起。

4.5 小　　结

作物模型可以分离单个极端温度灾害事件造成的产量损失，但其对输入数据的种类数量和质量的要求都非常高。从作物模型校正的角度来看，MCWLA-Rice 的校正过程需要遥感数据、地面观测数据、地理坐标信息和土壤情况等，且用于校正中间变量和最终产量的参考数据的可信度决定了模型的校正精度和后续产量模拟的精度。因此，在第 4.2 节只在输入数据可信度较高的县市上进行了作物模型 MCWLA-Rice 的校正；为丰富“天气指数–

单产损失率”数据库以方便后续脆弱性曲线的模拟，本书需要对剩余县市进行灾害损失模拟，那么使用机器学习 XGBoost 模型的成功训练和测试则为数据匮乏情况下的作物损失模拟开辟了一个新思路，且由于作为预测因子的地理坐标和天气指数均来自客观数据，降低了由输入数据带来的模拟不确定性。由于目前农业领域中的机器学习应用仍在起步阶段，使用机器学习方法对作物在极端气象灾害情景下的产量损失率进行模拟预测是一种新的尝试，也因此缺乏类似研究与本研究中机器学习的精度进行比较；但通过对比作物模型的产量校正精度，可以发现两者的模拟误差 RRMSE 位于同一区间范围内，则可以认为本研究应用机器学习方法达到的产量损失模拟结果值得充分信赖。

此外，相比于前人研究，我们从定义出发去模拟了所有可能强度的低温冷害事件；兼顾了典型水稻种植区内的空间差异性和灾害强度的全面性，从而得到完整的脆弱性曲线，保障了产量损失评估结果的可信度。这种方法可被广泛应用于各种灾害事件胁迫下作物脆弱性模拟，有助于完善建设我国粮食安全的风险防范体系。

然而，水稻生长过程的方方面面都会受到人类活动的干预和气候变化的影响，一些田间管理措施的改变可能就会造成脆弱性曲线在实际应用中的变化，如新品种的使用和施肥灌溉的调整；在未来全球变暖趋势的影响下，天气温度与 CO_2 浓度的升高也势必会带来更多的极端温度事件，从而改变作物脆弱性曲线的形态。因此，持续关注并因地制宜地应用与改进脆弱性曲线是值得研究人员一直关注的重点。

参考文献

陈晟 . 2018. 基于机器学习的黑河中游作物需水量模型研究［D］. 合肥：中国科学技术大学 .

陈嘉博 . 2017. 机器学习算法研究及前景展望［J］. 信息通信，(6)：5-6.

陈凯，朱钰 . 2007. 机器学习及其相关算法综述［J］. 统计与信息论坛，(5)：105-112.

程婣 . 2019. 基于 IDM 和 FIS 的浙江省晚稻高温灾害风险评价与区划研究［D］. 杭州：浙江师范大学 .

何清，李宁，罗文娟，等 . 2014. 大数据下的机器学习算法综述［J］. 模式识别与人工智能，27（4）：327-336.

胡林，刘婷婷，李欢，等 . 2019. 机器学习及其在农业中应用研究的展望［J］. 农业图书情报，31（10）：12-22.

李浩，朱焱 . 2020. 基于梯度分布调节策略的 Xgboost 算法优化［J/OL］. 计算机应用：1-6.

刘保花，陈新平，崔振岭，等 . 2015. 三大粮食作物产量潜力与产量差研究进展［J］. 中国生态农业学报，23（5）：525-534.

沈晨昱，2019. XGBoost 原理及其应用［J］. 计算机产品与流通，(3)：90.

史培军 . 2002. 三论灾害研究的理论与实践［J］. 自然灾害学报，11（3）：1-9.

史培军 . 2005. 四论灾害系统研究的理论与实践［J］. 自然灾害学报，14（6）：1-7.

王珏，石纯一 . 2003. 机器学习研究［J］. 广西师范大学学报（自然科学版），2：1-15.

王志强 . 2008. 基于自然脆弱性评价的中国小麦旱灾风险研究［D］. 北京：北京师范大学 .

于晓华，唐忠，包特. 2019. 机器学习和农业政策研究范式的革新［J］. 农业技术经济，(2)：4-9.

朱萌. 2016. 基于 CERES-Rice 模型的吉林省东部水稻冷害风险动态评估［D］. 沈阳：东北师范大学.

Angra S，Ahuja S. 2017. Machine learning and its applications：A review［C］. Chirala：2017 International Conference on Big Data Analytics and Computational Intelligence (ICBDAC)：57-60.

Cao J，Zhang Z，Tao F L，et al. 2020. Identifying the Contributions of Multi-Source Data for Winter Wheat Yield Prediction in China［J］. Remote Sensing，12 (5)：750.

Chen T Q，Guestrin C. 2016. Xgboost：A scalable tree boosting system［C］. San Francisco：Proceedings of the 22nd ACM SIGKDD International Conference on Knowledge Discovery and Data Mining，ACM：785-794.

Chung C L，Huang K J，Chen S Y，et al. 2016. Detecting Bakanae disease in rice seedlings by machine vision［J］. Comput. Electron. Agric，121：404-411.

Goldberg D E，Holland J H. 1988. Genetic Algorithms and Machine Learning［J］. Machine Learning，3：95-99.

Liakos K G，Busato P，Moshou D，et al. 2018. Machine Learning in Agriculture：A Review. Sensors［J］. 18：2674.

Lobell D B，Cassman K G，Field C B. 2009. Crop Yield Gaps：Their Importance，Magnitudes，and Causes［J］. Annual Review of Environment and Resources，34：1-27.

Loomis R S，Connor D J. 1992. Crop Ecology：Productivity and Management in Agricultural Systems［M］. Cambridge：Cambridge University Press.

Malhotra A，Maloob M. 2017. Understanding food inflation in India：A Machine Learning approach［J］. Papers，1701：1-44.

Mullainathan S，Spiess J. 2017. Machine Learning：An Applied Econometric Approach［J］. Journal of Economic Perspectives，31 (2)：87-106.

Pantazi X E，Moshou D，Oberti R，et al. 2017. Detection of biotic and abiotic stresses in crops by using hierarchical self organizing classifiers［J］. Precision Agriculture，18：383-393.

Poli R，Kennedy J，Blackwell T. 2007. Particle swarm optimization［J］. Swarm Intell，1 (1)：33-57.

Schwalbert R A，Amado T，Corassa G，et al. 2020. Satellite-based soybean yield forecast：Integrating machine learning and weather data for improving crop yield prediction in southern Brazil［J］. Agricultural and Forest Meteorology，284 (15)：1-24.

Singh A，Thakur N，Sharma A. 2016. A review of supervised machine learning algorithms［C］. New Delhi：2016 3rd International Conference on Computing for Sustainable Global Development (INDIACom)：1310-1315.

Su Y，Xu H，Yan L. 2017. Support vector machine-based open crop model (SBOCM)：Case of rice production in China［J］. Saudi Journal of Biological Science，24：537-547.

UN/ISDR. 2004. Living with Risk：A Global Review of Disaster Reduction Initiatives 2004 Version［Z］. Geneva：United Nations Publication.

第5章 农业保险的研究概况

面对严峻的极端温度灾害现状，降低农业气象灾害打击下的水稻损失风险对实现中国粮食安全至关重要。农业保险是一种针对农业气象灾害损失的高效益补偿手段，其具有管理自然灾害风险、转移收入、稳定分配、促进经济发展以及社会保障和管理等功能，已经成为许多国家农业支持保护政策体系的重要组成部分，为农民的生产生活提供了强有力的保障。我们将在此章节对中国农业保险的发展进行简单介绍，并重点讲述天气指数保险的发展历程。

5.1 中国农业保险的发展

农业保险是国家农业支持保护政策体系的重要组成部分。农业生产高度依赖天气气候条件，是受气候影响最敏感的行业。中国自然灾害种类多且发生频繁，导致了与自然环境密切相关的农业生产受到严重打击。与世界平均水平相比，我国自然灾害频率高出约18个百分点；其中，低温冷害、霜冻、高温热害、干旱、暴雨、洪涝等气象灾害平均每年造成粮食产量损失约1200万t，占农业灾害总损失的60%以上。进入21世纪后，农业气象灾害的发生频率和强度均呈上升趋势，农业气象灾害风险也随之升高（鲍强，2010；高云等，2013）。频繁气象灾害正威胁着我国的农业生产多个环节，是影响我国粮食安全的主要原因之一（Zhang et al.，2014a，2014b，2014c；Liu et al.，2013）。农业保险作为一种准公共性产品，具有气象灾害风险管理、收入转移和稳定分配、促进经济发展以及社会保障和管理等功能，是一种高效益的补偿手段，其为农民的生产生活提供了强有力的保障。农业保险是指农业生产者以支付小额保险费为代价，把农业生产过程中由于灾害事故造成的农业财产的损失转嫁给保险人的一种制度安排。狭义的农业保险包括种植业保险和养殖业保险，广义的农业保险还包括从事广义农业生产的劳动力及家属的人身保险及农房等农村物质财产的保险。

在中国，农业保险先后经历了计划经济时期（1950～1958年）的政府主导型经营模式，改革开放后的政府支持型经营模式（1982～2006年）和现在政府支持下的农业保险跨越式发展时期（2007年以来）（Wang et al.，2011；李传峰，2012）。从2007年新一轮农业保险试点开始，农业保险获得了一系列中央和各级地方的政策支持和财政支持。2012年，国务院通过了《农业保险条例》，明确提出健全政策性农业保险制度；2014年，国务院发布了《国务院关于加快发展现代保险服务业的若干意见》（国发〔2014〕29 号）（简称“新国十条”），再次强调需要“积极发展农业保险”，“扩展‘三农’保险广度和深度”，并“完善农业保险的财政补贴政策”；2016 年，财政部下发了《中央财政农业保险保险费补贴管理办法》的通知，明确了各级政府对农业保险的补贴比例。目前，我国保险已取得了长足的进步，2015 年农业保险保费规模达到了 374.9 亿元，保险赔付额为 237.1 亿元，位居亚洲第一，世界第二；农业保险赔付已经成为了投保农民灾后恢复生产和保障基本生活的最重要的资金来源之一（庹国柱，2012），有力地保障了农业发展和农民收入的稳定。

但目前我国农业保险已陷入到了保障水平发展不均衡，保障广度进入瓶颈期，保障深度持续低迷的困难局面。中国农业保险保障水平已从 2008 年的 3.67% 增长至 2015 年的 17.69%，年增长率达 25.24%；但国外发达国家的农业保险保障水平能达到 80% ~90%，而我国目前的农业保障水平尚不能覆盖农业生产成本，基本处于美国和加拿大等国家 20 世纪 80 年代初的水平。并且张峭等（2017）发现从区域经济发展程度和农业产业发展需求角度，我国农业保障水平呈现出“东西高，中部低”的不均衡发展模式。经济发达的东部地区农业保险保障水平较高，和经济发展水平总体呈正相关关系；经济欠发达的西部地区农业保险保障水平在中央财政农险补贴的支持下，后发优势凸显；而经济水平一般的中部地区农业保险保障水平最低，增长速度最慢，尤其是中部地区的农业大省保障水平平均水平只有 10.9%，不足农业产值全国排名后十位省份的 1/3。

当前农业保险停滞状态的背后存在着多方原因，主要有以下 4 个方面。

（1）农业保险难以全面覆盖灾害风险

传统的农业保险主要产品是能够运用纯粹风险损失补偿和精算的理念的巨灾保险，如洪水、飓风和冰雹等；具有发生概率低、影响程度大且可保等特点。

（2）农业保险费率较高，农民积极性不高

中国是世界上自然灾害最为严重的国家之一，灾害种类多，分布广，损失大。农业风险在一个较广泛的区域内部是系统性的，存在着高度的空间相关性，一次灾害所造成的风险范围（风险单位）往往涉及数县甚至数省的千万户农户。这种系统性风险的相关性削弱了保险公司在农户之间、作物之间和地区之间分散风险的能力（庹国柱和朱俊生，2010），因此农业保险的赔付率一直居高不下。此外，农业保险的保额价值低，分布零散，从而导致了保险管理成本的增长。这些原因都造成了农业保险费率组成部分中的公平费率、风险溢价和附加费率等随之升高，最终农业保险费率（2% ~15%）是一般家庭财产和企业财产价格（0.4‰~1‰）的 50 ~150 倍（庹国柱和王国军，2002）。

（3）政策性农业保险的财政补贴制度难以全面执行

为减轻高额的保险费率为农民造成了财政压力，我国目前实行公共财政补贴的政策。《中央财政农业保险保险费补贴管理办法》中明确规定了各级政府对农业保险的补贴比例，基本上形成了中央、省、地市、县三级或四级补贴制度，并且实行下一级财政补贴到位后，上一级财政再拨付规定份额的“补贴联动”办法（Matul et al.，2013）。尽管中央财政对三大粮食作物（稻谷、小麦和玉米）产量大县的保险费补贴比例可高达72.5%，但财政困难的省、地市和县的保费补贴负担仍相当沉重，部分地方无力开展新的农业保险实验，甚至产生抵触情绪。

（4）道德风险和逆向选择

农业保险中存在着三方主体：投保农户、承保公司和政府，三方均存在着严重的道德风险和逆向选择问题。承保公司设计产品时往往回避农业生产中的主要和重要风险以求利益最大化。传统农业保险产品普遍没有实行风险区划和费率分区，农作险种实行一省（直辖市、自治区）同一费率的办法，致使风险较高的农户投保热情远远高于低风险地区的农户。并且自农业保险推行以来，不仅投保农户以各种方式骗赔的案件频发，同时承保公司和政府的道德风险事故也无可避免，成为了部分地区保险业务畏缩不前的主要原因（庹国柱，2012）。

5.2 天气指数保险的发展历程

天气指数保险（weather index insurance）在保险合同中使用客观的天气指数来量化气象灾害对作物的损害程度；当天气指数达到触发赔偿的阈值时，可根据天气指数和作物损失的相关关系为投保人进行赔付。天气指数保险的概念最早出现在20世纪90年代的后期，对其发展阶段的研究比较有代表性的是Syroka和Nucifora（2010）的“三阶段论”。

第一阶段（1997～1999年）是天气指数保险的萌芽阶段。Skees、Peter Hazell和Miranada等在1999年提出了在尼加拉瓜进行降雨指数保险的初级设想；1999年，世界银行在Skees等的基础上，在尼加拉瓜、摩洛哥、突尼斯和埃塞俄比亚开始进行试点研究（Seeks，2008）。

第二阶段（2000～2005年）是天气指数保险产品设计框架逐渐完善阶段。更多国家开始进行天气指数保险研究试点，比如2003年印度的降水指数保险和摩洛哥小麦的降水指数保险（Hess，2003；Seeks et al.，2001；Stoppa and Hess，2003），2005年马拉维的干旱指数保险等成功（Hess and Syroka，2005）；他们尝试从不同层面上剖析了天气指数保险的市场结构，并总结了各参与主体的角色与作用（图5.1）和典型天气指数保险的合同要素。

天气指数保险产品可以分为微观、中观和宏观三个层次。微观上的天气指数保险是零售产品，以投保农户为主体，具有显著的空间差异特征和灾害风险相关性；作为赔付依据的指数通常是在距离农户最近，最具有代表性的单一气象站所测量的。中观水平的天气指数保险的主体是风险的“集合体”，比如进行农业保险小额贷款的银行或保险公司代理人

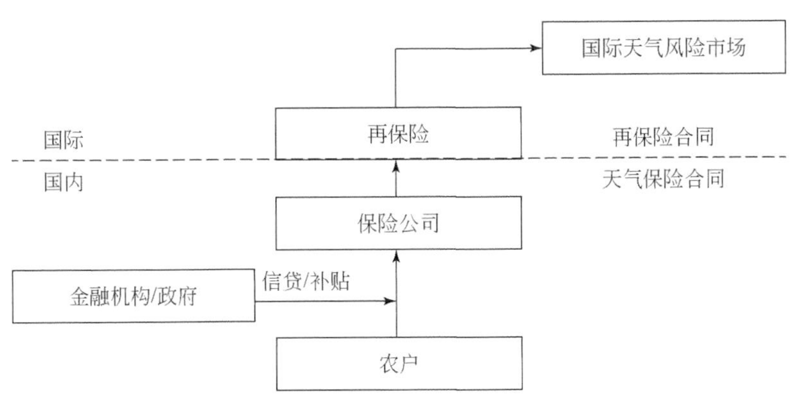

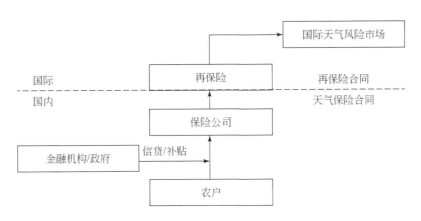

图 5.1　天气指数保险的市场结构

等，需要多个气象站的共同测量结果。宏观水平的天气指数保险主体是一个国家或地区的政府或银行，能够将天气风险在国际市场上进行转移，从而抵挡灾难性损失。一般天气指数保险试点所进行的研究是微观天气指数保险，对其进行设计基本原则和步骤包括：①确定主要天气风险和对应的天气指数；②量化主要天气风险对农业的影响，构建天气指数对农业产量的经济影响；③厘定保险费率，构建保险合同；④实施保险合同。

第三阶段（2005 年以来）是国际资本对天气指数保险的投资迅猛增长的阶段。当越来越多的国家加入到天气指数保险的市场中后，国际社会天气风险市场随之膨胀，作为天气衍生品的之一的天气指数保险开始成为资本交易的对象；单个国家或地区在全球尺度上成为独立的风险单位个体，天气灾害风险的系统相关性降低，可保性升高。但已有试点实践的成功是否得到推广，以及推广后是否能够成为一项可持续发展的灾害管理方式是资本是否能够得到回报的关键所在。目前，天气指数保险推广最成功的例子是印度。2011 年，印度的天气指数保险产品已覆盖 928 万人次，保费达 32 亿美元。印度的天气指数产品多样且合理，包括加权降雨指数、持续干旱日指数、过量降雨指数、低温/霜冻指数和高温指数等，多种保险产品的组合运作极大降低了天气指数保险的基差风险（Reddy，2004；Manuamorn，2007；Giné et al.，2008，2010）。此外，在这一阶段，学者们对天气指数保险研究的方向也趋向于多样化，包括农户天气指数保险的产品需求和支付意愿，天气指数保险产品的定价方法和效应分析，以及对降低天气指数保险产品基差风险的尝试等。

此外，按照研究方向的不同进行划分，国外天气指数保险的研究主要集中在保险需求与购买意愿，产品设计与定价等方面（吴敏，2016；胡盈，2016）。

国外学者不仅在对影响天气指数保险需求与购买意愿的影响因素进行分析，同时也提出了相应的解决办法与鼓励措施。Hill 等（2016）以印度为例，分析了多个因素对农户购买天气指数保险的影响，如：高昂的价格和过大的基差风险会削弱农户的购买意愿，这在风险厌恶型的人群中更为明显；而宣传教育相关知识也可以使人们更容易认可保险作用，过往成功得到赔偿的经历将会促使农户再次购买。Cole 等（2013）通过长时间的田野调查也同样发现了成功获赔经历将对农户的再次购买具有鼓励作用。Gallagher（2014）认为过往受灾经历同样会改变人们对保险的需求，如经历一次洪灾后，洪灾保险的保费收入上升幅度可达 9%。Elabed 等（2013）则设计一个多空间尺度的天气指数保险，不同空间尺度的起赔阈值不同，从而降低了空间差异带来的基差风险。研究结果表明度空间尺度的天气指数保险更受农户欢迎。

天气指数保险的定价与设计是其从理论走向实际应用的基础。保险费率是一份天气指数保险合同中最重要的部分，为保费与保额的比例；其中，保费是农户购买保险的支出，保额是保险公司依据保险合同对未来损失的赔偿额度。从保险费率的结构组成来看，保险费率一般由纯费率与附加费率组成，附加费率是指保险公司根据实际运行成本和经验附加的营业费用和稳定系数等，常取值为纯费率的某一倍数。因此，相关研究中对天气指数保险的定价研究大多是对保险纯费率的研究。与其他的财产险类似，保险纯费率建立在大数定理与中心极限法则的基础上，即当保险池内充满具有独立风险的投保个体时，池内所有个体损失的频率均值或者概率分布的均值即为保险纯费率（胡盈，2016；苏珮玥，2015；池兆欣，2015；朱楠，2015）。基于以上思路，目前对天气指数保险纯费率的定价研究以燃烧分析法为主（胡盈，2016；谭英平和龚环，2018），其假定未来损失的发生概率与历史经验分布一致，将历史损失的期望值作为保险纯费率。代表性研究有：World Bank（2007）使用燃烧分析法计算了马拉维、坦桑尼亚和肯尼亚的降雨天气指数保险纯费率，但同时也指出历史数据限制了对极端严重的灾害损失与赔付的估计，使用蒙特卡罗模拟等方法将能有效提高保险纯费率的计算精度。Pelka 等（2014）使用燃烧分析法设计了中国玉米的降雨天气指数保险并分析其对冲效益，结果显示天气指数保险可有效分散保险赔付风险。Taib 等（2012）则分别使用了燃烧分析法、指数模型和温度模型对马来西亚的温度类天气指数保险进行了定价。结果显示燃烧定价法和指数定价法的结果具有明显差异，而基于日温度变化的季节性自回归温度时间序列模型精细化了温度变化情况，可以作为天气指数保险定价的补充手段。此外，若要考虑投资人的风险偏好与资本市场等因素，天气指数保险的定价方法又发展出了衍生品定价法和无差异定价法（Fred et al.，1999；Brockett et al.，2003）。

在中国，联合国世界粮食计划署、国际农业发展基金和中国政府就天气指数保险合作达成一致，三方共同出资于 2008 年开始了“农村脆弱地区天气指数农业保险国际合作”项目，期限两年；由中国农业科学院农业环境与可持续发展研究所和世界粮食计划书共同执行。项目组将管理农业天气风险的天气指数保险首次应用于中国农业气象研究领域，分别设计了安徽长丰县的干旱指数保险产品和安徽怀远县的水稻内涝指数保险产品（刘布春和梅旭荣，2010）。随后，天气指数保险得到了更多的政策支持，实践尝试和理论总结。中央政府在 2010 年提出了《国家气象灾害防御规划（2009—2020 年）》（气发〔2010〕7

号)，要“加快气象灾害保险和再保险在气象防灾减灾中的作用”，鼓励更多省份开展研究试点。如安徽省冬小麦种植保险天气指数保险和水稻干旱和高温热害天气指数保险的理赔结果显示天气指数保险产品能客观、快捷地提供灾害的经济补偿；江西省南昌县的早稻暴雨指数保险产品的设计和定价填补了江西省水稻气象指数研究的空白等（杨太明等，2013，2015；朱俊生，2011；熊旻和庞爱红，2016）。整体来看，已有研究试点均取得了富有成效的结果，并有望在越来越多的地区进行推广应用。部分研究则开始尝试进行天气指数保险的构成框架和方法理论研究，如对天气指数保险的产品需求和购买意愿进行调查，结果表明实证模型和地域差异对调查结果影响显著，天气指数保险的推广仍要充分结合实际情况（孔荣和袁亚林，2010；程静和陶建平，2011；胡盈，2016）；对天气指数保险的扶持与交易形式的研究，讨论引入农村小额信贷，以及将其作为金融产品在市场上以期货、期权和互换等形式的交易的可行性（马圆圆，2008；黄亚林，2012；陈权，2013；李永等，2015）；对天气指数选择的研究，比较对于同一种极端气象灾害的不同天气指数在不同地区和种植制度下应用差异，为因地制宜设计最佳天气指数保险提供了新思路（Zhang et al.，2017；张静等，2017）。同时，多位学者也比较了天气指数保险和传统农业保险之间的利弊，对天气指数保险产品在中国的本土化应用进行了总结，提出了对其发展的指导意见（庹国柱，2012；陈盛伟，2010；储小俊和曹杰，2012；庹国柱，2014；郑军和姜风雷，2017）。相关研究认为尽管需要将天气指数保险与传统政策性农业保险进行区分，合理其市场化运作机制（张宪强和潘勇辉，2010），但同时也需要公共角色的介入发挥关键的启动作用（黄亚林，2012b）；农户、政府、商业保险公司、农村小额银行信贷，再保险公司多方协作配合，方能充分发挥市场优势，有效分散天气风险，形成全面稳健的天气指数保险服务体系。

综上所述，天气指数保险在国内外的理论研究和实践探索经验证实了其确实能够发挥天气风险防御作用，进而保障投保农民收入。目前天气指数保险的理论框架已经趋于成熟，并在多国试点成功，但在实际推行过程中仍面临着气象数据质量不高，基差风险无法避免，专业人士较少，目标人群教育程度难以匹配等多重挑战。在国内，对天气指数保险的研究仍然以试验性和综述性研究较多，仍处于引进国外先进理论和经验的初级阶段，亟需对天气指数保险进行更加全面系统的研究，以促进其在国内市场的进一步扩展，提高我国农业风险防范水平。

5.3 天气指数保险的计算

在农业保险活动中，农户一般需要在耕种前购买给定保障水平下的保险合同，当作物成熟后农户的产量低于预期保障水平时，保险公司将对农户进行保险赔付。即，“预先支付保费”和“灾后赔付损失”是农业保险活动中最重要的两个行为过程。在天气指数保险中，保险公司可根据脆弱性曲线估计由气象灾害带来的产量损失；而农户需要预先支付的保费与保障水平的比值为保险费率，实际上其又可分为纯费率和附加费率两部分。附加费率是指保险公司根据实际运行成本和经验附加的营业费用和稳定系数等，常取值为纯费率的某一倍数。因此，纯费率的计算至关重要。本小节将介绍如何计算天气指数保险中的纯费率和多种空间尺度下的水稻气象灾害保险纯费率。

农业保险纯费率的厘定与一般财产保险本质上是一致的，按照大数定理和极限中心逼近的原则，Goodwin 和 Ker（1998，2000）提出的保险费率厘定方法，具体形式如下：

$$R=E(\text{loss})/(\lambda\times\mu)\times100\% \tag{5-1}$$

式中，R 为保险纯费率，E（loss）表示期望产量损失，λ 为保障水平，μ 为无灾害发生时的产量。由上式可知，当保障水平 λ 为 100% 时，可认为产量损失率即为保险纯费率。

在 100% 的保障水平下，先在本研究中计算县级尺度上的历史（1961 ~ 2010 年）指数后，再利用脆弱性曲线计算产量损失率，将 50 年的产量损失率平均值作为保险纯费率。考虑到水稻种植区内部的空间异质性，本章节不仅将按以上方法对每个水稻种植区计算天气指数保险的纯费率，也对水稻种植区内部按省级和县级行政区的不同再次计算天气指数保险的纯费率（水稻种植区内部所有行政区均使用该种植区的脆弱性曲线，不再建立新的脆弱性曲线）从而得到省级和县级行政区内部更精细化的纯费率空间分布情况。

5.4 不同空间尺度的天气指数保险纯费率

5.4.1 全国种植区尺度的天气指数保险纯费率

根据图 5.2 中种植区尺度的天气指数保险纯费率的空间分布来看，中国水稻低温冷害的天气指数保险纯费率处于 0.13% ~5.89%，不同种植制度、不同地区和不同极端温度灾害影响下的保险纯费率差异巨大。整体呈现出：早稻的冷害纯费率普遍高于一季稻和晚稻；一季稻中东北地区的冷害纯费率最高，双季稻中浙闽地区的冷害纯费率最高的分布特征。详细描述如下。

一季稻的冷害保险纯费率在东北地区和湘贵地区较高［图 5.2（a）］，分别为 4.54% 和 3.53%，前者由于地处高纬度地区而冷害严峻，后者处于云贵高原附近冷害频发；双季稻地区中，早稻［图 5.2（a）］的保险纯费率普遍高于晚稻［图 5.2（b）］，而无论是早稻还是晚稻，浙闽地区均是冷害保险纯费率最高的地区，分别为 4.59% 和 2.41%。

对于热害来讲，由于历史上东北地区基本不发生高温热害事件，因此不再进行高温热害纯费率的计算；对于其他一季稻地区，川渝和湘贵的热害保险纯费率略高于长江中下游地区［图 5.2（c）］。而在双季稻地区中，早稻的热害保险纯费率最高值出现在沿江地区

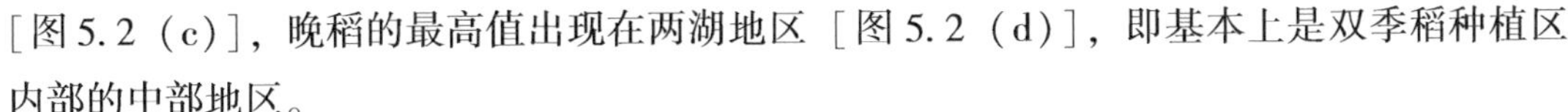

[图 5.2（c）]，晚稻的最高值出现在两湖地区［图 5.2（d）]，即基本上是双季稻种植区内部的中部地区。

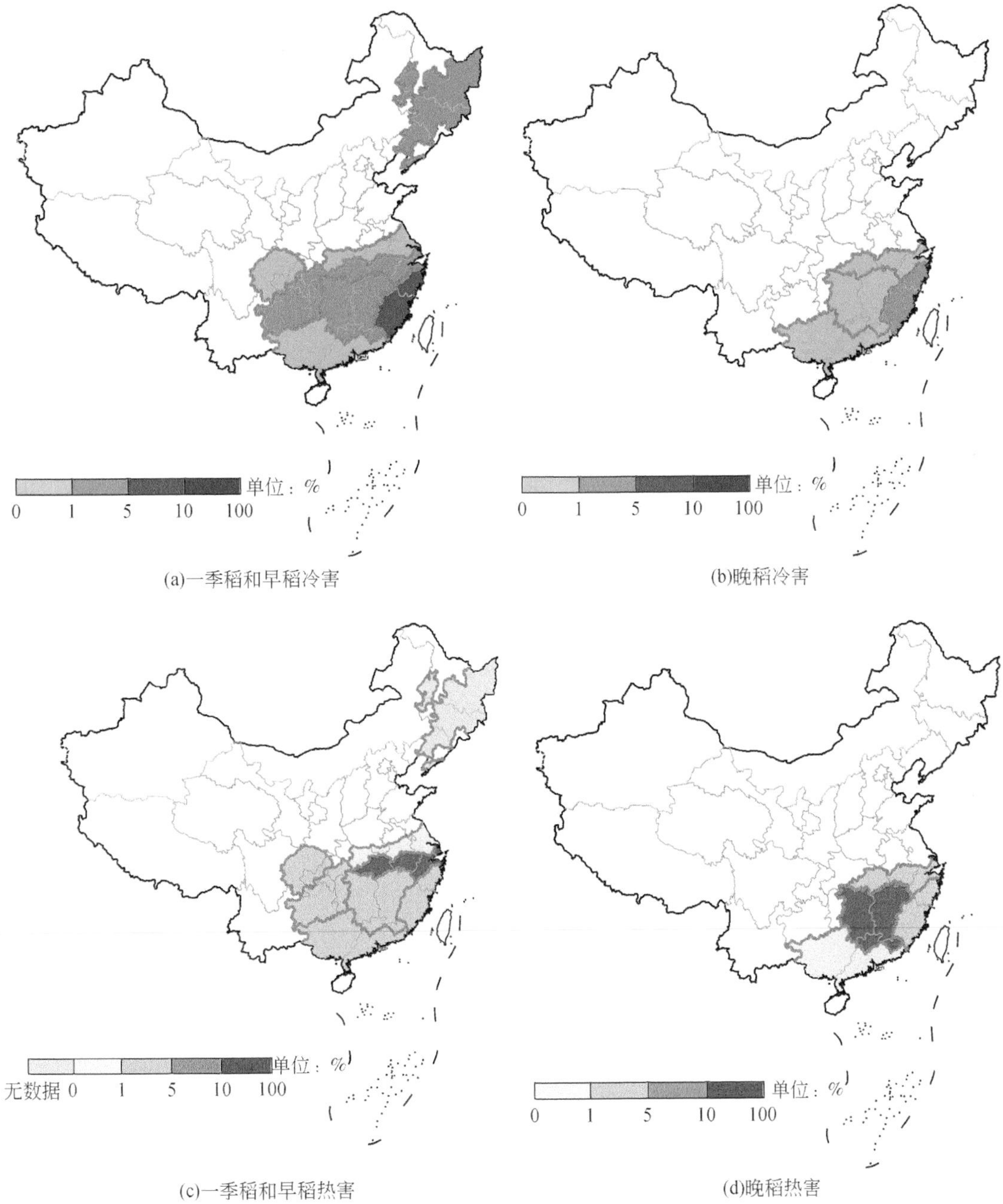

(a)一季稻和早稻冷害

(b)晚稻冷害

(c)一季稻和早稻热害

(d)晚稻热害

图 5.2　全国主要种植区的天气指数保险纯费率分布图

事实上，一季稻的长江中下游地区是一个高温热害频发的区域，相应的热害天气指数保险纯费率也应当处于一个较高的位置。当该区域的整体热害纯费率低于其他地区时，我们将十分有必要在更精细的空间尺度上去探究其内部的保险纯费率分布，以发掘可能存在的天气指数保险的空间差异。

5.4.2 省级尺度的天气指数保险纯费率

本书介绍了彼此之间相差甚大，但内部热量条件相似、地形起伏相近、熟制相同的水稻种植区，每个水稻种植区内均包括了多个省份的部分地区在内。因此，本小节将按水稻种植区内部的省份组成来介绍天气指数保险纯费率的空间分布情况（图 5.3）。

随着东北地区内部纬度的降低，冷害的天气指数保险纯费率从黑龙江省（5.3%）和吉林省（6.69%）到辽宁省（2.7%）逐渐降低，体现了良好的空间分布特征。

在长江中下游一季稻种植区内部的江苏、安徽、河南和湖北省，四省的冷害天气指数保险纯费率基本低于 1%，没有明显的省际差别。相似的情况也出现在川渝地区的四川和重庆两省。而热害的天气指数保险纯费率高值区出现了安徽省和重庆市。

在湘贵地区，从湖北经湖南到贵州地区，冷害的天气指数保险纯费率随着维度的下降而略有下降，从 5% 以上降到了 5% 以下。热害的天气指数保险纯费率也有相似的分布特征。

在沿江地区，早稻的冷害天气指数保险纯费率在更靠近海边的浙江和安徽（>5%）比内陆的湖北省更高（<5%），但晚稻却没有这种明显的省际差别。热害的天气指数保险纯费率则在所有省份均高于 5%。

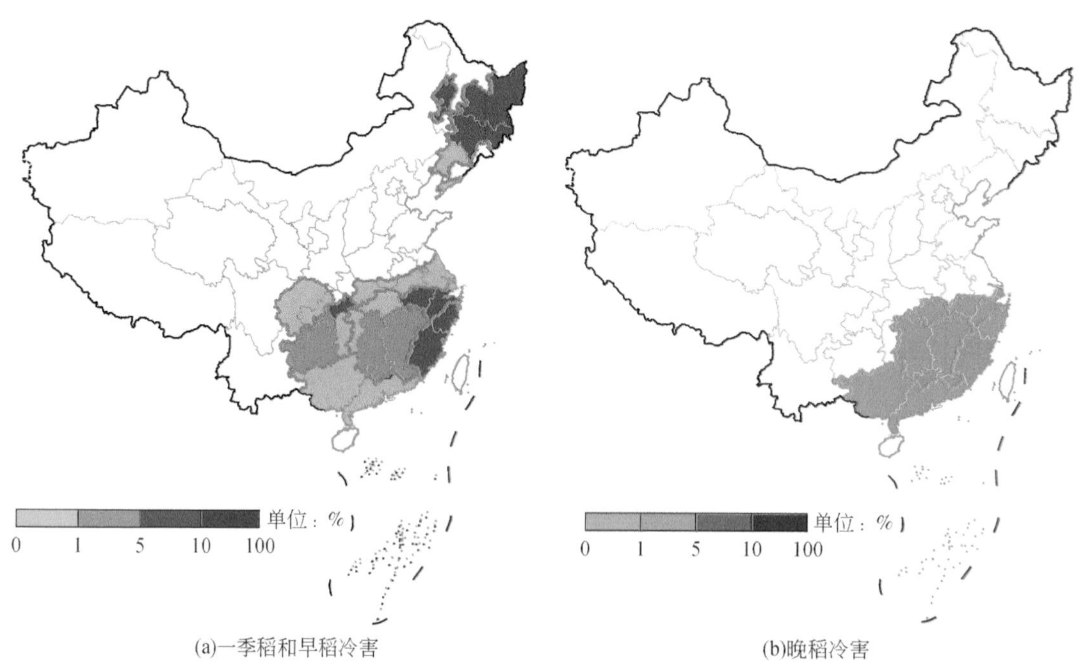

(a)一季稻和早稻冷害　　(b)晚稻冷害

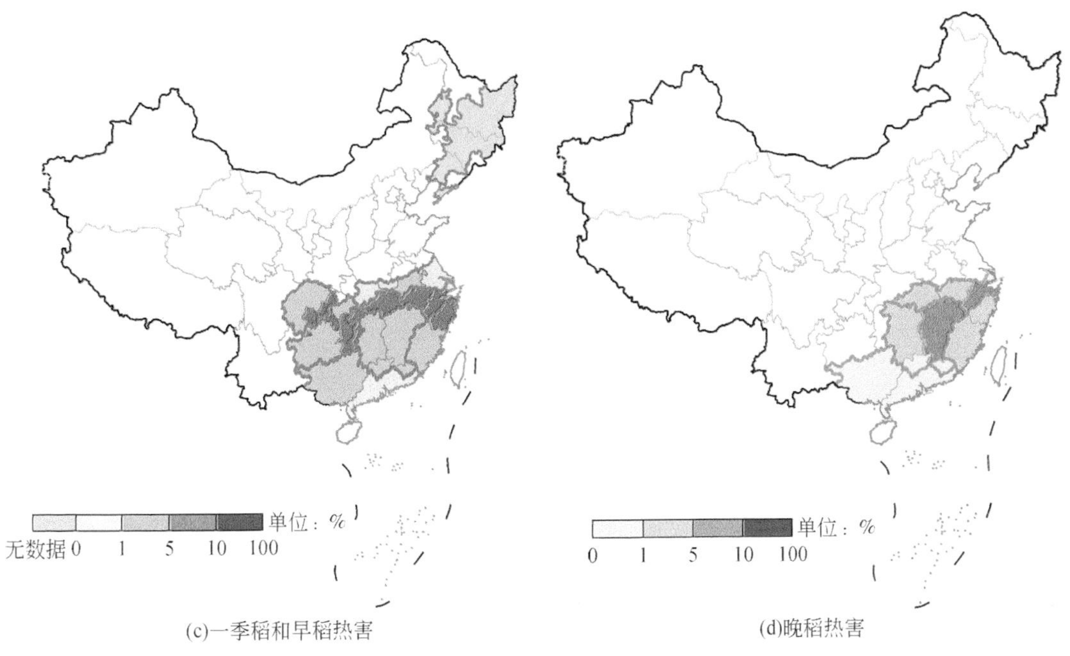

图 5.3　全国主要种植区内省级天气指数保险纯费率分布图

在两湖地区，占地最主要的湖南和江西两省之间的早稻和晚稻冷害天气指数保险纯费率之间都没有明显的省级差别，但早稻的纯费率均高于晚稻（早稻：>1%；晚稻：<1%）。热害的天气指数保险纯费率则在所有省份均高于 1%；特别地，晚稻在江西省的纯费率>5%。

在浙闽地区，早稻的冷害天气指数保险纯费率在浙江和福建没有明显的省级差别（>10%），但在晚稻季节，福建的纯费率高于浙江。相反地，对于热害，早稻的热害天气指数保险纯费率在浙江省高于福建省，但在晚稻季节则没有明显的省际差别。

在华南地区，只有在和广东省接壤的湖南和江西南部是一个冷害天气指数保险纯费率的高值区（>1%），其余地方的纯费率均<1%，且早稻和晚稻之间没有明显的省级差别。对于热害，早稻在广西壮族自治区，以及湖南和江西南部的纯费率均>1%，而在广东省<1%；晚稻则在所有省份的纯费率均小于 1%。

5.4.3　县级尺度的天气指数保险纯费率

根据我国农业保险的补贴政策，最小一级的农业保险政策扶持单位往往是地级市或县。因此，本书进一步将极端温度灾害纯费率的空间分辨率细化到县市尺度（图 5.4），以增强研究结果的实用性。整体来看，天气指数保险纯费率在县市尺度、省内种植区尺度和全国种植区尺度上的空间特征变化基本一致，但在县市尺度上传递了更多的空间异质性信息。详细描述如下。

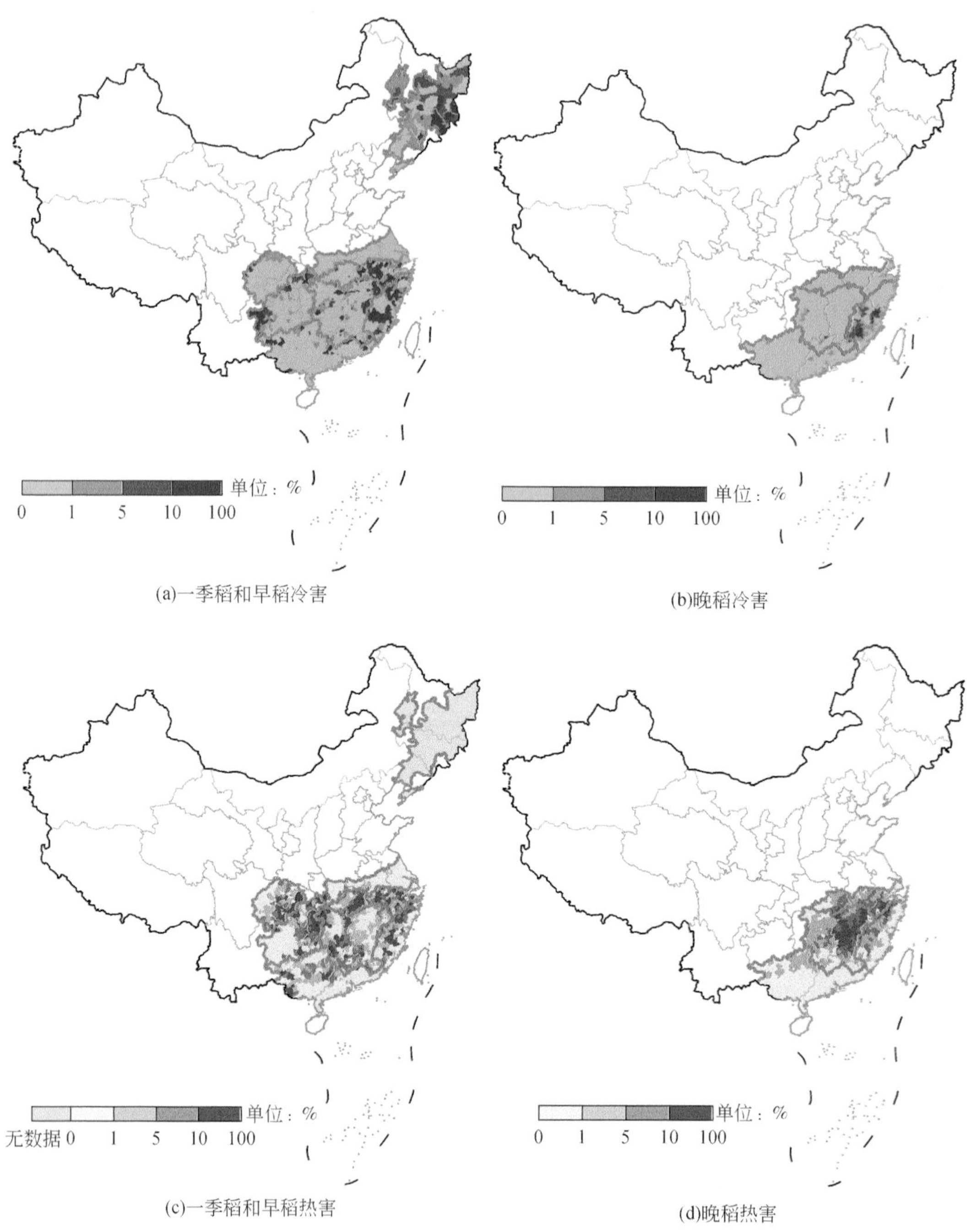

图 5.4　全国主要种植区内县级天气指数保险纯费率分布图

首先，整体来看，极端温度灾害保险纯费率的标准差随着空间分辨率在“全国种植区-省内种植区-县市”三级尺度上的变化而不断升高，并在县市尺度上达到了最高（图5.5）。其中，低温冷害保险纯费率的标准差显著高于热害，随空间尺度的细化而上升的幅度也更大；而热害的保险纯费率标准差在省内种植区尺度和县市尺度之间的变化较小。这也就意味着细化天气指数保险纯费率研究的空间尺度可以有效揭示不同地区之间的损失期望的差异，尤其对低温冷害最为有效，为政府和保险市场在宏观调控分散不同地区之间的损失风险和按需分配财政补助提供了可能。

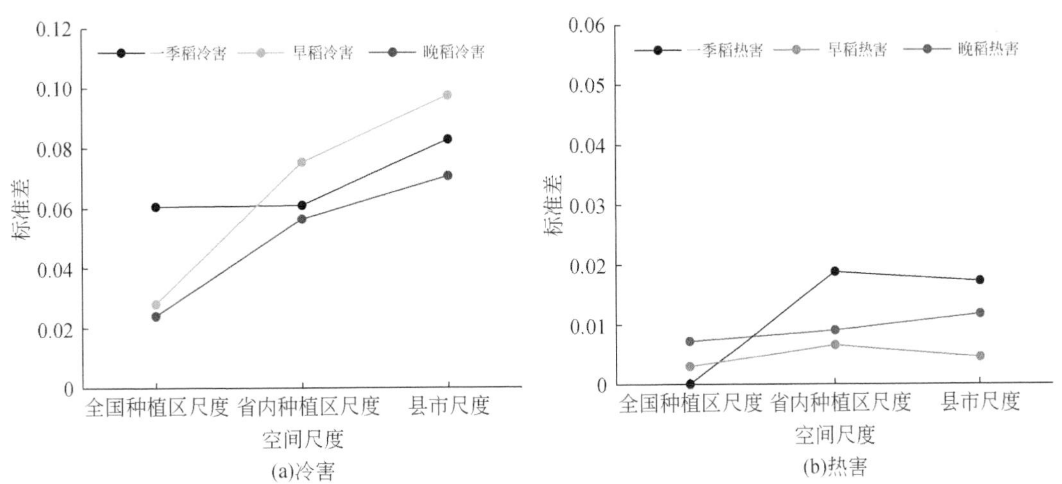

图5.5　不同空间尺度的天气指数保险纯费率的标准差

其次，从空间分布特征上来看，东北一季稻的低温冷害保险纯费率在县市尺度上的空间分布格局（图5.5）与其各省内种植区划（图5.4）大致相同：在空间分布上，县市尺度和省内种植区尺度的保险纯费率均呈现出典型的自北向南从高到低的变化特征；这意味着对于东北一季稻的低温冷害来讲，单一的省内种植区尺度的保险纯费率可以有效代表其内部所有县市的保险纯费率。相似地，南方晚稻的高温热害保险纯费率在县市尺度上的空间分布格局（图5.5）与其各省（自治区、直辖市）内种植区划（图5.4）也大致相同：单个省（自治区、直辖市）内种植区中的所有县市的保险纯费率在数值上均十分接近；在空间分布上，无论从省内种植区尺度还是县市尺度上来看，>1%的晚稻热害纯费率都主要集中沿江、两湖和浙闽地区中的安徽、浙江、湖南和江西省；而其他地区的热害纯费率均普遍低于1%。

但极端温度灾害保险纯费率的县市尺度空间分布格局并不总是与省内种植区划保持一致的。比如，对于南方地区的早稻冷害［图5.4（a）］，两湖地区中江西省的县市尺度保险纯费率只在与湖南省毗邻的地区高于1%，与该地区剩余部分形成了鲜明对比；对于南方地区的晚稻冷害，县市尺度的保险纯费率在浙闽地区福建省中呈现出了两个高值聚集区［图5.4（b）］，显然该地区的保险纯费率无法由省内种植区尺度的单一费率所代表。以上结果表明，部分省内种植区划可基于县市尺度上保险纯费率的空间分布特征进一步被细化。

5.5 小　结

天气指数保险纯费率是本章研究的最终结果，也是农业保险合同中最重要的角色，它将直接影响农民的购买意愿和保险公司的收支盈亏。本章分别在全国种植区尺度、省内种植区尺度和县市尺度三种空间范围上计算了中国水稻极端温度灾害的天气指数保险纯费率。为充分探讨本章节的计算结果，表5.1列举了近年来典型的农业保险纯费率研究。对比发现，前人研究多专注于小范围地区的农业保险纯费率的，且纯费率结果普遍位于15%以下，这与本文的大范围研究结果一致；此外，前人研究中的省级保险纯费率显著高于县市级纯费率（赵玉等，2019），而本书充分进行了“全国种植区-省内种植区-县市”三级空间尺度的纯费率计算，揭示了更多的由空间分辨率所带来的差异。

表5.1　农业保险代表性研究中的纯费率

研究	作物	研究区	空间尺度	保险类型	灾害类型	纯费率
刘锐金，2009	水稻	湖北	县级尺度	产量损失保险	无特指	1.23%～9.97%
苏佩玥等，2015	水稻	安徽	市级尺度	天气指数保险	气温	3.47%～6.67%
杨太明等，2015	水稻	安徽	县级尺度	天气指数保险	高温热害	0.41%～5.90%
占纪文等，2019	水稻	福建	县级尺度	产量损失保险	无特指	0.40%～4.23%
赵玉等，2019	水稻	中国	省级尺度	收入保险	无特指	早稻：8.60%～12.84% 中稻：5.89%～12.07% 晚稻：4.59%～7.94%
郭际等，2019	一季稻	江苏	市级尺度	天气指数保险	高温热害 低温冷害	1.51%～6.18%
梁来存等，2020	早稻	长沙县	县级尺度	①区域产量保险 ②天气指数保险	干旱	①1.83%②1.55%
曲思邈等，2018	玉米	吉林	县级尺度	天气指数保险	干旱	3.5%～23.9%
聂荣和宋妍，2018	玉米	辽宁	市级尺度	天气指数保险	干旱	2.81%～9.18%

续表

研究	作物	研究区	空间尺度	保险类型	灾害类型	纯费率
赵自强等，2019	夏玉米	河南	县级尺度	天气指数保险	干旱	5.80%
陈彤彤，2019	冬小麦	江苏	市级尺度	天气指数保险	降水、气温和日照	0.01% ~6.29%

尽管前人研究中多以县市尺度为单位进行天气指数保险研究，但对比本研究中三种空间尺度的水稻极端温度灾害的保险纯费率结果发现，天气指数保险纯费率的空间尺度未必需要精细化到县市一级。从气象灾害影响的角度来看，气象灾害往往发生在广大空间范围上，多个县市可能同时遭受同一个气象灾害事件的影响，从而产生县级尺度灾害损失的空间自相关性（Goodwin，2001；Ibarra and Skees，2007；Barnett，2008；Okhrin，2013），相应的气象灾害风险和保险赔付也会呈现出一致性。县市尺度上保险纯费率在空间上的聚集性正支撑了此类观点，尤其是东北一季稻的低温冷害和南方晚稻的高温热害保险纯费率在县市尺度上的聚集格局与省内种植区划几乎完全一致。从风险分摊的角度来看，保险的核心在于通过时间和空间的异质性来分摊风险（Priest，1996；Wang and Zhang，2003）：当保险池内充满气象灾害风险相同的个体时，保险公司将大概率面临对单次气象灾害支付高额赔偿金的高风险局面，因此往往会将保险费率设置在一个较高的水平；当且仅当保险池内充满多层次的气象灾害风险时，保险才能够发挥风险分散的作用，保险费率才有可能被降至一个较低的水平。而本研究则通过直接对不同空间尺度上天气指数保险纯费率的计算来研究风险池中单位个体的大小。其中，全国典型水稻种植区的划分考虑的是自然地理条件的异质性，主要包括水稻生长期热量和地形条件等；进一步将典型种植区归入不同省级行政区内则加入了社会政策和管理的影响；最终在县市尺度上的研究是从实际推行的角度对省内种植区划的补充。三层空间尺度层层递进地揭示了水稻极端温度灾害保险的纯费率异质性。研究结果发现部分地区极端温度灾害的天气指数保险区划只到省内种植区即可，如东北一季稻的低温冷害和南方晚稻的高温热害，它们的省内种植区中所有县市的保险纯费率基本相同，因此需要在不同的省内种植区之间进行风险分散；而其他地区的极端温度灾害的天气指数保险区划可进一步被细化，赔付风险有望在单一省内种植区中被分散。对天气指数保险纯费率进行区划研究并讨论同质性单位个体的大小对天气指数保险的实际推行具有重要的指导意义。

目前我国农业保险类型为以产量损失为标的的政策型农业保险，《中央财政农业保险保险费补贴管理办法》中明确规定了各级政府对农业保险的补贴比例，基本上形成了中央、省、地市、县三级或四级补贴制度，并且实行下一级财政补贴到位后，上一级财政再拨付规定份额的“补贴联动”办法（Mahul and Stutley，2010），补贴比例一般可达总体保费的80%；农户只需负担剩余的20%，按比例计算由农户支出的保险纯费率可达1%以下，与一般家庭财产和企业财产的保险费率相近（庹国柱，2012，2014）。但这种政策却不可避免地对各级政府造成了沉重的财政压力，部分地区甚至因此产生了抵触情绪。但在本研究中，发现以灾害类型为标的的天气指数保险可有效降低部分地区的保险纯费率，如华南地区的晚稻热害纯费率在1%以下；在保险纯费率无法低于1%的部分种植区，经过进一步按行政地区对典型种植区的划分，也可在省内种植区或县市尺度上低于1%。因此，本文通过对多空间尺度的天气指数保险纯费率的研究可有效减轻政府的财政负担，提高农业保险的覆盖率，将更多农户纳入防灾减灾的风险保障体系中。

综上所述，本研究是目前最为全面和系统的全国性水稻极端温度灾害天气指数保险纯费率的研究，揭示了极端温度灾害保险纯费率的空间异质性，实现了“一省多费率”的天气指数保险设计，为我国政策性农业保险的推广实施提供了重要的理论依据。

参考文献

鲍强．2010. 中国农业自然灾害保险研究［D］．杭州：浙江大学．

陈权．2013. 天气指数保险费率厘定与修正方法研究［D］．成都：西南财经大学．

陈盛伟．2010. 农业气象指数保险在发展中国家的应用及在我国的探索［J］．保险研究，(3)：82-88.

陈彤彤．2019. 基于天气指数保险的江苏省冬小麦保险费率厘定［D］．南京：南京信息工程大学．

程静，陶建平．2011. 干旱指数保险支付意愿研究——基于湖北省孝感市的实证分析［J］．技术经济与管理研究，(8)：104-107.

储小俊，曹杰．2012. 天气指数保险研究述评［J］．经济问题探索，(12)：135-140.

高云，詹慧龙，陈伟忠，等．2013. 自然灾害对我国农业的影响研究［J］．灾害学，28（3)：79-84，184.

郭际，施贝贝，徐凯迪，等．2019. 江苏省单季稻应对高温热害和低温冷害的气温保险指数及风险区划［J］．江苏农业科学，47（2)：312-316.

胡盈．2016. 我国天气指数保险需求的影响因素研究［D］．哈尔滨：东北农业大学．

黄亚林．2012a. 农业保险与农村小额信贷的协同分析［J］．浙江金融，(4)：61-64.

黄亚林．2012b. 干旱地区天气指数农业保险的国际借鉴［J］．农业经济，(12)：60-62.

孔荣，袁亚林．2010. 西部农户天气保险购买意愿影响因素的实证研究——基于陕甘地区农户的调查［J］．财贸经济，(10)：45-50.

李传峰．2012. 公共财政视角下我国农业保险经营模式研究［D］．北京：财政部财政科学研究所．

李永，马宇，崔习刚．2015. 天气衍生品基差风险量化及对冲效果研究［J］．管理评论，27（10)：33-43.

梁来存，陆峰．2020. 粮食作物区域产量保险、天气指数保险定价的比较［J］．区域金融研究（1)：78-82.

刘布春，梅旭荣．2010. 农业保险的理论与实践［M］．北京：科学出版社．

刘锐金．2009. 湖北省县级水稻产量保险的费率厘定［D］．武汉：华中农业大学．

马圆圆. 2008. 天气衍生产品及其定价 [D]. 上海：华东师范大学.

聂荣，宋妍. 2018. 农业气象指数保险研究与设计——基于辽宁省玉米的面板数据 [J]. 东北大学学报(社会科学版)，20 (3)：262-268，298.

曲思邈，王冬妮，郭春明，等. 2018. 玉米干旱天气指数保险产品设计——以吉林省为例 [J]. 气象与环境学报，34 (2)：92-99.

苏珮玥，池兆欣，朱楠. 2015. 安徽水稻气象保险设计 [J]. 安徽农业科学，43 (9)：334-337，347.

谭英平，龚环. 2018. 天气指数保险产品的定价方法及应用——基于对我国农业领域的应用探索 [J]. 价格理论与实践，(4)：110-113.

庹国柱. 2012. 我国农业保险的发展成就、障碍与前景 [J]. 保险研究，(12)：21-29.

庹国柱. 2014. 论中国及世界农业保险产品创新和服务创新趋势及其约束 [J]. 中国保险，(2)：14-21.

庹国柱，王国军. 2002. 中国农业保险农村社会保障制度研究 [M]. 北京：首都经济贸易大学出版社.

庹国柱，朱俊生. 2010. 农业保险巨灾风险分散制度的比较与选择 [J]. 保险研究，(9)：47-53.

吴敏. 2016. 我国农产品天气指数保险研究 [D]. 长沙：中南林业科技大学.

肖宇谷. 2018. 农业保险中的精算模型研究 [M]. 北京：清华大学出版社.

熊旻，庞爱红. 2016. 早稻暴雨指数保险产品设计——以江西省南昌县为例 [J]. 保险研究，(6)：12-26.

杨太明，刘布春，孙喜波，等. 2013. 安徽省冬小麦种植保险天气指数设计与应用 [J]. 中国农业气象，34 (2)：229-235.

杨太明，孙喜波，刘布春，等. 2015. 安徽省水稻高温热害保险天气指数模型设计 [J]. 中国农业气象，(2)：220-226.

占纪文，郑思宁，徐学荣. 2019. 县域农作物产量保险风险区划与费率厘定研究——基于福建省推广县域水稻保险的构想 [J]. 价格理论与实践，(4)：129-132.

张静，张朝，陶福禄. 2017. 中国南方双季稻区天气指数保险的选择分析 [J]，保险研究，(7)：13-21.

张峭，王克，李越. 2017. 从风险保障视角审视和推动我国农业保险的发展 [J]. 保险研究与实践，(6)：1-15.

张宪强，潘勇辉. 2010. 农业气候指数保险的国际实践及对中国的启示 [J]. 社会科学，(1)：58-63，188-189.

赵玉，严武，李佳. 2019. 基于混合 Copula 模型的水稻保险费率厘定 [J]. 统计与信息论坛，34 (08)：66-74.

赵自强，程飞，常晓鹏. 2019. 河南省夏玉米干旱天气指数保险研究 [J]. 河南教育学院学报（自然科学版)，28 (3)：27-31.

郑军，姜风雷. 2017. 农业气象指数保险的理论与实践：一个文献综述 [J]. 重庆工商大学学报（社会科学版)，34 (2)：41-47.

朱俊生. 2011. 中国天气指数保险试点的运行及其评估——以安徽省水稻干旱和高温热害指数保险为例 [J]. 保险研究，(3)：19-25.

Barnett B J，Barrett C B，Skees J R. 2008. Poverty traps and index-based risk transfer products [J]. World Development，36 (10)：1766-1785.

Brockett P L, Wang M, Yang C. 2003. Pricing weather derivatives using the indifference pricing approach [R]. Austin: University of Texas at Austin, Working paper.

Cole S, Stein D, Tobacman J. 2013. Dynamics of demand for index insurance: evidence from a long-run field experiment [J], American Economic Review, 104 (5): 284-290.

Elabed G, Bellemare M F, Carter M R, et al. 2013. Managing basis risk with multiscale index insurance [J]. Agricultural Economics, 44 (4-5): 419-431.

Fred A, Lan C, Melanie C, et al. 1999. Weather to hedge [J]. Weather Risk, 3 (24): 9-12.

Gallagher J. 2014. Learning about an infrequent event: evidence from flood insurance take-up in the United States [J]. American Economic Journal: Applied Economics, 6 (3): 206-233.

Giné X, Menand L, Townsend R M, et al. 2010. Microinsurance: a case study of the Indian rainfall index insurance market [R]. Washington DC: The World Bank, World Bank Policy Research Working Paper No. 5459.

Giné X, Townsend R, Vickery J. 2008. Patterns of rainfall insurance participation in rural India [J]. The World Bank Economic Review, 22 (3): 539-566.

Goodwin B K. 2001. Problems with market insurance in agriculture [J]. American Journal of Agricultural Economics, 83 (3): 643-649.

Goodwin B K, Ker A P. 1998. Nonparametric estimation of crop yield distributions: implications for rating group-risk crop insurance contracts [J]. American Journal of Agricultural Economics, 80: 139-153.

Goodwin B K, Ker A P. 2000. Nonparametric estimation of crop insurance rates revisited [J]. American Journal of Agricultural Economics, 83: 463-478.

Hess U. 2003. Innovative Financial Services for Rural India: Monsoon- Indexed Lending and Insurance for Smallholders [R]. Washington, DC: The World Bank, Agriculture and Rural Development (ARD) Working Paper 9.

Hess U, Syroka J. 2005. Weather-based Insurance in Southern Africa: The Case of Malawi [R]. Washington DC: The World Bank, Agriculture and Rural Development (ARD) Department Discussion Paper 13.

Hill R V, Robles M, Ceballos F. 2016. Demand for a Simple Weather Insurance Product in India: Theory and Evidence [J]. American Journal of Agricultural Economics, 98 (4): 1250-1270.

Ibarra H, Skees J R. 2007. Innovation in risk transfer for natural hazards impacting agriculture [J]. Environmental Hazards, 7 (1): 62-69.

Liu X F, Zhang Z, Shuai J B, et al. 2013. Impact of chilling injury and global warming on rice yield in Heilongjiang Province [J]. Journal of geographical sciences, 23 (1): 85-97.

Mahul O, Stutley C J. 2010. Government support to agricultural insurance: challenges and options for developing countries [M]. Washington DC: World Bank Publications.

Manuamorn O P. 2007. Scaling up Microinsurance: The Case of Weather Insurance for Smallholders in India [R]. Washington, DC: The World Bank, Agriculture and Rural Development Discussion Paper 36.

Matul M, Dalal A, De Bock O, et al. 2013. Why people do not buy microinsurance and what can we do about it [J]. Microinsurance paper, (20): 1-31.

Okhrin O, Odening M, Xu W. 2013. Systemic weather risk and crop insurance: the case of China [J]. Journal of Risk and Insurance, 80 (2): 351-372.

Pelka N, Musshoff O, Finger R. 2014. Hedging effectiveness of weather index-based insurance in China [J]. China Agricultural Economic Review, 6 (2): 212-228.

Priest G L. 1996. The government, the market, and the problem of catastrophic loss [J]. Journal of Risk and Uncertainty, 12: 219-237.

Reddy A A. 2004. Agricultural Insurance in India- A Perspective [J]. The IUP Journal of Agricultural Economics, 1 (3): 36-45.

Skees J R. 2008. Challenges for use of index- based weather insurance in lower income countries [J]. Agricultural Finance Review, 68 (1): 197-217.

Skees J R, Gober S, Varangis P, et al. 2001. Developing Rainfall-based Index Insurance in Morocco [R]. Washington DC: The World Bank, Policy Research Working Paper 2577.

Stoppa A, Hess U. 2003. Design and use of weather derivatives in agricultural policies: the case of rainfall index insurance in Morocco [C]. Capri: Agricultural policy reform and the WTO: where are we heading, 23-26.

Syroka J, Nucifora A. 2010. National drought insurance for Malawi [R]. Washington D. C: The World Bank, Policy Research Working Paper Series 5169.

Taib C M I C, Benth F E. 2012. Pricing of temperature index insurance [J]. Review of development finance, 2 (1): 22-31.

Wang H H, Zhang H. 2003. On the possibility of a private crop insurance market: A spatial statistics approach [J]. Journal of Risk and Insurance, 70 (1): 111-124.

Wang M, Shi P, Ye T, et al. 2011. Agriculture insurance in China: History, experience, and lessons learned [J]. International journal of disaster risk science, 2 (2): 10-22.

World Bank. 2007. Designing weather insurance contracts for farmers: In Malawi, Tanzania and Kenya [R]. Washington DC: Final report to the Commodity Risk Management Group, ADR, World Bank.

Zhang J, Zhang Z, Tao F. 2017. Performance of temperature-related weather index for agricultural insurance of three main crops in China [J]. International Journal of Disaster Risk Science, 8 (1): 78-90.

Zhang Z, Chen Y, Wang P, et al. 2014b. Spatial and temporal changes of agro-meteorological disasters affecting maize production in China since 1990 [J]. Natural hazards, 71 (3): 2087-2100.

Zhang Z, Liu X, Wang P, et al. 2014c. The heat deficit index depicts the responses of rice yield to climate change in the northeastern three provinces of China [J]. Regional environmental change, 14 (1): 27-38.

Zhang Z, Wang P, Chen Y, et al. 2014a. Spatial pattern and decadal change of agro-meteorological disasters in the main wheat production area of China during 1991-2009 [J]. Journal of geographical sciences, 24 (3): 387-396.

第 6 章　未来极端天气影响下的水稻热害损失

在气候变暖背景下，水稻极端气象灾害事件的影响程度有多大？天气指数保险是否能够有效发挥作用？在不同的未来气候情景下的效用程度有多少差别？为了帮助解答这些问题，本章将利用第四章和第五章的水稻脆弱性曲线和天气保险纯费率对未来高温热害造成的双季稻产量损失进行评估，并讨论未来天气指数保险的效益情况，从而深入挖掘不同地区需采取的适应措施。

6.1　CMIP6 气候情景概述

19 世纪 20 年代法国数学家、物理学家傅里叶发现了温室效应；此后的一个半世纪里，人们通过不同手段确认并估算了 CO_2 的温室效应，并通过观测证实了人类大量使用化石燃料造成大气 CO_2 浓度稳步上升的事实；进入 20 世纪 70 年代后，全球温度开始快速升高，气候变暖的影响逐步凸显，这促使科学界酝酿发起全球变化研究。1980 年，世界气象组织（World Meteorological Organization，WMO）和国际科学理事会（International Council for Science，ICSU）联合设立了“世界气候研究计划”（World Climate Research Programme，WCRP），旨在回答气候是否在变化、气候变化能否被预测，以及人类是否在其中负有一定程度的责任等关键科学问题。从 90 年代初，WCRP 陆续发起了国际大气模式比较计划（AMIP）和耦合模式比较计划（CMIP），大致每 5 年一个阶段，目前已发展到第 6 阶段（周天军等，2019a，2021）。

组织第六次国际耦合模式比较计划（Coupled Model Intercomparison Project Phase 6，CMIP6）的科学背景是 WCRP 的“大挑战”计划。WCRP 通过研讨凝练出七大迫切需要解决的、并有望在未来 5～10 年取得显著进步的科学问题（周天军等，2019a），包括：①冰冻圈消融及其全球影响；②云、环流和气候敏感度；③气候系统的碳反馈；④极端天气和气候事件；⑤粮食生产用水；⑥区域海平面上升及其对沿海地区的影响；⑦近期气候预测。在这样的背景下，CMIP6 希望通过国际合作打破阻碍气候科学进步的关键壁垒，为决策者提供“可操作的信息”（actionable information）。因此 CMIP6 着重于回到以下三大科学问题（周天军等，2019b）。

1）地球系统如何响应外强迫；

2）造成当前气候模式存在系统性偏差的原因及其影响；

3）如何在受内部气候变率、可预报性和情景不确定性影响的情况下对未来气候变化进行评估。

CMIP6 是 CMIP 计划实施 20 多年来参与的模式数量最多、设计的数值试验最丰富、所提供的模拟数据最为庞大的一次。这些数据将支撑未来 5 ~ 10 年的全球气候研究，基于这些数据的研究成果将构成未来气候评估和气候谈判的基础。其利用 6 个综合评估模型（IAM）、基于不同的共享社会经济路径（SSP）及最新的人为排放趋势，提出了新的预估情景，并将其列入 CMIP6 模式比较子计划，称之为情景模式比较计划（ScenarioMIP）（张丽霞等，2019；O'Neill et al.，2016）。

ScenarioMIP 由美国大气研究中心 Brian C. O'Neill 和 Claudia Tebaldi、荷兰环境评估局 Detlef P. van Vuuren 共同发起，利用 6 个综合评估模型（IAM）、基于不同的共享社会经济路径（SSP）及最新的人为排放趋势进行设计，包含 3 个主要科学目标（张丽霞等，2019；O'Neill et al.，2016）。

1）便于不同领域的综合研究，以期能更好地理解不同情景对气候系统物理过程的影响以及气候变化对社会的影响；

2）针对情景预估中某种特定强迫的气候影响，为 ScenarioMIP 及 CMIP6 其他科学计划的特定科学问题提供数据基础，包含辐射强迫突然显著减少带来的气候影响，土地利用及近期气候强迫因子（简写为 NTFC，即对流层气溶胶、臭氧化学前体、甲烷）的不同假设的气候效应及影响；

3）为采用多模式集合发展定量评估预估不确定性的新方法提供基础，以期扩展基于 CMIP6 核心试验和历史模拟试验得到的科学认识，实现不同时间尺度不确定性的定量估计。

相比于 CMIP5，CMIP6 ScenarioMIP 在保留 CMIP5 的 4 类典型排放路径的基础上，新增了 3 种新的排放路径，具体如表 6.1 所示。

表 6.1 CMIP6 中 SSP 的主要情景设计

分类	名称	描述	2100 年辐射强度/(W/m^2)
核心试验（Tier-1）	SSP1-2.6	低强迫情景	2.6
	SSP2-4.5	中等强迫情景	4.5
	SSP3-7.0	中等至高强迫情景	7.0
	SSP5-8.5	高强迫情景	8.5
二级试验（Tier-2）	SSP4-3.4	低强迫情景	3.4
	SSP5-3.4-OS	辐射强迫先增加再减少	4.5
	SSP4-6.0	中等强迫情景	5.4
	SSPa-b	低强迫情景试验组合，a 代表所选择的 SSP 情景，b 代表 2100 年的辐射强迫强度	b≥2.0

除以上两级试验的主要 SSP 情景外，ScenarioMIP 还具有初始场扰动集合试验 SSP3-7.0，它同核心试验中的 SSP3-7.0 的基本设置相似，只是至少需要 9 个成员。以及长期延

伸试验中的 SSP1-2. 6-Ext、SSP5-3. 4-OS-Ext 和 SSP5-8. 5-Ext，它们的试验均延续至 2100 年后。其中，SSP1-2. 6-Ext 保持 2100 年的碳排放下降速率不变至 2140 年，然后碳排放线性增加到 2185 年使其增速为 0，之后排放和土地利用保持在 2100 年水平；SSP5-3. 4-OS-Ext 在 2100 年后辐射强迫继续减少至与 SSP1-2. 6-Ext 相当为止；SSP5-8. 5-Ext 在 2100 年后 CO_2 排放线性减少至 2250 年使其低于 10Gt/年，其他排放保持 2100 年水平。

与 CMIP5 相比，在表 1 中的 SSP1-2. 6、SSP2-4. 5、SSP4-6. 0 和 SSP5-8. 5 可分别视为更新后的 CMIP5 RCP2. 6、RCP4. 5、RCP6. 0 和 RCP8. 5 情景。

在本书中，根据数据可得性，我们使用了 ISIMIP3b（The Phase 3b of the Inter-Sectoral Impact Model Intercomparison Project，https：//www. isimip. org/gettingstarted/input-data-bias-correction/）进行过偏差校正的未来 CMIP6 气象数据（Cucchi et al.，2020；Lange，2019），具体模型模式为：GFDL-ESM4，IPSL-CM6A-LR，MPI-ESM1-2-HR，MRI-ESM2-0 和 UKESM1-0-LL。每个模型模式均包括有三种 SSP 排放路径：SSP1-2. 6、SSP3-7. 0 和 SSP5-8. 5，到 2100 年底分别约有 2℃、4℃和 5℃升温。每种排放路径下的每个模式中所需气象数据同第 4 章，不再赘述。

6. 2 未来水稻热害损失的计算

6. 2. 1 材料与方法

本书假设未来水稻的土壤数据、种植比例等数据和历史情况保持一致，暂不考虑 CO_2 的影响，根据第四章得到的水稻热害脆弱性曲线，针对未来 2021 ~ 2100 年的我国水稻高温热害的单产损失进行估算，并按照 2010 年的水稻最低收购价格计算成为经济总损失：

$$E_{H_{loss}} = Y_{H_{loss}} \times P \times \text{Area} \tag{6-1}$$

式中，$Y_{H_{loss}}$ 为未来每一年的水稻热害单产损失，P 为最低收购价格，Area 为县级水稻种植总面积，则 $E_{H_{loss}}$ 即为每年的县级水稻热害经济总损失。

在进行经济损失估算时，我们将使用每一个排放路径（SSP1-2. 6、SSP3-7. 0 和 SSP5-8. 5）下的 5 个气候模型（GFDL-ESM4，IPSL-CM6A-LR，MPI-ESM1-2-HR，MRI-ESM2-0 和 UKESM1-0-LL）数据均进行计算，并取 5 个气候模型结果的平均值作为最终结果，从而降低未来情景模拟的不确定性。

6. 2. 2 未来水稻损失分布

图 6. 1 ~ 图 6. 3 分别展示了 2021 ~ 2100 年，我国水稻主产区分别在 SSP1-2. 6、SSP3-

7.0 和 SSP5-8.5 排放路径下的高温热害因灾致损的经济总损失。

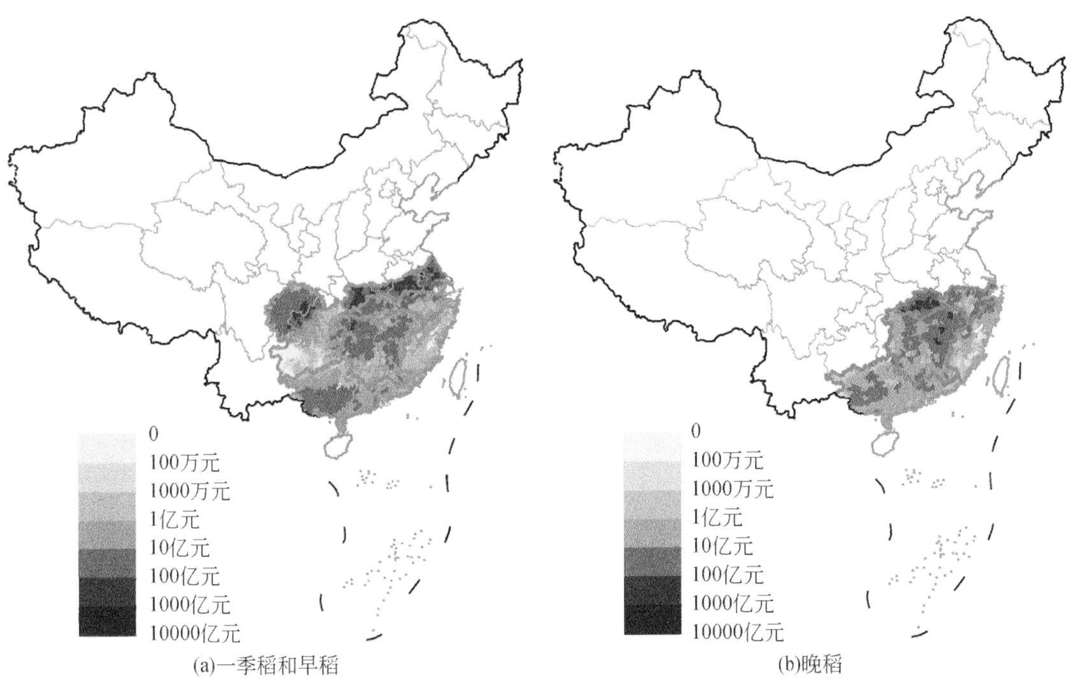

图 6.1　CMIP6 SSP1-2.6 情景下的 2021 ~ 2100 年水稻高温热害的经济损失

综合三张图可知，未来我国水稻主产区的高温热害经济总损失的空间分布格局基本为：在一季稻地区，长江中下游和川渝地区是高温热害经济损失最严重的地区，县级经济总损失大多数均在 10 亿元以上；而湘贵地区的县级经济总损失多数在 10 亿元以下，尤其是在 SSP1-2.6 排放路径下，甚至相当一部分比例的县级经济总损失还低于 100 万元。在双季稻地区，沿江、两湖和华南地区是高温热害经济总损失最严重的地方，而浙闽地区的经济总损失则相对较低。且在双季稻地区，随着排放路径情景的改变，从 SSP1-2.6 经 SSP3-7.0 到 SSP5-8.5，水稻高温热害经济总损失的空间格局发生了明显改变。以两湖地区的早稻为例，其高于 10 亿元的县级经济总损失的分布地区从东部［图 6.1（a）］逐渐向中西部［图 6.2（a）和图 6.3（a）］扩展；相似地，华南地区晚稻的县级经济总损失高于 10 亿元的地区逐渐从西部［图 6.1（b）］扩展至整个华南地区［图 6.2（b）和图 6.3（b）］；这体现了逐步升温情况下，同一水稻主产区内部的水稻高温热害响应的敏感性差异。

从不同的未来排放路径情景来看，显然随着未来升温幅度的不断提高，水稻高温热害的经济总损失是不断攀升的。在 SSP1-2.6 情景下，大部分的县级水稻高温热害经济总损失位于百亿元以下；而在 SSP3-7.0 和 SSP5-8.5 情景下，百亿元以上的县级水稻高温热害经济总损失占主流，尤其是在 SSP5-8.5 情景下，长江中下游地区的县级水稻高温热害经济总损失几乎都是千亿元级别［图 6.3（a）］。

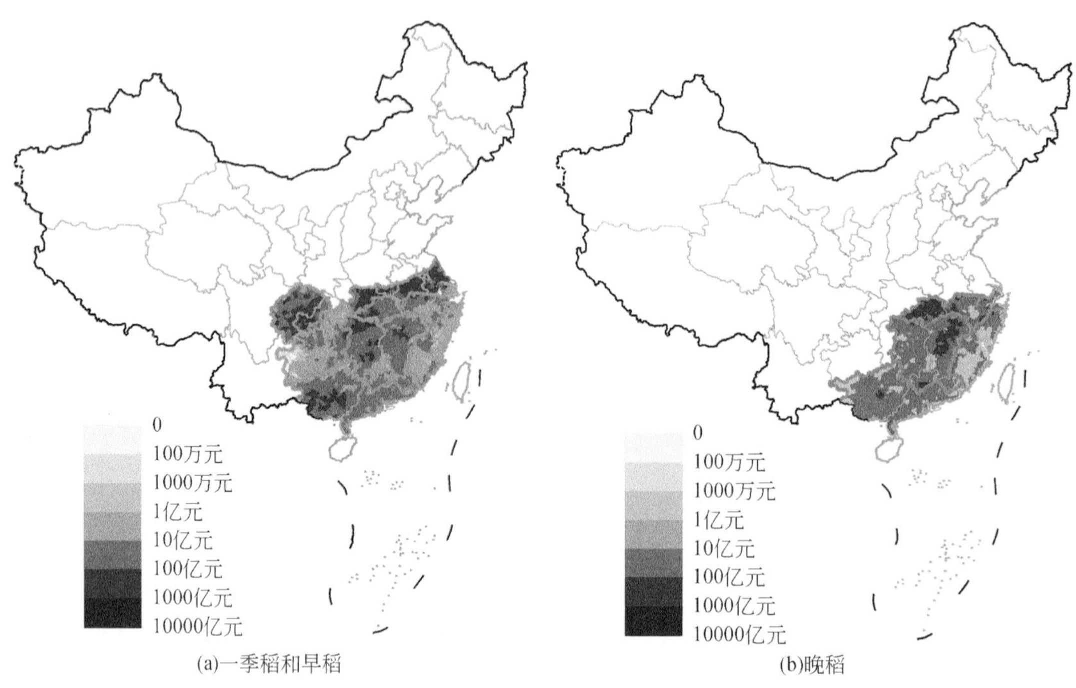

图 6.2 CMIP6 SSP3-7.0 情景下的 2021 ~ 2100 年水稻高温热害的经济损失

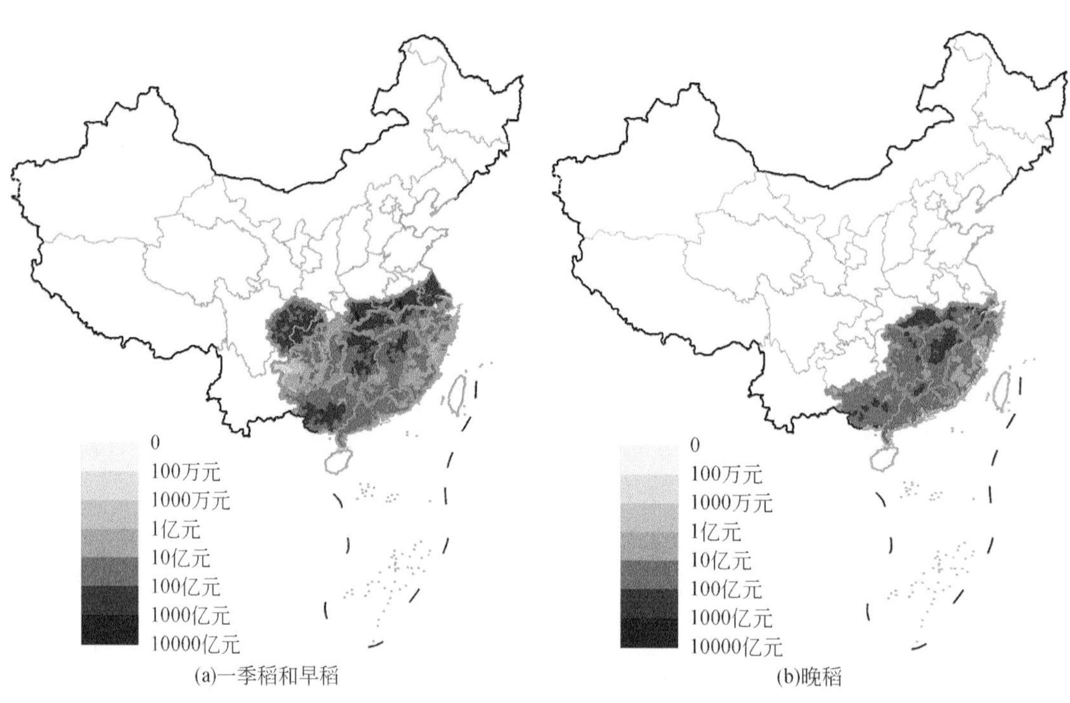

图 6.3 CMIP6 SSP5-8.5 情景下的 2021 ~ 2100 年水稻高温热害的经济损失

综合来看，未来全球气候变暖带来的水稻高温热害经济总损失随着地域、时间、种植制度和可能增温的不同，而呈现出空间上差异性。通过在县级尺度上展现并讨论这种差异性，为后续因地制宜地开展天气指数保险等适应性措施提供了指导方向。

6.3 未来天气指数保险的效益分析

6.3.1 天气指数保险的效益计算方法

在实施天气指数保险前后，农户收入 I 的变化是衡量天气指数保险效益的最直接手段。农户收入计算为

$$I_{\text{before}}=P\times Y \tag{6-2}$$

$$I_{\text{after}}=P\times Y+\beta-\theta \tag{6-3}$$

式中，I_{before}和I_{after}分别是实施天气指数保险前后农户的收入；P 是水稻最低收购价格；Y 是水稻单产；β 是水稻热害致损后的保险赔付，也就是$P\times Y_{\text{H}_{\text{loss}}}$。$\theta$ 是每年支出的保费，等于(保额×费率)；这里，我们不考虑附加费率和运行成本等因素，将保险纯费率 PPR 视为保险费率。在本书中，保额可认为是最大水稻可达产量的价值，也就是，$P\times Y_{\text{no-stress}}$。因此，公式 6-3 也可被写为

$$I_{\text{after}}=P\times(Y+Y_{\text{H}_{\text{loss}}}-\text{PPR}\times Y_{\text{no-stress}}) \tag{6-4}$$

其中，对于未来每一年的保险纯费率 PPR，我们均按照第 5 章的相关公式进行计算。

在得到实施天气指数保险前后的I_{before}和I_{after}后，我们将对I_{before}和I_{after}的未来时间序列进行分析，通过比较两列时间序列的均值和波动性，来分析农户收入的变化。其中，以边际尾部期望（conditional tail expectation，CTE）；式（6-5）来衡量时间序列的均值，以均方根损失（mean root square loss，MRSL）；式（6-6）来衡量时间序列的波动性（Adeyinka et al.，2016；Benami et al.，2021；Vedenov and Barnett，2004）。这样，我们得到了保险前后的 CTE：$\text{CTE}_{\text{before}}$，$\text{CTE}_{\text{after}}$，以及保险前后的 MRSL：$\text{MRSL}_{\text{before}}$和$\text{MRSL}_{\text{after}}$；相应地，CTE 差值（$\text{CTE}_{\text{after}}-\text{CTE}_{\text{before}}$）为正时，MRSL 差值为负时（$\text{MRSL}_{\text{after}}-\text{MRSL}_{\text{before}}$）就代表了实施天气指数保险后，农户收入水平上升且更加稳定。

$$\text{CTE}=\frac{1}{T}\times\sum_{t=1}^{T}I \tag{6-5}$$

$$\text{MRSL}=\sqrt{\frac{1}{T}\times\sum_{t=1}^{T}\left[\max(P\times\bar{Y}-I,0)\right]^2} \tag{6-6}$$

式中，T 代表时间序列长度；$\bar{Y}$ 代表该时段内平均水稻单产。

按照以上方法，我们将对除东北地区以外的其他水稻种植区内的每一个县市均进行

计算。

6.3.2 多排放路径下的天气指数保险效益

在表6.2中，几乎全部的CTE差值都是正值，60%的MRSL差值是负值，这代表着在大部分地区，天气指数保险都能够有效提高农户实际收入，并降低农户收入长年的不稳定性，有效地发挥了农业保险的社会保障作用。

表6.2 天气指数保险的未来经济效益

CTE差值/%		近期(2021~2050年)			中长期(2051~2100年)		
		SSP1-2.6	SSP3-7.0	SSP5-8.5	SSP1-2.6	SSP3-7.0	SSP5-8.5
一季稻	长江中下游	2.22	3.82	3.83	0.65	7.28	13.46
	川渝	1.99	2.09	2.54	0.14	5.27	10.64
	湘贵	0.02	0.31	0.20	0.06	2.66	4.94
早稻	沿江	0.65	1.21	1.50	−0.14	4.74	9.09
	两湖	1.24	1.88	2.10	−0.46	6.79	13.33
	浙闽	0.12	0.29	0.20	−0.06	2.04	4.12
	华南	1.32	2.87	3.13	0.37	7.39	13.00
晚稻	沿江	2.48	3.13	4.13	0.57	7.77	13.17
	两湖	1.64	1.85	2.23	0.11	6.87	10.87
	浙闽	0.67	0.92	1.13	0.06	4.62	6.73
	华南	0.61	1.17	1.21	0.04	4.11	6.71

MRSL差值/%		近期(2021~2050年)			中长期(2051~2100年)		
		SSP1-2.6	SSP3-7.0	SSP5-8.5	SSP1-2.6	SSP3-7.0	SSP5-8.5
一季稻	长江中下游	−7.36	−9.15	−8.26	−14.34	−25.48	−17.31
	川渝	3.68	4.54	11.67	−14.25	−7.99	−2.89
	湘贵	−8.08	−8.43	−8.19	−10.04	−14.94	−15.10
早稻	沿江	−3.97	5.71	9.35	0.12	−13.91	2.37
	两湖	−25.09	−15.18	−15.86	−23.18	−15.76	2.54
	浙闽	−8.25	−5.90	−6.72	−8.83	−16.76	−20.17
	华南	0.49	−3.76	6.61	−12.37	−9.63	−7.96
晚稻	沿江	6.06	−12.45	10.21	−25.62	−8.40	2.93
	两湖	18.89	15.29	21.61	22.17	−0.82	7.09
	浙闽	−2.20	−0.33	−3.02	−5.14	6.86	8.02
	华南	−7.88	−14.40	−16.32	−19.86	−3.65	2.20

30% 20% 0% −20% −40%

从不同的时期和可能的排放路径来看，天气指数保险的实际保障效益在中高排放情景（SSP3-7.0 和 SSP5-8.5）下的中长未来时期（2051 ~ 2100 年）要明显高于低排放情景下（SSP1-2.6）的 2021 ~ 2050 年，CTE 差值更高，MRSL 差值更大。考虑到中高排放情景的温度增长普遍高于低排放情景，而且随着时间推移，全球增温加剧，水稻的未来高温热害事件逐渐增多，这表明天气指数保险在面对更加严峻的高温热害事件时，有望发挥更好的财产保护作用。

从不同的种植制度角度来看，在双季稻地区，约有 25% 地区的早稻和 50% 地区的晚稻 MRSL 差值都是正值；而在单季稻地区，这个比例只有不到 15%。也就是说，天气指数保险在双季稻地区对农户收入稳定性的效果更差一些。

6.4 小　结

根据上文分析可以发现，随着全球变暖情形加剧，未来水稻高温热害经济总损失将会达到惊人的千亿万亿数字级别；而加以应用天气指数保险后，即便是每年都会额外增加一笔保费支出，但农户的收入将会由于保险赔付而得到一定的保障：相比于不进行天气指数保险保障前的收入，农户收入将会整体稳定升高。

除了天气指数保险这一金融工具的使用以外，通过在农业管理方面施用其他适应性措施也同样能为增强农户抵抗极端天气事件的能力。例如，加强极端天气事件的监测预警工作，做好灾害来临前的主动防御以及灾害来临时的即时防御。根据实施性质可将防御措施分为工程措施、生物措施、技术措施三大类（郑大玮等，2013；杨晓光等，2010；Gourdji et al.，2013；Teixeira et al.，2013）：①工程措施包括建立水稻生育期监控系统和灾害性天气预警预报机制、兴修水利、加强农田建设，从种植环境上维护水稻的正常生长发育进而提高其抗逆性能；②生物措施包括培育耐冷（热）性强的水稻新品种、研发植物生长调节剂等；③技术措施包括培育壮秧提高秧苗素质、调整播种期确保安全齐穗、科学施肥、以水控温等。我国稻作区域辽阔，各地自然条件、栽培方法、品种类型和稻作制度相差较大，在具体选择冷热害防御对策时应根据当地情况来综合分析。例如，在长江中下游地区，极端高温致损显著严重于其他地区，可以采取的措施主要包括主动防御措施和应急防御措施。其中前者包括：加强极端高温天气的预警预报机制、合理筛选使用抗高温能力强的品种、选择适宜的播种期以调节开花期避开高温。后者包括：在遇到极端高温天气时进行喷灌、雾灌，来降低田间气温；喷洒化学药剂来减轻高温热害等措施。

此外，需要注意的是，本书研究尽管引入了多个气候模式以降低未来影响评估的不确定性，但由于采用的气候模式和脆弱性构造本身还存在一定的局限性。因此在本文以外还需要更进一步的探索，例如，引入其他种类的气候模式和作物模型来共同开展影响研究，通过多模式及多模型结果的对比分析来加深对未来气候情景下极端温度影响的认识。此外，未来各类适应措施的采取可能会改变水稻的生长发育期、耐冷（热）能力等特征，这些都会影响评估结果，在具体应用本章结果时需结合未来的实际情况。

参考文献

杨晓光，李茂松，霍治国，2010. 农业气象灾害及其减灾技术［M］. 北京：化学工业出版社.

张丽霞，陈晓龙，辛晓歌. 2019. CMIP6 情景模式比较计划（ScenarioMIP）概况与评述［J］. 气候变化研究进展，15（5）：519-525.

郑大玮，李茂松，霍治国. 2013. 农业灾害与减灾对策［M］. 北京：中国农业大学出版社.

周天军，陈晓龙，吴波. 2019a. 支撑“未来地球”计划的气候变化科学前沿问题［J］. 科学通报，64（19）：1967-1974.

周天军，陈梓明，陈晓龙，等. 2021. IPCC AR6 报告解读：未来的全球气候——基于情景的预估和近期信息［J］. 气候变化研究进展，17（6）：652-663.

周天军，邹立维，陈晓龙. 2019b. 第六次国际耦合模式比较计划（CMIP6）评述［J］. 气候变化研究进展，15（5）：445-456.

Adeyinka A A, Krishnamurti C, Maraseni T N, et al. 2016. The viability of weather-index insurance in managing drought risk in rural Australia［J］. International Journal of Rural Management, 12（2）: 125-142.

Benami E, Jin Z, Carter M R, et al. 2021. Uniting remote sensing, crop modelling and economics for agricultural risk management［J］. Nature Reviews Earth & Environment, 2（2）: 140-159.

Cucchi M, Weedon G P, Amici A, et al. 2020. WFDE5: bias adjusted ERA5 reanalysis data for impact studies［J］. Earth System Science Data, 12（3）: 2097-2120.

Gourdji S M, Sibley A M, Lobell D B. 2013. Global crop exposure to critical high temperatures in the reproductive period: historical trends and future projections［J］. Environmental Research Letters, 8（2）: 1-12.

Lange S. 2019. Trend-preserving bias adjustment and statistical downscaling with ISIMIP3BASD（v1.0）［J］. Geoscientific Model Development, 12（7）: 3055-3070.

O'Neill B C, Tebaldi C, Van Vuuren D P, et al. 2016. The scenario model intercomparison project（ScenarioMIP）for CMIP6［J］. Geoscientific Model Development, 9（9）: 3461-3482.

Teixeira E I, Fischer G, Van Velthuizen H, et al. 2013. Global hot-spots of heat stress on agricultural crops due to climate change［J］. Agricultural and Forest Meteorology, 170: 206-215.

Vedenov D V, Barnett B J. 2004. Efficiency of weather derivatives as primary crop insurance instruments［J］. Journal of Agricultural and Resource Economics, 29（3）: 387-403.

第7章 湖南省一季稻热害适应性措施的评价

前述章节系统地介绍了历史和未来极端温度灾害对我国水稻生产的影响，以及相应的风险防范措施——农业保险；采用了作物过程模型（MCWLA）和机器学习等技术和方法，本章我们将分析湖南省一季稻站点（靖州、怀化、古丈和桑植）极端高温频率和强度的时间变化特征，并利用作物模型（DSSAT）来进行极端高温对水稻产量的致损率评估，最后探讨了不同适应性措施（水稻品种、播种日期、灌溉和施肥）对缓解水稻极端高温影响的作用。

7.1 研究背景及 DSSAT 模型介绍和评估

7.1.1 研究背景

我国两大主要水稻种植区分别为东北平原地区和长江中下游平原地区，其中东北平原地区以一季稻为主，长江中下游平原地区则单双季稻兼有之。从极端高温天气发生的空间特征来看，其主要影响范围为长江中下游地区水稻种植区（刘晓菲等，2012；张朝等，2013；魏星等，2015；王品等，2014，2015）。王品等（2014）研究表明，由于我国长江中下游地区位于亚热带和暖温带的过渡地带，使得该区域的气候条件复杂多变，导致极端高温天气频发。有学者进一步指出，7月中旬至8月上旬期间长江中下游地区盛行副热带高压，导致高温天气久居不退，严重影响了该地区正好处于抽穗开花期的一季稻的正常生长发育。诸多前人研究揭示了省级和格点尺度上高温热害风险的分布，其研究结果表明湖南西部、北部、湖北南部以及安徽西部地区为长江中下游地区高温热害较严重地区（王琛智等，2018；张亮亮等，2019；Liu et al.，2013；Shi et al.，2013；Shuai et al.，2013a，2013b；Zhang et al.，2014a）。

随着极端高温天气对水稻影响越来越显著，越来越多的研究开始关注极端高温下水稻生产可以采取的适应性措施，以尽量减轻由极端高温造成的产量损失。关于水稻极端高温适应性措施的研究目前主要以理论研究和田间实验为主。选育和选种高温抗性较强的水稻品种，是育种工作者和农户防范高温热害最基本的措施。众多育种工作者利用不同方法进行了耐高温水稻品种的培育。在品种确定的基础上，调整播种期可以使水稻关键生育期避开极端高温频发期，从而减少极端高温对水稻产量的影响。当极端高温天气对水稻已经造成影响时，可以采取灌溉和增施化肥的措施将影响程度降低到最低。另外，对水稻植株喷施植物生长调节剂等物质亦能有效缓解极端高温的影响，但是面对当前急变的全球环境，急需全面系统地定量化评估各种措施的效果，科学指导各地制定合适的应对措施是当前粮食生产防灾减损工作中的重中之重（Zhang et al.，2014b；Wang et al.，2014；Zhang et al.，2015；Shuai et al.，2016），然而相关的研究仍相当匮乏。

选择湖南省一季稻 4 个种植站点：靖州、怀化、古丈和桑植为研究对象（表 7.1）。湖南省是长江中下游平原地区水稻种植的主产区，其水稻种植面积和产量历来在全国都占据着举足轻重的地位。湖南省水稻主要以双季稻种植为主，湘中、湘南以及洞庭湖平原地区常年种植双季稻，而湘西、湘西北、湘西南地区则常年种植单季稻。长江中下游地区极端高温频发区涵盖了湘西、湘西北、湘西南地区，而这些地区又为单季稻种植区，因此，研究这些地区极端高温对水稻产量造成的影响及其适应性对策具有重大现实意义。

表 7.1　湖南省一季稻站点基本资料

站点名称	靖州	怀化	古丈	桑植
经度/（°E）	109.7	110.0	109.9	110.2
纬度/（°N）	26.6	27.6	28.6	29.4
海拔高度/m	320	258	302	322
土壤类型	砂壤土	黏土	黄砂壤土	砂壤土
平均气温/℃	23.3	23.6	24.1	22.8
总降水量/mm	938.3	863.7	915.1	957.8
太阳辐射总量/（MJ/m^2）	2153.5	2280.8	2245.5	2194.9

7.1.2　DSSAT 模型介绍

农业技术转移决策支持系统（the decision support system for agrotechnology transfer，DSSAT），是美国农业部牵头组织夏威夷州立大学、佛罗里达州立大学等多所美国高校及国际肥料发展组织等相关国际科研机构共同开发的综合农业计算机模型。DSSAT 模型有着标准化的输入输出变量格式，可视化强，操作简便，用途广泛，自开发问世以来，已经成功应用于美国本土及以外的众多国家和地区，为当地的农业生产系统发展、农业新技术的推广实践、地区资源的合理有效利用做出了重要的贡献。

DSSAT 模型系统是由多个独立程序组合而成的集合，其中作物模拟模型是整个系统的核心。除了作物模型模拟模块之外，DSSAT 模型系统还包含了数据库、支持系统和应用系统几大主要模块。数据库模块主要描述天气、土壤、实验条件、遗传特性、病虫害和管理情况，是不同模拟实验的数据基础；支持系统主要包括实验设计模块（XBuild），绘图模块（GBuild）、气象数据模块（WeatherMan）、土壤管理模块（SBuild）、品种系数模块（Genotype Coefficient Calculator）、经济分析模块（Rotational Analysis）等，它们帮助使用者整理和准备数据文件，同时，在模型模拟结束后，支持系统可以将模拟结果与实际观测结果进行比较，给出模型的可靠度，决定是否需要进一步校正模型以提高模拟精度。应用系统则是运行模拟实验、显示模拟结果的部分。它包括空间分析模块（Spatial Analysis/GIS Linkage），可以分析气象、土壤以及管理措施等在田间或区域尺度上的空间差异；单季策略分析模块（Seasonal Strategy Analysis），对在一个生长季内的各项管理措施，例如品种、播种日、种植密度、种植间隔、灌溉和施肥的时间、方式、用量等进行分析；校验/敏感性分析模块（Validation/Analysis），可以动态分析气象、土壤和管理措施的改变对模拟结果的影响；顺序分析/轮作实验模块（Sequence Analysis/ Crop Production）帮助用户对不同的作物轮作顺序和管理措施进行科学规划。DSSAT 模型系统相对于其他作物模型的一大优点在于可视性强及用户界面友好，用户可以在 Windows 系统中利用其用户界面（DSSAT User Interface）进行简单明了的操作。在 DSSAT-Rice 模型中，作物的主要生长阶段和物候期，包括萌芽、抽穗、开花、灌浆、成熟、收获等过程，是根据有效积温（growing degree-days，GDD）来划分。当环境温度达到最适温度且向临界最高温度接近时，GDD 呈线性下降趋势，当环境温度达到临界最高温度时，GDD 降为 0。在模型中，作物产量被视作总生物量的一部分，而总生物量则是热量或 GDD 控制的作物生长期和平均生长速率来决定。

7.1.3 DSSAT 模型本地化及性能评价

任何作物模型在应用时，都需要进行本地化操作，即对模型进行严格的校准、检验和评估，使模型能够以符合要求的精度进行模拟。DSSAT 模型系统中的 DSSAT-Rice 模型，其校准是基于得到满足误差精度的作物品种参数为目的，而其检验和评估则是基于作物物候期和产量的模拟与观测值的比较。表 7.2 列举了 DSSAT-Rice 模型中需要校准的 8 个品种参数。

表 7.2　DSSAT-Rice 作物模型中水稻品种相关参数介绍

参数	定义	单位
P1	营养生长期生长度日（有效积温）	℃
P2	幼穗分化的光周期敏感性	℃
P5	成熟期生长度日（有效积温）	℃

续表

参数	定义	单位
P2O	发育速率达到最大值时的最大日长（小时）	h
G1	潜在小穗系数	—
G2	单粒重	g
G3	分蘖系数	—
G4	温度忍耐系数	—

在 DSSAT 中，采用广义似然不确定估计（generalized likelihood uncertainty estimation，GLUE）进行品种调参（校准）。基于调参得到的品种参数，进一步对作物的物候期和产量进行检验。抽穗开花期距离播种期的天数（ADAP）、成熟期距离播种期的天数（MDAP）和一季稻单产（HWAM）是三个需要检验的参数。采用预测误差（predict deviation，PD）来检验上述三个参数的模拟值与观测值之间的误差。PD 的计算公式如下：

$$PD=(S_i-O_i)/O_i \tag{7-1}$$

式中，S_i表示模型模拟值，O_i表示实际观测值。根据以往研究，PD 的结果在±15% 以内时，表明误差在合理区间，模拟结果较为可靠，模型通过检验。模型通过检验后，还需要对模型在整个站点上的一季稻物候和产量模拟能力进行最终评估。标准均方根误差（normalized root mean square error，NRMSE）是作物模型研究中最常用的模型评估方法，本书案例亦采用 NRMSE 来评估 DSSAT 模型的模拟能力。NRMSE 需要在一定范围内才能够表征良好的模型模拟能力。一般地，当 NRMSE≤10% 时，表明模拟能力很好；当 10%<NRMSE≤20% 时，表明模拟能力较好；当 20%<NRMSE≤30%，模拟能力可接受；而当 NRMSE>30% 时，表明模型模拟能力较差，无法在整体上模拟一季稻物候期和单产情况。

模型校准即模型中一系列参数本地化的过程。作物品种的遗传参数对模型的运转至关重要，只要当物候期与产量的模拟值和实测值之间的误差满足一定的要求时，遗传参数才能够被使用。因此，模型的校准、检验和评估是围绕作物品种的遗传参数来进行的。模型的校准过程实际上也是模型的参数化过程；而模型检验则是在站点尺度上评价已成功校准的模型对特定作物的模拟能力，这一过程是通过模拟值与观测值之间的比较来完成的；模型评估是从整个研究区尺度上对模型的模拟性能进行整体评价。

湖南一季稻 4 个站点中 1990 ~ 2012 年的一季稻种植序列中，根据农气站记录数据不难发现，每一个站点在这二十多年间都选种了多种一季稻品种，但同时也都有一个相对多数年种植的品种。而作物模型对水稻品种调参的要求如下：①选择的品种至少要有 3 年种植，且尽量是连续的 3 年（或多年）；②3 年（或多年）内至少要有 1 年没有严重病虫害和极端气象灾害导致的明显的产量波动。在模型进行校准和检验时，以某种作物品种连续种植 3 年为例，一般地，以符合上述条件②的某一年的数据作为校准数据，另外两年的数据作为检验数据。当某品种种植年份超过 3 年时，亦可以将符合上述条件②的 2～3 年数据作为校准数据，其余年份作为检验年份。但是，当以多年数据作为校准数据时，会增加模型校准的复杂度，一定程度上反而会使得结果出现较大的误差。因此，在本书研究中，对 4 个站点均只选取了一种代表性品种（种植 3 年及以上），且只以其中的一年作为校准数据，其余年份作为检验数据（表 7.3）。

表 7.3　湖南省一季稻 4 个站点水稻品种的选取结果

站点名称	水稻品种	种植年份	校准年份
靖州	汕优 63	1990～2000，2004～2005，2010	1993
怀化	金优 77	2000～2002	2000
古丈	甘优 22	1998～2000	1999
桑植	川香优 6 号	2007，2009～2011	2010

DSSAT 模型中内嵌的 GLUE（generalized likelihood uncertainty estimation，广义似然不确定估计）模块是专门进行品种调参的工具。模型校准选取的数据均包含了抽穗开花期物候数据（抽穗开花期距离播种日期的天数 ADAP）、成熟期物候数据（成熟期距离播种日期的天数 MDAP），以及最终的产量数据（HWAM）。这里需要说明的是，DSSAT 模型中品种物候参数 ADAP 要求为开花期与种植期相隔的天数，然而，我国农业气象站水稻记录数据一般记载的相对应物候期为抽穗期，包括抽穗开始日期、抽穗普遍日期和抽穗结束日期。结合水稻的生长特性，本书研究选取了水稻抽穗普遍日期的数据作为开花日期的数据。

为了使校准和检验尽可能与实际种植情况接近，在对初始条件进行设置时，本书研究充分考虑了氮肥和灌溉的影响。农业田间管理记录表包含了每一个站点每一年主要的田间管理措施，包括措施实施的时间、方法、工具、灌溉的水深、施肥品种及其用量，除了一些明显因为人为记录原因导致的偏离合理值区间较大的数值得到修正之外，其他模拟数据均以实际记录数据为准（表 7.4）。

表 7.4　湖南省一季稻站点品种调参结果

站点名称	品种	P1	P2R	P5	P2O	G1	G2	G3	G4
靖州	汕优 63	299.4	173.7	450.6	10.59	50.6	0.023	0.83	1.05
怀化	金优 77	299.9	173.0	410.2	12.35	63.5	0.023	0.92	1.15
古丈	甘优 22	340.5	153.3	486.0	10.94	77.8	0.021	0.62	1.08
桑植	川香优 6 号	307.9	77.47	498.0	11.04	74.6	0.03	0.56	1.21

为了保证模型模拟的物候期数据和产量数据与实际观测值的误差在可接受范围内，需要对校准后的模型进行进一步检验，采用预测误差（predict deviation，PD）对模型校准结果进行检验。图 7.1 ~ 图 7.3 分别展示了 4 个站点 1990 ~ 2012 年抽穗开花期距离播种日期天数（ADAP）、成熟期距离播种日期天数（MDAP）以及一季稻单产（HWAM）三个参数模拟值与观测值之间的误差。根据当前常用方法，当预测误差在±15% 以内时，模拟结果合理且可接受。图中黑色实线代表 1 : 1 的参考线（即模拟值＝观测值线），绿色虚线代表

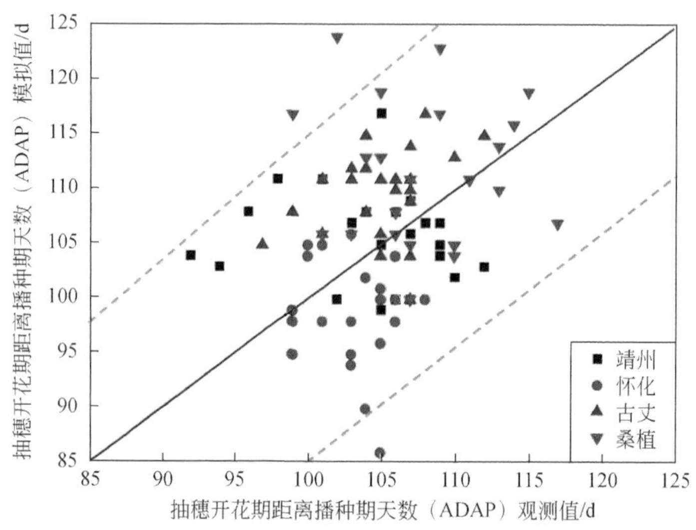

图 7.1　抽穗开花期距离播种天数（ADAP）模拟误差

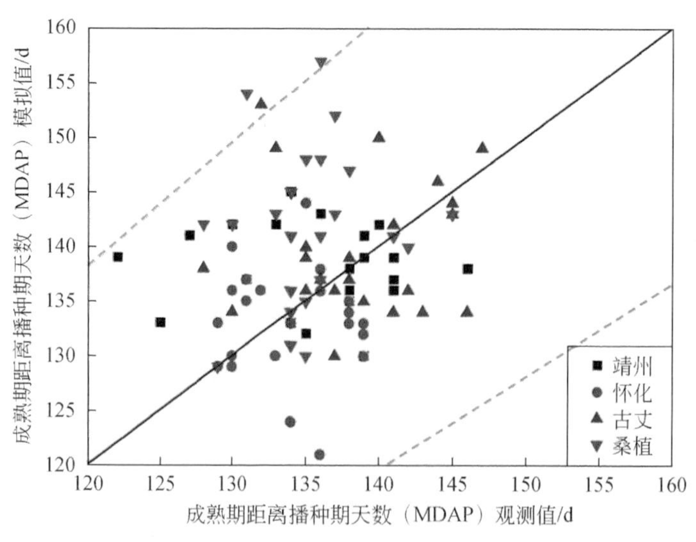

图 7.2　成熟期距离播种天数（MDAP）模拟误差

±15% 的参考线（即模拟值=1.15×观测值和模拟值=0.85×观测值线）。从结果来看，除了靖州站 1994 年 HWAM 预测误差为−17%，怀化站 2000 年 ADAP 预测误差为 22%，桑植站 2002 年 ADAP 预测误差为−20%，2009 年 ADAP 预测误差为−18% 之外，其他站点各年份的预测误差均保持在±15% 以内，且其中大部分年份的预测误差，尤其是单产的预测误差，均保持在±10% 以内。这说明模型校准的结果可用，也即表 7.4 中得到的各个站点作物遗传参数可以很好地模拟一季稻的物候期及单产情况。

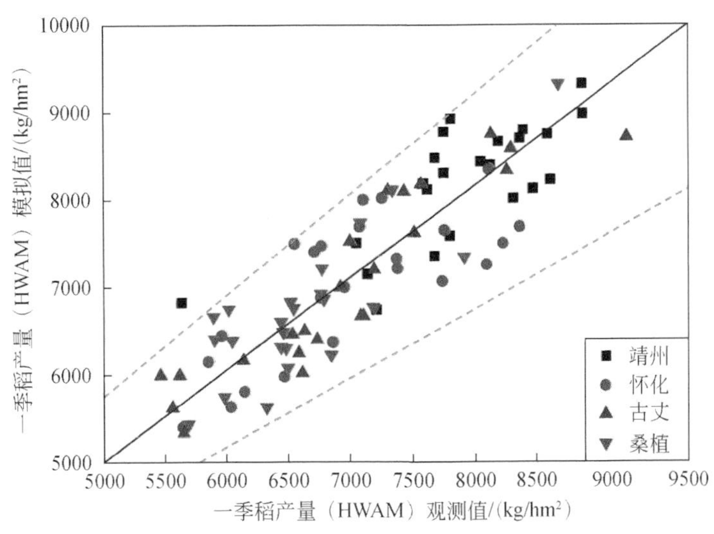

图 7.3　一季稻产量（HWAM）预测误差

在经过模型校准和检验通过之后，最后需要从整体上评估模型能否在站点尺度上模拟一定时间内的一季稻物候期和产量情况。常采用标准均方根误差（normalized root mean square error，NRMSE）对模型的模拟能力进行最终的评估。表 7.5 分别展示了 4 个站点 1990～2012 年抽穗开花期距离播种日期天数（ADAP）、成熟期距离播种日期天数（MDAP）以及一季稻单产（HWAM）三个参数整体 NRMSE 结果。一般地，当 NRMSE≤10% 时，表明模拟能力很好；当 10% <NRMSE≤20% 时，表明模拟能力较好；当 20% < NRMSE≤30%，表明模拟能力可接受；而当 NRMSE>30% 时，表明模型模拟能力较差，无法在整体上模拟一季稻物候期和单产情况。从表 7.5 中可以看出，除了桑植站抽穗开花期距离播种日期（ADAP）的 NRMSE 为 13% 以外，其余各站点各参数的 NRMSE 均在 10% 以内，达到了“很好”的水平，说明模型能够较为准确地模拟各站点的一季稻物候期和单产情况。当模型通过校准、检验和评估后，运行模型得到模拟结果，即可开展后续的研究分析工作。

表 7.5　湖南省一季稻站点模型各校验指标的标准均方根误差（NRMSE）(单位:%)

站点名称	抽穗开花期距离播种日期（ADAP）的 NRMSE	成熟期距离播种日期（MDAP）的 NRMSE	一季稻单产（HWAM）的 NRMSE
靖州	8.38	9.52	7.23
怀化	7.35	6.67	8.05
古丈	8.27	8.82	6.12
桑植	13.22	7.92	7.75

7.2　湖南省一季稻生产极端高温风险评估

在 DSSAT 模型构建完成，具备可靠的模拟能力之后，就可以开始分析极端高温对湖南省一季稻产生的影响。一般的极端高温被定义为日最高温度大于 35℃的情形，高温热害事件则为至少连续 3 天发生极端高温天气，即连续 3 天日最高温大于 35℃的情景。大多数研究往往只针对高温热害事件对水稻产量造成的影响。事实上，水稻生育期内遭遇短时间的极端高温胁迫就会造成器官的不可逆的损伤。因此，研究所有极端高温情景的发生频率和强度及在此情景下的水稻生产情况，才能最大限度地了解水稻生产的风险，制定相应的适应性措施。因此首先分析了 4 个站点 1990 ~ 2012 年极端高温天气发生频次和强度的时间变化规律，从多个指标直观地表现出高温天气的时间变化规律，包括极端高温天数、高温敏感期（一季稻关键生育期）极端高温天数、高温敏感期极端高温强度等指标；然后再利用 DSSAT 作物生长模型，从作物生长机理的角度，分析了 1990 ~ 2012 年极端高温对湖南省一季稻产生的影响。极端高温对一季稻单产带来的影响以极端高温致损率 L_R 来表示。

7.2.1　湖南省一季稻站点历史极端高温频率和强度分析

统计湖南省一季稻 4 个站点 1990 ~ 2012 年水稻生育期内日最高温度超过 35℃的天数以及各个站点一季稻高温敏感期日最高温度超过 35℃的天数，并通过线性回归得到其气候倾向率，其结果如图 7.4 所示。从湖南省一季稻 4 个站点 1990 ~ 2012 年水稻整个生育期内发生极端高温次数的绝对值来看，4 个站点几乎每年都检测到了较为频繁的极端高温天气，即日最高气温大于 35℃的天气的发生，只有靖州站在 1991 年、1997 年、怀化站在 1993 年整个水稻生育期内未发生极端高温天气。从年平均极端高温天气天数来看，古丈最高，平均每年极端高温天气次数达到 22.4d，其次为桑植和怀化，分别为 18.2d 和 13.7d，靖州年平均高温天气次数最低，为 6.2d。而在一季稻极端高温敏感期内，靖州站在 1991 年、1993 年、1997 年，怀化站在 1993 年未发生极端高温天气，其余各年以及各站不仅在一季稻关键生育期检测到了较为频繁的极端高温天气，且关键生长期内的极端高温天数占当年全生育期极端高温总天数的比例均达到 60% 以上。以上结果表明，研究区 4 个站点均普遍存在较高的极端高温天气风险。从极端高温的趋势来看，所有站点的极端高温天气均呈现出增加的趋势。具体地，靖州站虽然在极端高温次数绝对值上小于其他三个站点，但呈现出最为显著的增加的趋势（显著性 p 值 <0.01），包括总极端高温天数和高温敏感器极端高温天数，在研究时段的后期均呈现出陡增的情形。怀化站的极端高温天数亦呈现出显著增加的趋势，尤其是一季稻高温敏感期极端高温天数的变化趋势，显著性（$p<0.01$）要高于全生育期内的极端高温天数的变化趋势（$p<0.05$）。虽然怀化站的极端高温天数在整体上呈现出增加的趋势，但与靖州不同的是，其在研究时段的前期、中期和末期均出现过较高的峰值，表明怀化站的极端高温风险一直较高。古丈站在极端温度天数年平均绝对

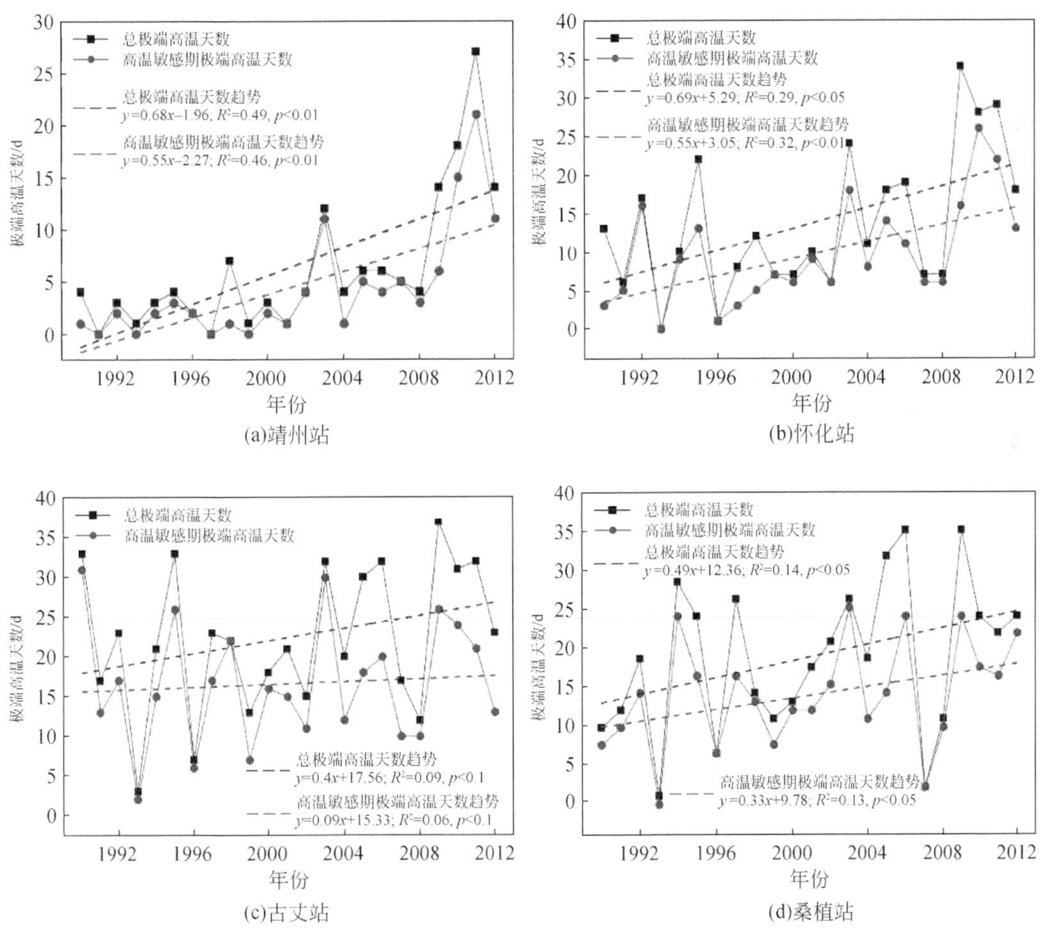

图 7.4　湖南省一季稻站点 1990 ~ 2012 年极端高温频次变化

值上高于其他各站，但在时间趋势并没有明显的增加趋势，尤其是高温敏感期的极端高温

天数。这也表明了古丈站的极端高温风险在研究时段内一直处于较高的等级。桑植站则呈现出较为显著的波动，其全生育期极端高温总天数和高温敏感期极端高温天数均小幅增加，但除了2000年左右的一段时期外，桑植站各个时间段均出现过较高的极端高温天数峰值，同样地表明了该站长期居高不下的极端高温风险。

如前所述，极端高温强度定义为超过35℃部分的温度总和。以往的研究多关注高温热害事件，高温热害强度分为连续3～4天35℃以上高温的轻度高温热害、连续5～7天35℃以上高温的中度高温热害以及连续7天以上35℃高温的重度高温热害。在实际操作中发现，高温热害往往出现在多段连续极端高温天气之间，但中间偶尔会间隔一天为低于35℃的天气，这一低于35℃的天气对连续多天的高温热害并无明显缓解作用。因此，单纯讨论轻、中、重度的高温热害等级，无法准确描述一季稻生育期所遭受到的极端高温风险。因此选用可以表征整个生育期内极端高温的绝对值和持续时间的极端高温强度来评估高温风险。

从图7.5可以看出，与生育期内发生极端高温天气次数的绝对值相对应，古丈站的极端高温强度在数值上普遍高于其他3个站点，其多年平均极端高温强度达到30.8℃。极端高温强度极端峰值出现在2009年，达到67.6℃，其余年份中，极端高温强度超过50℃的年份有2年，超过40℃的有7年，说明古丈站的极端高温天气往往连续出现，达到了致灾致损的程度。类似地，从时间趋势上来看，古丈站的极端高温强度一直保持在较高的水平，无明显的时间变化趋势。桑植站的极端高温强度仅次于古丈站，其多年平均极端高温

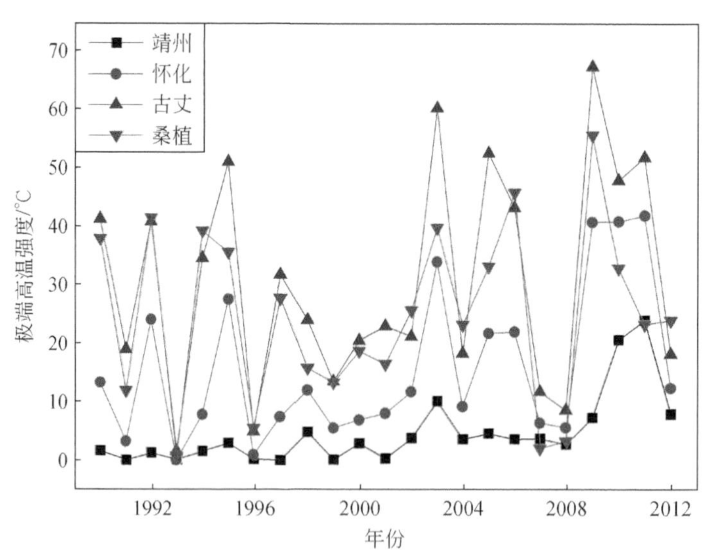

图7.5 湖南省一季稻站点1990～2012年极端高温强度变化

强度为25.02℃，最大极端高温强度达到55.8℃（2009年），超过30℃的年份达到8年，

亦无明显的时间变化趋势。怀化站的极端高温强度峰值出现在研究时段的末期，即 2009 ~ 2011 年，这三年的极端高温强度均达到了 40.0℃以上。整体来看，怀化站多年极端高温强度的平均值为 15.87℃，明显低于古丈和桑植站，表明其极端高温天气发生较为分散。靖州站的极端高温强度明显低于其他 3 个站点，其多年平均极端高温强度仅为 4.68℃，最高值为 2011 年的 20.7℃。而且，与其余三个站不同的是，靖州站的极端高温强度明显集中于研究时段的末期，即 2007 ~ 2012 年这 6 年间。这与靖州站极端高温天数的时间变化趋势一致，表明其极端高温风险正在显著升高。

上面我们从极端高温天气频率和强度探讨各个站点高温天气的发生特征，在这样频次和强度的高温天气下，一季稻的生长发育会受到什么样的影响？以及最终产量会有怎样的变化？这是大家最为关注的问题。因此，下节将利用 DSSAT-Rice 作物生长模型探究极端高温对一季稻产量的影响。

7.2.2 极端高温对湖南省一季稻产量影响评估

本书研究将一季稻关键生育期内极端高温日的日最高气温统一替换为 35℃的阈值，然后将其输入到 DSSAT-Rice 模型中，其模拟出的一季稻产量作为正常年份产量；而使用实际气象数据模拟得到的一季稻产量则作为极端高温影响产量。正常年份产量与极端高温影响产量的差值定义为气象产量。气象产量与趋势产量的比值，定义为极端高温对一季稻产量的致损率：

$$L_R = \frac{y - y'}{\tilde{y}} \times 100\% \tag{7-2}$$

式中，y 为使用极端高温替换天气数据模拟得到的正常年份产量，y'为使用实际气象数据模拟得到的极端高温影响产量，$\tilde{y}$为趋势产量。趋势产量由使用实际气象数据模拟得到的产量经过 3 年滑动平均的方法得到。由于在站点尺度上模型已经得到严格的校准和检验，因此，本节在进行损失评估时，完全以模型模拟的产量数据为计算依据。在极端高温强度的时间特征分析中，可以看到，除了靖州站以外，其他 3 个站点在绝大多数年份，一季稻关键生育期内均发生了不同程度的极端高温天气。利用折线图以致损率为指标，展现了极端高温对各站点一季稻产量的影响。

从图 7.6 中可以看出，一季稻极端高温致损率与当年的极端高温强度有着明显的一致性，即极端高温强度越大的年份，一季稻产量致损率也更高。具体来看，靖州站由于极端高温强度相对最低，因此其一季稻高温热害致损率也相应最低，只在 2010 ~ 2011 年致损率分别达到了 6.2% 和 7.1%，其余有极端高温发生的年份对产量造成的影响均较小，致损率均在 4% 以下。怀化站只有 1993 年和 1996 年一季稻关键生育期内未发生极端高温，其余年份中极端高温的平均致损率达到 7.5%，典型极端高温年份，如 2009 ~ 2011 年，极

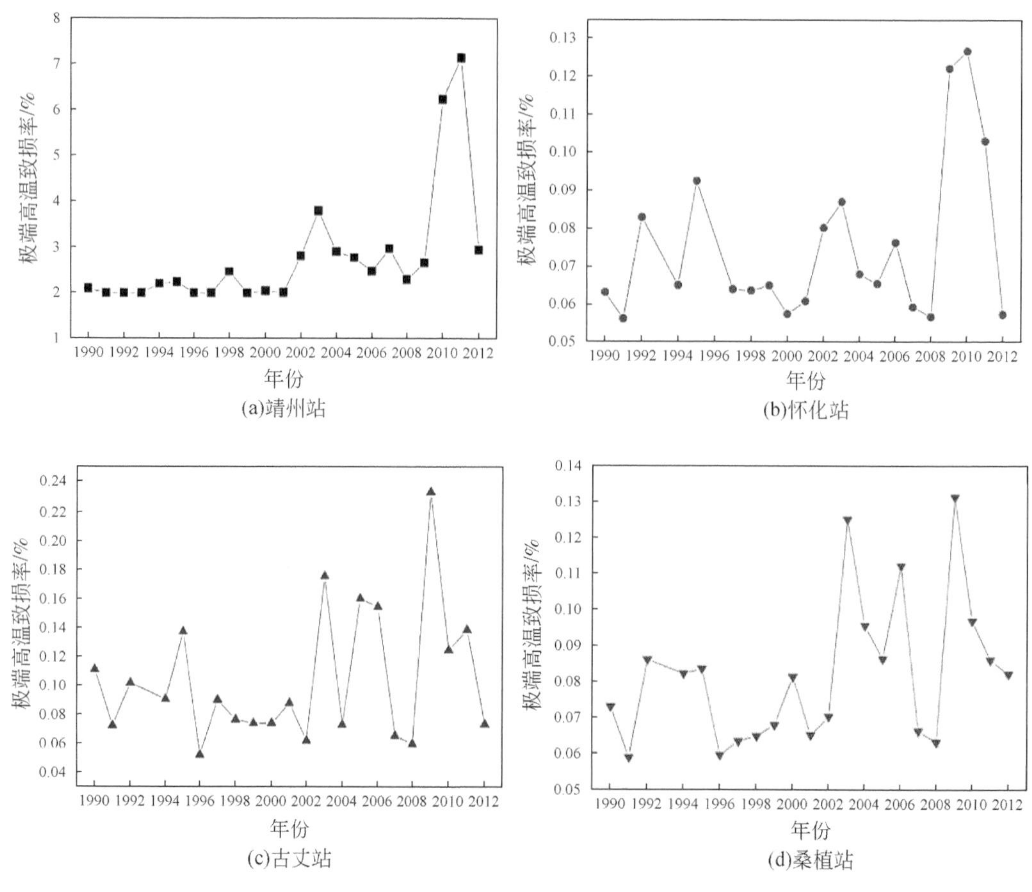

图 7.6　湖南省一季稻站点极端高温致损率

端高温对一季稻产量的致损率分别达到 12.2%、12.6%、10.3%。桑植站和古丈站在研究时段内均只有 1993 年未发生极端高温事件。桑植站极端高温多年平均致损率为 8.2%，其极端高温强度高值年份，如 1992 年、2003 年、2006 年、2009 年，其一季稻产量致损率分别达到了 8.6%、12.5%、11.2% 和 13.1%。无论是从极端高温对一季稻产量的致损率均值，还是从极端高温强度高值年份的致损率来看，古丈站依旧处于 4 个站点中最高的位置。其极端高温致损率多年均值达到了 10.4%，远高于以上 3 个站点。而其极端高温高值年份，例如 2009 年，致损率更是达到了 23.3%，进一步表明古丈站的极端高温风险处于较高的水平。

一季稻极端高温致损率与极端高温强度有很强的对应关系，极端高温强大越大，其对一季稻产量造成的影响，即致损率也就越大。从站点来看，古丈站一季稻极端高温致损率较高，平均达到 10.4%，靖州站则相对较低，平均值为 4.9%。尽管各站点一季稻极端高温致损率存在差异，但毋庸置疑的一点是，从模型的模拟结果来看，极端高温对各个站点的一季稻产量都产生了不同程度的减产影响。且由极端高温和高温热害的时间变化趋势分析中可知，各站点的极端高温强度要么呈显著增大的趋势，要么一直处于较高的水平。加之未来气候变化的趋势不可逆转，极端高温发生的频率将呈现增大的趋势，在此背景下，一季稻生产将处于持续增大的减产风险之中，给粮食安全的稳定带来较大的隐患。因此，在未来气候变化情境下，有必要探究并实施相应的极端高温适应性措施，最大程度减小一季稻在生育期内遭受极端高温而导致的产量损失，保持水稻生产的稳定，确保粮食安全。DSSAT-Rice 模型有着良好的田间管理措施模拟能力，所以我们将利用校验好的 DSSAT-Rice 模型，模拟极端高温情境下，不同田间管理措施的选择，包括播种期的调整、施肥量的调整、灌溉量的调整等对缓解极端高温造成的一季稻产量损失的作用，以期探索出理论上可行的一季稻极端高温适应性措施。

7.3　湖南省一季稻极端高温适应性措施分析

7.3.1　适应性措施研究背景介绍

气候因素是影响水稻单产的关键要素，而水稻生产过程中的非气象因素，也即人类活动（也称为田间管理），同样会对水稻单产产生显著影响。这两种影响的比较，目前尚处在进一步的研究之中。但毋庸置疑的是，气候因素是人类无法改变，或者说很难改变的要素，一旦气象因素对水稻生产产生或者将要产生影响，只能通过水稻生产过程中的人类活动的改变来缓解或者消除这类影响，因此，定性、定量研究人类活动在不利气象条件下对水稻单产影响的缓解作用，探讨水稻生产在极端气象条件下的适应性措施，是未来农业领域研究的重点和热点。本节所指的人为活动，是指包括调整水稻品种、调整水稻播种期、改善田间小气候（灌溉）、增施肥料等可以人为控制的田间管理措施。在进行这一章的分析时，本书以历史实际气象数据为依据，在极端高温年份进行田间管理措施的优化模拟，将能够缓解极端高温带来的产量损失的田间管理措施定义为一季稻极端高温适应性措施。在以往的有关水稻极端高温影响及适应性措施研究中，对适应性措施的描述基本上是定性分析，或者是经验之谈，同时，也还未有利用农作物生长模型精确模拟作物田间管理措施对缓解极端气象条件下水稻减产风险的先例。因此，本节将利用校验好的 DSSAT-Rice 模型中的管理模块，定量分析选定的几类适应性措施对极端高温下产量损失的缓解作用。在进行所有适应性措施模拟分析时，均是假定农气站记录的农户实际生产过程中未采取任何的极端高温缓解措施。在利用 DSSAT-Rice 模型定量分析极端高温适应性措施之前，将对各类可以缓解水稻极端高温的田间管理措施进行简要介绍，并概述湖南省 4 个一季稻站点上述因素的历史状况，同时，也将阐述本研究选取适应性措施指标进行模型模拟的理由。

大量研究和实际生产经验表明，水稻品种是影响水稻最终产量非常重要的因素。同时，选取合适的耐高温品种，也是缓解极端高温对水稻产量造成影响的一项有效措施。不同的水稻品种在培育之初，就有着不同的耐热性。也有研究人员指出：综合来看，常规粳稻的耐热性要强于杂交籼稻。耐热性品种的选育可以通过筛选已有的水稻品种中关键生育期遭受极端高温而依旧保持较高结实率的品种作为杂交亲本，也可以利用转基因技术直接获得耐热性品种。例如，江苏省农科院已成功通过将玉米高光合效率基因 PEPC 导入到水稻中，获得了可以在水稻关键生育期内解决极端高温情景下的结实率低、空秕率高等问题的水稻品种。而从操作层面来看，通过多年期间种植不同品种的水稻，筛选出耐高温的品种，是相对容易实现的缓解极端高温影响的方法。

从湖南省 4 个一季稻站点农气站记录数据来看，1990～2012 年，所有站点在所有年份均是种植的杂交籼稻，这是由于杂交籼稻的单产要显著高于常规粳稻。因此，尽管研究表明常规粳稻的耐热性要普遍强于杂交籼稻，但产量因素却是农户在选择水稻品种时最为重要的指标。同时，在产量因素差异不大的前提下，由于适合在某个地区种植的水稻品种往往较多，因此，农户在实际种植过程中选定水稻品种就具有较大的随意性和主观性。表 7.6列举了湖南省 4 个一季稻站点 1990～2012 年选种的不同品种个数。可以看到，在短短的 23 年间，除了靖州站水稻种植品种总数为 6 种以外，其余站点的品种个数均达到了 10 种以上，古丈站的水稻品种总数更是达到了 17 种，几乎每年种植的水稻品种都不一样。联系到上一章中对四个站点一季稻关键生育期内的极端高温强度的时间特征分析，怀化、桑植、古丈站均表现出了较高的极端高温强度，可以推测，在实际种植操作中，农户基于极端高温强度在不断地进行品种的筛选，以期选种耐热性最强的一季稻品种。

表 7.6　湖南省四个一季稻站点 1990～2012 年之间所种植的水稻品种个数

站点	靖州	怀化	古丈	桑植
水稻品种数	6	13	17	11

如前所述，在 DSSAT-Rice 模型中，表征水稻高温抗性的遗传参数为 G4，即高温忍耐系数。高温忍耐系数的变化与水稻最终产量有怎样的定量关系？这是本小节拟关注并探究的问题。通过对 DSSAT-Rice 水稻品种遗传参数进行设置，可以实现不同高温忍耐系数下一季稻产量波动的模拟。由于在 DSSAT-Rice 模型中，被用来模拟的水稻品种在调参过程中必须要满足至少三年的种植年限，这使得很难将农气站中选种的不同水稻品种进行逐一模拟，以分析其高温忍耐系数对最终产量的影响。因此，本书中，对水稻品种的分析以模型在调参校准时选定的品种为基础，仅针对表征高温抗性的高温忍耐系数 G4 进行模拟研究。

由于水稻品种的选择具有很大的不确定性，在实际操作中，很难在短时间内筛选出最佳耐高温的品种，因此，对于选种的品种，在生育期上进行人为调控以尽量避开极端高温频发时段，是一种更为可行的替代做法。由前述可知，极端高温对水稻不同生育期的影响程度不尽相同，其中对抽穗开花期的影响最为严重。长江中下游地区极端高温一般发生在7月中旬至8月上旬，而长江中下游地区一季稻的抽穗开花期恰好与极端高温频发期重叠，因此，一季稻相较于早稻和晚稻更容易受到极端高温的影响而导致产量损失。研究表明，为了避开一季稻抽穗开花期遭遇35℃以上极端高温天气，可以在选定品种的基础上，在一定阈值内前后调整播种期，使一季稻抽穗开花期避开极端高温期，从而避免或者减轻极端高温对一季稻产量造成的影响。有研究人员指出，在我国江淮一季稻种植区，可以将一季稻播种期从目前的4月上旬调整到4月下旬至5月初，将秧龄期控制在30~35d，从而可以使抽穗开花期推迟到8月中旬，避开极端高温频发期。也有人建议长江流域一季稻播种期推迟到5月20日之后，可以最大限度地避开开花期极端高温的影响。根据江苏省气候、土壤、田间管理资料构建本地化作物模型，有学者模拟了在A2和A1B两种未来气候情景下2011~2040年水稻不同生育期内极端高温对最终产量造成的影响，同时，模拟并评估了通过调整水稻播种期以避开极端高温期对缓解产量损失的作用。

综上研究所述，合理调整水稻播种期是一种有效缓解极端高温对产量造成影响的手段。而需要指出的是，播种期的调整只能是在一定的阈值范围内，不能提早太多，也不能推迟太多。提早太多，气温等气候条件达不到一季稻发芽和移栽的条件；而推迟太多，则一季稻发育期后期也会遭受低温、雨水的困扰，同样对产量造成影响。在现行的生产实践中，农户往往有较为固定的水稻播种时间，刻意为了避免极端高温对抽穗开花期的影响而选择将播种期进行明显调整的行为比较少见。从湖南省4个一季稻站点来看，1990~2012年湖南省一季稻的播种日期波动范围有限，均集中在4月15日左右，而这一播种期带来的抽穗开花期均与当年的极端高温期重叠。从第6章中一季稻极端高温致损率的分析中可以发现，各站点一季稻产量在极端高温发生年份都有不同程度的损失，这说明，极端高温对处于抽穗开花期的一季稻产生了不同程度的破坏作用。播种期的调整对湖南省一季稻极端高温年的产量会产生什么样的影响？这是本小节选取的适应性措施之一。尽管播种期的调整目前在实际操作过程中还存在一定的难度，但在未来气象预报更加成熟，农业生产更加精细化的前提下，农户合理地调整水稻播种期以避开极端灾害的影响会成为水稻极端高温主要的适应性措施之一。因此将利用校验好的DSSAT-Rice模型对湖南省一季稻播种期调整进行了模拟，以期定量化播种期调整带来的效果。

考虑到充足的水分也是保证水稻生长必不可少的条件。由于水稻的生理特性，一般生长在湿润多雨或者灌溉条件良好的地区，例如长江中下游平原地区和东北平原地区。就平常年份而言，天然降雨基本上可以满足水稻生育期内对水分的需求，但遇到自然灾害多发的年份，例如遭遇干旱或者高温热害事件时，人工灌溉是缓解灾害性天气对水稻造成不利影响的有效措施之一。研究表明，水稻在遭受极端高温期间进行水分调控对缓解极端高温带来的影响具有显著的作用。有研究指出，水稻抽穗开花期遭受35℃以上极端高温天气时，可以通过“日灌深水、夜排降温”的方法增加水稻植株间的湿度，降低土壤温度，达到缓解极端高温的效果。也有科研人员发现，在一定范围内，水稻植株各部位的温度与田间灌水深度成正向比例关系，田间灌水深度越大，水稻穗部与大气的温度差也就越高。具体来看，当田间灌水深度分别为10cm和2～4cm时，与完全无灌溉条件下的水稻穗部温度相比，分别下降了1.37℃和0.67℃。有农学专家进一步根据实验指出，水稻抽穗开花期遭遇极端高温时，田间灌水深度达4～7cm，可使水稻植株周围空气湿度增加1%～2%，穗部气温下降1.2～1.5℃；田间灌水深度达8～10cm，相对湿度可增加3%～4%，穗部气温下降约2.2℃，显著改善了田间小气候，缓解了极端高温对抽穗开花期水稻的伤害，减少了产量损失。

湖南省水稻以雨养型为主，在正常气候条件下，水稻生长过程中极少需要进行人工灌溉来调节水分平衡和改善田间小气候。然而，湖南省又是一个自然灾害多发的地区，极端高温和干旱事件时有发生，这对一季稻的生产带来了很大的挑战。因此，合理的人工灌溉成为了调控一季稻生长发育的有效手段。从湖南省一季稻各站点农气站记录数据来看，各站点均存在多年灌溉记录。在对农气站数据进行整理时，本书将田间管理记录中出现的“灌溉”“灌水”等字样的记录视为一次灌溉过程，表7.7展示了四个站点1990～2012年灌溉记录总次数。与7.2节中极端高温强度的分析相对应，极端高温发生年份多，强度大的站点，其多年灌溉总次数也相应较多。而如前研究所述，灌溉的效果与灌水的深度密切相关，浅灌与深灌对极端高温的缓解能力有很大的差别。因此，本书在进行灌溉模拟时，以灌溉的深度作为变量，模拟不同灌溉深度的灌溉措施对缓解极端高温影响的作用，其效果以产量波动值体现。

表7.7　湖南省一季稻站点1990～2012年灌溉情况

站点	靖州	怀化	古丈	桑植
灌溉总次数	30	33	54	42

肥料是影响水稻产量最重要的非气象因素之一，多数研究表明，化肥的施用是提高农作物最终产量最便捷和最高效的措施之一。化肥的推广和使用在我国农业现代化过程中发挥了重要的作用。但同时，过高的化肥使用量不仅不会继续带来作物产量的增长，反而会导致严重的环境问题，影响可持续发展。因此，科学而合理的化肥施用对水稻生产的稳定有着极其重要的作用。化肥不仅是水稻正常生长发育所必需的物质，也是水稻在经历极端高温时缓解受损程度的有效措施之一。研究表明，在高温热害发生期间，向水稻植株施加有机肥、生物菌肥，可以提高水稻的耐热性，增强植株的稳健性，在一定程度上保持水稻抽穗开花期前后营养物质积累和碳水化合物积累的效率。实验研究表明在水稻遭受极端高温时，向叶面喷洒0.2%的磷酸二氢钾溶液或者3%的过磷酸钙溶液，可以有效提高植株的抗高温能力，减轻极端高温对水稻抽穗开花过程的伤害。同时也有农学专家进一步指

出，在极端高温对水稻造成了实质性破坏之后，亦可以通过追施化肥来补救水稻产量。综上，不论是作为极端高温对水稻生产造成损害的防御，还是在产生损害之后进行补救，合理追施化肥是一项有效降低水稻减产率的措施。

如前所述，本小节在分析化肥施用时，简化为氮肥的施用，这一简化既是基于农户的实际操作，理论研究也表明，氮肥的投入是水稻生产人为因素投入中的最大组成部分。本小节在 DSSAT 模型实验文件构建之时，已经将各站点各年的化肥施用情况按照农气站田间管理数据记录转化为了施氮量。这里需要说明的是，为了使模型能够接近实际生产情况，在处理没有施肥量或施肥种类和施肥量两者皆无的施肥记录时，均以每次 50kg/ha 施氮量作为输入数值。本章节主要探讨氮肥的施用对缓解一季稻极端高温有多大程度的影响？因此选取施肥量作为一季稻极端高温适应性措施之一，利用校验好的 DSSAT-Rice 模型定量分析施肥量的大小对缓解极端高温对产量带来的影响的作用。

7.3.2 改变水稻品种特性的适应性评价

在进行品种适应性评估过程中，将在一季稻品种参数中直接设置不同的高温忍耐系数（G4），然后利用校准好的 DSSAT-Rice 模型来定量分析高温抗性对一季稻产量的影响。根据 DSSAT-Rice 说明文件中对高温忍耐系数的解释，在一般的环境条件下，高温忍耐系数一般取 1.00；当环境温度较低，则高温忍耐系数一般大于 1.00 为最佳，其取值范围一般为 1.00～1.25；而当环境温度较低时，则该系数一般低于 1.00。本书研究针对极端高温对一季稻产量的影响，欲探索品种参数中高温忍耐系数对最终的产量的影响，因此只考虑环境温度过高的情景，将高温忍耐系数设置大于 1.00 的不同情景。如前所述，在进行品种调参时，每个站点均校准了一个种植多年的品种，因为只对水稻的一个遗传参数进行定量分析，因此本节只选取了极端高温天气较为频繁的古丈站所选种的甘优 22 进行分析。在品种校验过程中，甘优 22 的各项遗传参数已经确定，本研究在此基础上，设置不同的高温忍耐系数情景进行定量分析，具体为 6 种情景，即高温忍耐系数为 1.00，1.05，1.10，1.15，1.20，1.25。其中 1.05 为实际校准得到的该品种高温忍耐系数。在结果展示时，按照古丈站极端高温强度由低到高的顺序作为横坐标，各高温忍耐系数设置下的模拟产量作为纵坐标。

图 7.7 展示了不同极端高温强度等级下，不同高温忍耐系数设置下的一季稻产量分布。从图中可以看出，整体而言，高温忍耐系数越大，一季稻产量越高。而另一个明显的特征，是高温忍耐系数的增大对产量的贡献值与极端高温的强度有显著对应关系。当极端高温强度较低时，提高高温忍耐系数对产量的影响效果有限。同样地，低于 1.05 的高温忍耐系数下，一季稻产量亦无明显波动。当极端高温强度逐渐提高时，高温忍耐系数的贡献逐渐显现，如图中中间部分所示。而当极端高温强度过高时，高温忍耐系数的贡献率又

开始下降，且此时在低于1.05的高温忍耐系数下，产量出现明显的下降。这说明，在高强度极端高温下，高温忍耐系数的提高已无法继续发挥缓解极端高温对产量影响的作用。

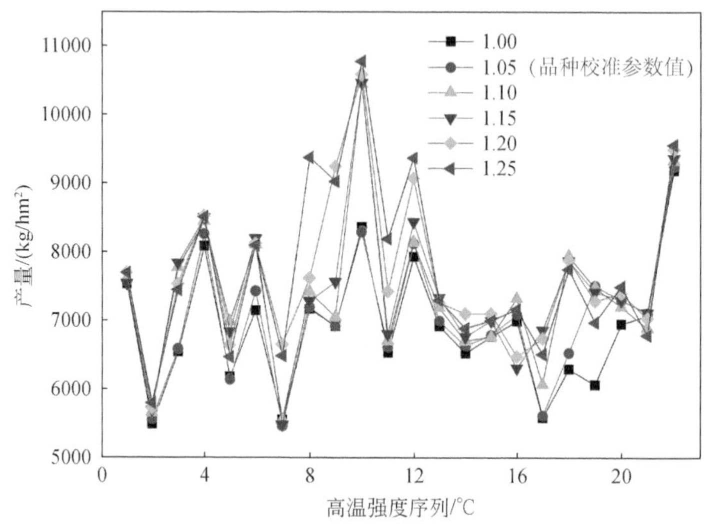

图7.7　不同极端高温强度等级下，不同高温忍耐系数设置下的一季稻产量

通过对选定的品种进行了高温忍耐系数与极端高温情景下一季稻产量关系的分析，主要可以得到以下结论。

1）整体来看，水稻高温忍耐系数越大，水稻的高温抗性越强，在极端高温情景下所受到的产量损失越小，表现为高温忍耐系数越大，极端高温情景下的一季稻模拟产量越高。

2）高温忍耐系数在极端高温强度较低和过高时对缓解极端高温对产量影响的贡献率不明显，尤其是在极端高温强度过高时。以本节研究的实验设置为例，以模型校准品种的高温忍耐系数（1.05）及其各年模拟产量为参照，在绝大多数年份，当高温忍耐系数低于1.05时，其模拟产量均低于参照值；当高温忍耐系数高于1.05时，模拟产量均高于参照值，但仅当7℃≤I（高温强度）≤12℃时，才有明显的产量差距。这表明，当极端高温强度过高时，提高品种的高温抗性以缓解极端高温对产量影响的作用较小。

通过以上分析，可以得知：在实际生产活动中，农户选择耐高温的品种进行种植，具有一定的理论基础。然而，耐高温品种并不能保证水稻在高温天气中完全不受损害。当高温强度过大时，耐高温品种会失去其高温抗性，此时，需要对水稻田和植株采取其他的适应性措施以缓解高温对产量造成的影响。

7.3.3 调整水稻播种期对缓解极端高温的适应性评价

本小节将利用校验好的 DSSAT-Rice 模型，模拟调整水稻播种期对缓解一季稻极端高温影响的作用。根据各站点农气站记录数据中的一季稻播种日期，在模型中分别设置播种期提前 10 天、5 天，延后 5 天、10 天、15 天、20 天等 6 组对照实验，模拟最终的水稻产量，并与实际生产情况的水稻产量对比。根据生产经验，只要当环境温度达到水稻萌芽的温度时，才会开始进行播种，所以，提前太久，环境温度太低，无法满足水稻萌芽的条件。因此，本书在设置播种期调整时，只设置两组提前的情景，分别为提前 5 天和 10 天，是为了保证该日期时环境温度不会太低。模型模拟时所使用的气象数据均为当年的实际气象数据，因此，无需考虑播种期的调整会改变一季稻的物候期长短，模型会根据一季稻生长所需的积温确定各个物候期的长短，这是进行播种期调整模拟的理论基础。

图 7.8 展示了 4 个站点 6 组对照实验的模拟产量与实际产量的波动幅度。从图中可以看出，各个站点不同处理条件下的一季稻最终产量表现各有差异，也存在一定的相似性。靖州站，总体而言，其一季稻产量在不同播种期调整的设置下变化幅度较小，只有 2010 ~ 2011 年出现了显著的产量变化（Box 图中未标注，下同）。而由第三章对各站点极端高温强度的时间特征分析可知，靖州站在 2010 ~ 2011 年的高温强度处于历年中的最高值，这表明播种期的调整对当年一季稻的生长起到了调节作用。需要说明的是，这里的“调节”作用，并非单指缓解极端高温对一季稻产量的影响，也包含进一步加剧这种影响。具体来看，在极端高温强度较高的 2009 ~ 2012 年，提前播种的调控措施可以在不同程度上避免极端高温带来的影响，使得一季稻最终产量高于实际产量，其中，提前 10 天播种的效果比提前 5 天播种的效果更佳。而这一期间采取延后播种的调控措施，则进一步增加了一季稻最终产量的损失。而延迟播种则避免了此类损失。还有的年份，例如 2000 年，提前播种和延迟播种均产生了产量增加的效果，而在 1992 年，两种调控措施又均产生了加剧减产的效果。这进一步说明，怀化站的播种期调控策略因“年”而异，或者说，与气候条件紧密相关。

古丈站与怀化站类似，其一季稻产量在不同播种期调整的设置下也呈现出明显的年际波动特征。从第三章对各站点极端高温强度的分析中得知，古丈站的极端高温强度在四个站点中最大，因此，可以看到，在实施调整播种期的措施之后，古丈站的一季稻产量的波动幅度也是最大的，在-25% 和 18% 之间。进一步分析还可得知，极端高温强大越大的年份，调控播种期所带来的产量变化，包括增产和减产的效果，也相应越大。与怀化站类似，不同年份，不同播种期的调控设置对古丈一季稻产量所产生的效果都有较大的差异。但与上述两个站点所不同的是，在古丈站，延迟播种期所带来的增产效果的比例要明显高于靖州站和怀化站。这说明，对于古丈站而言，极端高温强度大的年份，延迟播种更有利

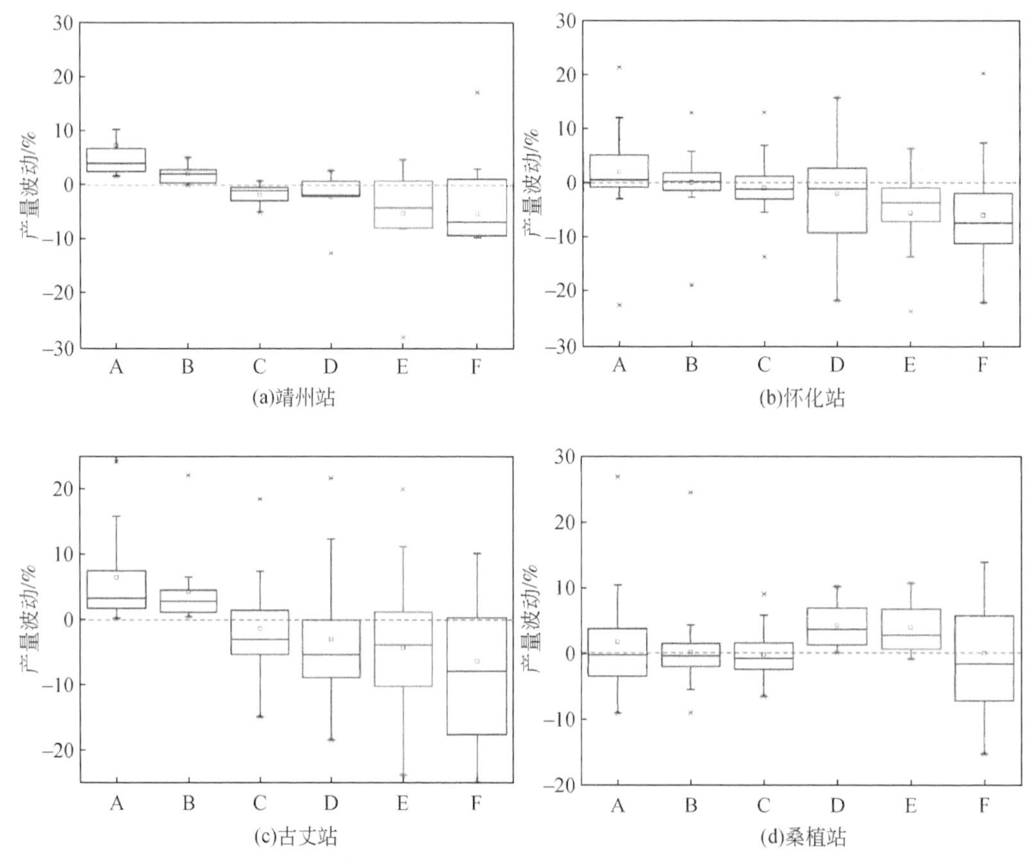

图 7.8　调整播种期对缓解极端高温影响的效果

注：A，B，C，D，E，F 分别为播种期提前 10 天、5 天，延后 5 天、10 天、15 天、20 天六组实验。

于避免产量损失。

桑植站在实施播种期调整的措施后产生的效果与上前述 3 个站点又略有不同。首先，播种期调整，不论是提前播种还是延迟播种，其对产量的影响波动幅度绝大多数年份均在 ±10% 以内，波动最大的 2003 年，其产量变化幅度也小于 15%，低于前述三个站点多年的波动值；其次，延迟播种对产量的增加效果要好于提前播种，延迟 10 天和 15 天播种都能够有效避免极端高温的影响而带来产量的增加，而提早 10 天和 5 天播种则在大多数年份加剧了极端高温对一季稻产量造成的损失。桑植站的模拟结果表明，在极端高温强度较大的年份，延迟播种更有利于避开极端高温对一季稻产量造成的影响。

利用 DSSAT-Rice，分别设置提前 10 天、5 天，延后 5 天、10 天、15 天、20 天等六组实验，模拟调整播种期后的模拟产量与实际产量的差异。从产量波动结果来看主要有以下结论：

1）播种期的调整对一季稻产量会造成显著的影响，这种影响包括增产和减产；

2）调整播种期对各站点一季稻产量的影响存在差异。例如，靖州站采取调整播种期的措施带来的产量波动幅度在±10%之间，而提前播种均能带来产量的增加，延迟播种则大部分情况下会带来减产；桑植站调整播种期带来的产量波动幅度在±15%之间，提前播种带来的产量波动正负不一，而延迟 10 天和 15 天则均能带来产量的增加。

从上一节对一季稻生产的非气象因素的阐述中可知，多数研究认为，延迟一季稻的播种期有利于一季稻抽穗开花期避开极端高温频发期，从而使产量保持稳定。而从本书研究的模拟结果来看，对于湖南省的一季稻站点而言，在极端高温年份，延迟播种并不能完全保证一季稻产量的稳定，这里本书研究认为有如下可能的原因：

1）极端高温持续时间较长，导致延迟播种并不能使一季稻抽穗开花期很好地避开极端高温时段，从而导致植株受损，产量降低；

2）尽管研究表明水稻抽穗开花期对于极端高温胁迫最为敏感，但其他生育阶段遭受严重高温同样会对最终产量造成影响，因此，延迟播种亦无法解决产量受损的问题。而提前播种也无法完全保证在所有情况下一季稻产量不受损失。

综上来看，对于播种期的调整应该遵循“因地制宜”和“因年制宜”，也就是说，不同站点，提前播种和延迟播种所带来的一般效果不尽相同，对于不同的年份，提前播种和延迟播种同样会有不同的影响效果。因此，需要各站点根据当年或未来年份的气候情况合理选择调控措施。本研究利用 DSSAT-Rice 模型模拟了历史情况下播种期调整对于一季稻产量的影响，该方法同样适合于未来气候情景下的模拟。所以，在未来气候情景已知或可预报的情况下，可以利用该模型，“因地制宜”，“因年制宜”地选择适当的调控策略，保障一季稻产量的稳定。

7.3.4 灌溉对缓解高温热害对水稻影响的作用

本小节利用校验好的 DSSAT-Rice 模型，模拟极端高温期间不同灌溉量对缓解一季稻极端高温影响的作用。灌溉措施实施的时间仅针对一季稻关键生育期内极端高温发生时段。

本书研究在构建 DSSAT-Rice 模型实验文件时，已按照各站点农气站记录数据将灌溉记录输入到了实验文件中。在整理这些灌溉记录时，本研究发现，虽然各站点存在多年灌溉记录，但其灌溉时间大多数并非极端高温发生期间，也就是说，农气站中记录的灌溉过程并非针对极端高温的缓解。因此，在接下来的分析中，本研究是在保留原有灌溉的基础上，在极端高温期间实施额外的灌溉措施，探究其对缓解水稻极端高温影响的作用。

本书研究重点为定量分析灌溉量对缓解一季稻极端高温影响的作用，因此，本节的分析过程中主要变量即为灌溉水深。此处参照了前人对高温热害的定义，在设置具体灌溉日期时，选择一季稻生育期内至少连续 3 天发生极端高温天气的开始日期进行灌溉。如果关键生育期内发生多次至少连续 3 天的极端高温天气，若前后两段极端高温天气间隔时间少于两天，则视为一次极端高温天气过程，两天及以上，视为两次极端高温天气过程，在两次极端高温天气过程的始期分别进行灌溉。灌溉量设置为 4cm、6cm、8cm、10cm、12cm，5 组实验的最终产量与原始灌溉条件下的产量进行对比。

图 7.9 展示了 4 个站点 5 种不同灌溉情景下一季稻产量的波动值。总体而言，极端高温期间的灌溉措施对缓解极端高温对一季稻产量的损失有显著的作用，这与前人的研究成果大致一致，表明极端高温期间进行适当的灌溉是缓解其对产量造成影响的一种有效手段。具体来看，靖州站在一季稻极端高温期间实施灌溉措施的效果与灌溉量大致呈正比例关系，也就是说，在实验设计的灌溉量范围内，灌溉量越大，即灌水深度越大，对缓解极端高温影响的作用就越显著。同时，高温强度越大的年份，灌溉带来的缓解作用也越大。灌水 4cm 深时，产量的变化率大致在 2% 左右；而灌水 12cm 深时，产量的变化率均达到 5% 以上。模拟结果表明，对靖州站而言在一季稻极端高温期间田间灌水 12cm 左右可以有效缓解极端高温对水稻的损害，保持最终产量的稳定。怀化站在一季稻极端高温期间实施灌溉措施的效果与靖州站类似，即总体上灌溉对极端高温影响的缓解效果与灌溉量成正比。但并非在所有年份，极端高温期间实施灌溉措施都带来了正面效果，这在不同的灌溉量灌溉下都有出现。进一步对比上一章节极端高温强度的时间特征分析结果可以发现，对于极端高温强度较大的年份（强度 20℃ 以上），灌溉措施均能有效缓解极端高温的影响，带来产量的增加。而对于极端高温强度较低的年份（10℃ 以下），则出现了灌溉措施没有效果甚至负面效果的结果。这说明，对于怀化站而言，灌溉措施对极端高温强度较低的年份没有缓解效果甚至妨碍了水稻的正常生长。因此，从模拟结果来看，怀化站在极端高温较轻的年份，应按照正常处理措施进行田间管理，而不应额外增加灌溉；而在极端高温较重的年份，额外的灌溉处理对缓解极端高温的影响有显著的作用。

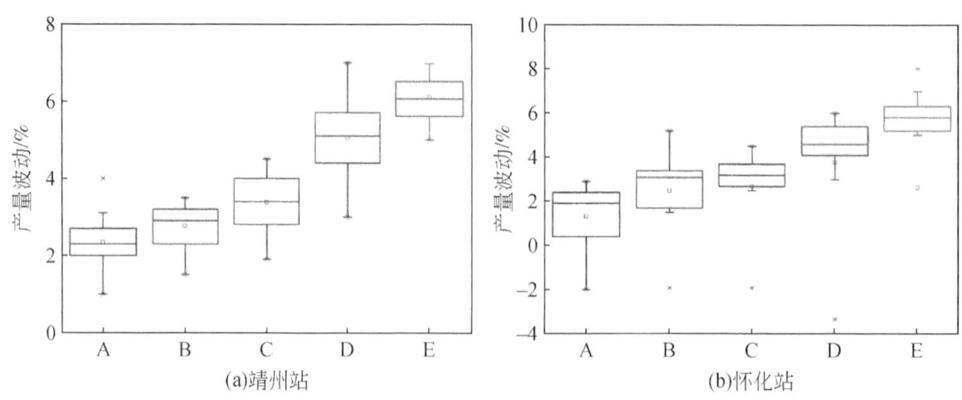

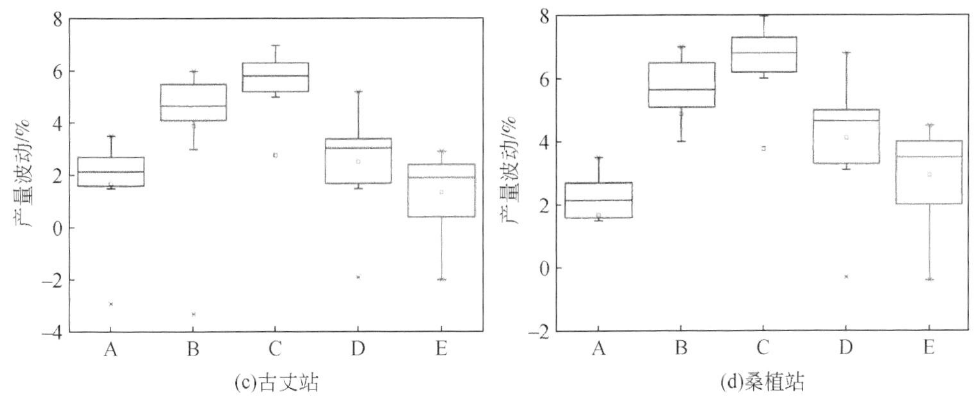

图 7.9　极端高温期间不同灌溉量措施带来的产量变化

注：A，B，C，D，E 分别为灌溉 4cm、6cm、8cm、10cm、12cm 水深的五组实验。

古丈站在极端高温期间实施灌溉措施的效果呈现出“两端低，中间高”的特点，即灌浅水和灌深水均无法达到缓解极端高温的作用，而灌溉 8 ~ 10cm 左右的水则能达到最佳的效果。回顾上一章高温极端高温的分析结果可知，古丈站的极端高温强度在四个站点中最高，其对产量的致损率也最大。而模拟结果表明，当古丈站发生极端高温时，浅层的灌溉并不能带来明显的缓解作用，而深层的灌溉又会反过来造成产量的损失。这说明，在古丈站的一般种植条件下，极端高温期间（即一季稻孕穗开始期至乳熟普遍期），灌溉量过大会造成水稻植株受损，而影响最终产量的形成。而较小的灌溉量亦不足以缓解极端高温对一季稻产量带来的影响。这启示我们，在古丈站一季稻极端高温发生之际，选择合理的灌溉量进行灌溉是缓解极端高温对一季稻产量影响的重要措施。桑植站的模拟结果与古丈站类似，过高和过低的灌溉量同样对极端高温的缓解作用不明显，6 ~ 8cm 的灌溉量效果则最佳，带来的产量增长均达到 6% 以上。模拟结果表明，对于桑植站的种植环境而言，一季稻极端高温期间适度的灌溉措施对缓解极端高温影响具有显著的作用，可以作为主要的适应性措施之一。

本小节利用校验好的 DSSAT-Rice 模型模拟了一季稻极端高温期间实施不同灌溉量灌溉措施对缓解极端高温影响的作用。从四个站点实施不同灌溉量对一季稻最终产量影响的结果来看，可以得到以下的结论：

1）总体而言，一季稻极端高温期间实施灌溉措施有利于缓解极端高温造成的最终产量损失，表现为在绝大多数年份，各站点在极端高温期间进行灌溉均能带来产量增加，增加幅度在 1% ~8% 之间。

2）灌溉措施的效果与灌溉量大小有着密切的关系，一般而言，浅层灌溉效果不明显，而深层灌溉在某些站点效果最佳，在某些站点则会产生副作用；例如，靖州站在极端高温期间随着灌溉量的增加，产量呈现递增的趋势，灌溉量为 12cm 时，产量平均可增加 6%，在所有灌溉实验中效果最好；而古丈站效果最好的灌溉量为 8cm，其带来的产量增加幅度约为 6%，高于其他各组灌溉实验带来的产量波动。

3）对于不同站点，极端高温期间选择灌溉作为适应性措施是可行且效果良好的。一般而言，极端高温期间 6～8cm 的灌溉量对缓解极端高温对水稻造成的影响普遍具有积极作用。

在实际生产操作中，灌溉是较为简易和可行的措施。本研究在进行之初，对湖南省宁乡县的农户进行过实地调查，结果表明，在高温天气，农民一般会选择灌溉措施对稻田和植株进行降温处理，以保证水稻正常的生长发育。尽管可能由于数据的缺失而导致本研究四个站点农气站记录数据中缺乏相应的灌溉措施记录，但从模型模拟结果及实际经验来看，极端高温期间对一季稻田进行适度合理的灌溉是一种有效减缓极端高温影响的措施。因此，本研究的研究成果可以为当地农户进行相关的操作提供参考。

7.3.5　水稻施肥对极端高温影响的缓解作用

本小节利用校验好的 DSSAT-Rice 模型，模拟一季稻极端高温期间增施氮肥对缓解极端高温影响的作用。在构建 DSSAT-Rice 模型实验文件时，基于良好的站点农气站化肥记录数据，本书研究在构建实验文件时，均按照化肥施用记录进行了初始设置，并将未标明化肥施用量的施肥过程统一设置为施氮肥 50kg/ha。在整理有关施肥的田间管理记录时，本书研究发现，农气站记录的施肥过程绝大部分在孕穗期之前，即 4～6 月。而在极端高温集中的 7 月下旬至 8 月上旬，几乎没有任何的施肥记录。如前所述，本书研究假设农户在实际生产过程中未采取任何缓解极端高温的措施，因此，可以推测，在正常情况下，孕穗期至乳熟期这一段关键生长期是无需进行肥料施用的。许多研究表明，极端高温期间增施化肥对缓解极端高温有显著的作用。本研究在进行实验设置时，关注氮肥施用量的大小对缓解极端高温的作用，在极端高温期间设置增施 40kg/hm^2、60kg/hm^2、80kg/hm^2、100kg/hm^2 和 120kg/hm^2 的五组实验。与灌溉情景的设置不同，氮肥情景在每一个生长季的极端高温过程中只设置一次，这是因为一次施肥的效果可以持续较长时间，而且在实际生产过程中，过于密集频繁的施肥会抑制作物生长并破坏生态环境。因此，对于各个站点每一极端高温年份，氮肥设置只有量上的区别，这更有利于定量分析氮肥施用对缓解极端高温影响的作用。

图 7.10 展示了四个站点 5 种不同施氮量情景下一季稻产量的波动值占原始产量的比例。从图中可以看出，增施氮肥对缓解极端高温对产量影响的作用要比灌溉措施更为显著，4 个站点在极端高温期间增施氮肥均能够带来产量的正向增长。与采取灌溉措施带来的效果不同的是，增施氮肥措施带来的产量波动在不同强度的极端高温年份并没有太大的差异。具体来看，靖州站和怀化站在极端高温期间增施氮肥的效果与施氮量大致呈正比例

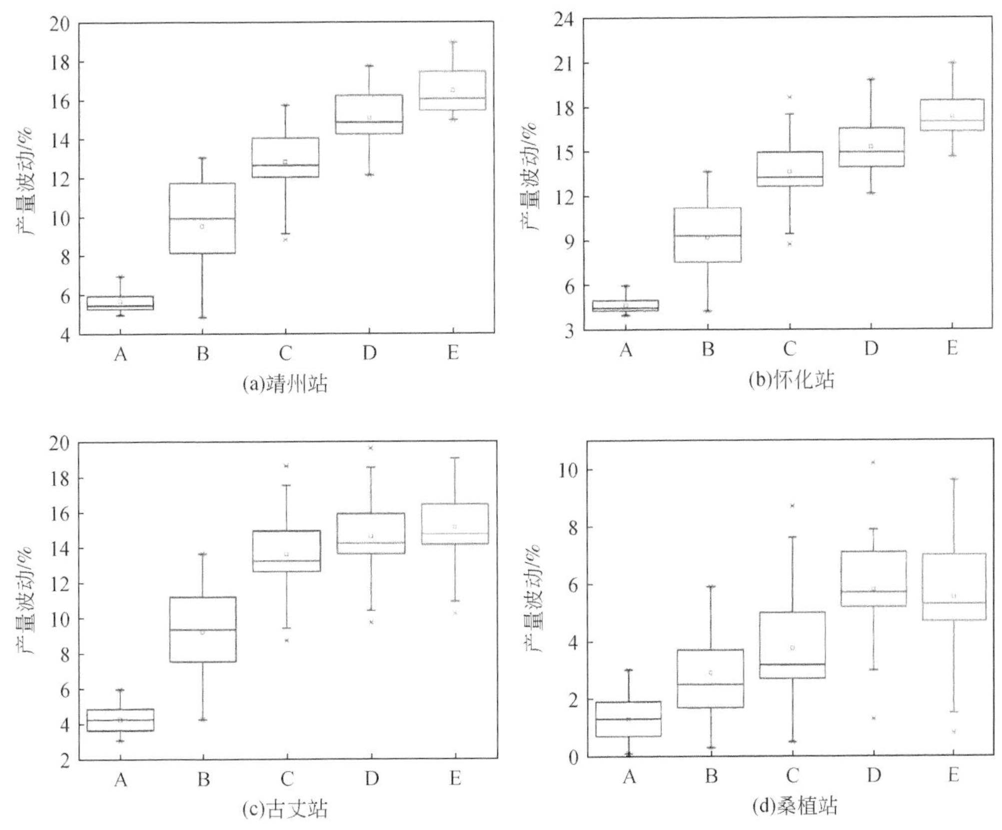

图 7.10　极端高温期间增施氮肥后各站点一季稻产量变化

注：A，B，C，D，E 分别为增施 40kg/hm² 、60kg/hm² 、80kg/hm² 、100kg/hm² 、120kg/hm² 氮肥的五组实验。

关系，即氮肥施用量越大，产量增加越显著。以最低氮肥增施量 40kg/hm² 为例，靖州站在增施氮肥之后一季稻产量增长水平均为 5%，怀化站的产量增长水平也在 4% 以上。当氮肥增施量为 120kg/hm² 时，靖州站和怀化站一季稻产量的增长水平都达到了 15% 以上。虽然产量随着施氮量的增加而增长，但当施氮量较高时，其对产量增加的贡献效率却呈现出下降的趋势。这说明在本研究的实验设置范围内，极端高温期间增施氮肥的阈值（即产量随着施氮量增加开始不再继续增加，甚至下降时的施氮量）高于 120kg/hm²。为了统一实验设置，本研究并未再设置高于 120kg/hm² 的施氮量情景以探究这两个站点具体的施氮量阈值，但模拟结果表明，极端高温期间靖州站和怀化站的施氮量在 120kg/hm² 时已经能够达到较好地缓解极端高温，保证产量增长的作用。

古丈站在极端高温期间增施氮肥同样带来了显著的产量增长。在施氮量设置水平内，古丈站的产量增加值均在 3% ~13% 之间。与靖州站和怀化站所不同，古丈站的施氮量阈值要低于上述两站，在施氮量水平为 100kg/hm² 左右时，产量已经没有了显著的增加，而当施氮量水平为 120kg/hm² 时，其效果和 100kg/hm² 水平的施氮量效果已无太大差异。模拟结果表明，古丈站在极端高温期间增施 80kg/hm^2 左右的氮肥对缓解极端高温带来的影响效果最佳。桑植站在极端高温期间增施氮肥的效果比其他三个站点差。当施氮量为 40kg/hm^2 时，其对缓解极端高温带来的影响效果不显著。当施氮量大于 40kg/hm^2 时，增施氮肥对一季稻产量增加的贡献在 5% ~10%。同样地，桑植站极端高温期间增施氮肥的阈值在 120kg/hm^2 以内，表现为当施氮量在 120kg/hm^2 的水平时，其对产量增加的效果低于比施氮量为 100kg/hm^2 时的效果。桑植站的模拟结果表明，一季稻极端高温期间增施 100kg/hm^2 左右的氮肥可以有效缓解极端高温对产量造成的影响。

本节利用校验好的 DSSAT-Rice 模型模拟了 4 个站点一季稻极端高温期间采取增施氮肥的措施对缓解极端高温影响的作用，实验设置以氮肥量为变量。从四个站点不同量的氮肥对一季稻最终产量影响的结果来看，可以得到以下的结论：

1）总体来看，一季稻极端高温期间增施氮肥对于缓解极端高温对水稻造成的影响具有明显的作用，不同施氮水平下，四个站点一季稻产量的波动值在 2% ~20%，且年际波动不大；

2）一般而言，一季稻极端高温期间采用增施氮肥的措施，随着施氮量的增加，带来的产量增加的效果也就越显著，80 ~100kg/hm^2 左右的施氮量普遍能带来超过 10% 的增产效果；

3）对于单个站点而言，存在施氮量阈值，即产量随着施氮量增加开始不再继续增加，甚至下降时的施氮量。模拟结果表明，在极端高温期间持续增加施氮量，并不能带来持续的增产效果。因此，合理地选择适度的施氮量是采用增施氮肥这一减缓极端高温措施的前提。

如前所述，氮肥以及其他种类的化肥等所有肥料的施用，是控制水稻生长过程的最为重要的人为因素之一。一般而言，在一季稻生长发育过程中，最主要的两个施肥节点为播种期和移栽期，两个阶段的施肥过程对一季稻整个生长发育过程都有重要作用。加之化肥成本较高，以及对环境也会造成一定的影响，因此，在实际生产操作中，面对一季稻关键生育期遭遇极端高温时，农户一般不会采取增施氮肥的措施。但从本研究的模拟结果来看，一季稻极端高温期间合理增施适量的氮肥，是一种有效避免极端高温影响的措施。整体来看，增施氮肥的效果好于额外灌溉的效果，且操作性要优于调整播种期的措施。在成本允许且对环境造成的影响有限的情况下，农户可以考虑在一季稻极端高温期间增施氮肥以降低其对最终产量的影响。

在本节分析过程中，适应性措施的效果是通过与实际天气情况下一季稻产量的模拟值进行对比来评估的。如前所述，本书研究中已假定用实际气象数据模拟得到的一季稻产量为极端高温受灾产量，因此，在针对极端高温期间采取的相应措施被视为缓解极端高温的适应性措施。需要说明的是，本章在分析时所说的产量增加，是指相对于实际情况而采取了极端高温适应性措施后的产量变化，事实上，严格意义来说，这一部分产量的增加是一种“稳产”，即采取适应性措施以恢复正常情况下的产量。为了便于分析，本书研究均以增产或减产作为产量变化的表述。

这部分我们主要分析了三种适应性措施对缓解极端高温影响的作用，包括调整一季稻播种期、在极端高温期间进行灌溉以及在极端高温期间增施氮肥。从模拟结果来看，调整播种期带来的产量波动较大，不论是提前播种，还是延迟播种，都可能带来产量的增加或者减少。对于某些站点，在历史气候条件下，提前播种整体上能够带来一季稻产量的增加；而对于另一些站点，延迟播种的效果更好。提前或者延迟播种是一种“灾前”适用性措施，即在灾害未发生之际就采取了相应的避灾措施。这一特征要求农户有充分的信息来源，即当地未来的气候状况等。随着气象预报技术的成熟，在水稻播种期期间提前预测关键生育期的气象状况将成为可能，从而农户进行播种期的调整也成为可能。

在当前技术条件下，采取“灾时”适用性措施是更为有效地减缓极端高温影响的手段。模拟结果表明，灌溉和增施氮肥均能够带来产量的显著增加，但均需要控制在合理的范围内。灌溉量过低，达不到减缓极端高温效果的作用；灌溉量过高，则会对水稻的生长起到抑制作用。同样地，施氮量过低无法带来避热效果，而施氮量过高，不仅成本浪费，也不会带来最终产量的继续则增长。因此，极端高温期间合理地选择水和肥的用量成为了缓解极端高温的关键。从研究结果可以看出，灌溉措施对缓解极端高温的效果与极端高温强度有关，即极端高温强大较大的年份，采取灌溉措施带来的产量增加的百分比也更高。而增施氮肥对缓解极端高温的效果在年际之间波动不大，即不论极端高温强度大小，在研究时段内一季稻极端高温期间增施氮肥所带来的增产百分比没有明显的差异。本书研究认为，灌溉措施改变了水稻周围的环境温度，是对极端高温最根本的缓解方式，所以，极端高温越强的年份，灌溉所起到的降温效果也就越强；而增施氮肥改变的只是植株体内的营养结构，水稻的生长发育依然处在高温环境之中，也就是说，极端高温本身并没有解除，只是植株增强了抗高温热害的能力，因此，其对于极端高温的缓解效果取决于水稻植株本身。

在实际生产过程中，灌溉和增施氮肥往往可以同时进行，其效果如何，需要进行进一步的实验设计。本研究现阶段重点关注的是单一的高温热害适应性措施对于缓解高温热害影响作用的具体程度，因此，现阶段的研究中，并未进一步分析多种适应性措施同时使用时对缓解一季稻极端高温影响的作用。为了更加结合实际情况，有必要在今后的研究中对适应性措施进行综合优化分析。

另外，如 7.1 节中所述，选用耐高温的一季稻品种是实际生产实践中较为常用的避热措施之一。在实际调查中，研究发现很多农户由于选择了耐高温的品种，因而在极端高温期间没有采取相应的适应性对策以人为缓解极端高温对水稻的损害。事实上，即使是耐高温的品种，当关键生育期处于连续多天 35℃以上极端高温天气时，对任何类型的水稻都会造成损害。因此，极端高温期间人为采取适当适应性措施仍然是必要且可行的。从四个站点农气站记录数据来看，实际生产中一季稻品种的选择随意性较大，这进一步表明人为采取适应性措施的必要性。

7.4 小　结

在本章的分析过程中，适应性措施的效果是通过与实际天气情况下一季稻产量的模拟值进行对比来评估的。如前所述，本研究中已假定用实际气象数据模拟得到的一季稻产量为极端高温受灾产量，因此，在针对极端高温期间采取的相应措施被视为缓解极端高温的适应性措施。需要说明的是，本章在分析时所说的产量增加，是指相对于实际情况而采取了极端高温适应性措施后的产量变化，事实上，严格意义来说，这一部分产量的增加是一种“稳产”，即采取适应性措施以恢复正常情况下的产量。为了便于分析，采用以增产或减产作为产量变化的表述。

本章主要分析了三种适应性措施对缓解极端高温影响的作用，包括调整一季稻播种期、在极端高温期间进行灌溉以及在极端高温期间增施氮肥。从模拟结果来看，调整播种期带来的产量波动较大，不论是提前播种，还是延迟播种，都可能带来产量的增加或者减少。对于某些站点，在历史气候条件下，提前播种整体上能够带来一季稻产量的增加；而对于另一些站点，延迟播种的效果更好。提前或者延迟播种是一种“灾前”适用性措施，即在灾害未发生之际就采取了相应的避灾措施。这一特征要求农户有充分的信息来源，即当地未来的气候状况等。随着气象预报技术的成熟，在水稻播种期期间提前预测关键生育期的气象状况将成为可能，从而农户进行播种期的调整也成为可能。

在当前技术条件下，采取“灾时”适用性措施是更为有效地减缓极端高温影响的手段。模拟结果表明，灌溉和增施氮肥均能够带来产量的显著增加，但均需要控制在合理的范围内。灌溉量过低，达不到减缓极端高温效果的作用；灌溉量过高，则会对水稻的生长起到抑制作用。同样地，施氮量过低无法带来避热效果，而施氮量过高，不仅成本浪费，也不会带来最终产量的继续则增长。因此，极端高温期间合理地选择水和肥的用量成为了缓解极端高温的关键。从研究结果可以看出，灌溉措施对缓解极端高温的效果与极端高温强度有关，即极端高温强大较大的年份，采取灌溉措施带来的产量增加的百分比也更高。而增施氮肥对缓解极端高温的效果在年际之间波动不大，即不论极端高温强度大小，在研究时段内一季稻极端高温期间增施氮肥所带来的增产百分比没有明显的差异。由此可以认为，灌溉措施改变了水稻周围的环境温度，是对极端高温最根本的缓解方式，所以，极端高温越强的年份，灌溉所起到的降温效果也就越强；而增施氮肥改变的只是植株体内的营养结构，水稻的生长发育依然处在高温环境之中，也就是说，极端高温本身并没有解除，只是植株增强了抗高温热害的能力，因此，其对于极端高温的缓解效果取决于水稻植株本身。

在实际生产过程中，灌溉和增施氮肥往往可以同时进行，其效果如何，需要进行进一步的实验设计。这章节重点关注的是单一的高温热害适应性措施对于缓解高温热害影响作用的具体程度，因此，现阶段的研究中，并未进一步分析多种适应性措施同时使用时对缓解一季稻极端高温影响的作用。为了更加结合实际情况，有必要在今后的研究中对适应性措施进行综合优化分析。另外，值得注意的是选用耐高温的一季稻品种是实际生产实践中较为常用的避热措施之一。在实际调查中发现，很多农户由于选择了耐高温的品种，因而在极端高温期间没有采取相应的适应性对策以人为缓解极端高温对水稻的损害。事实上，即使是耐高温的品种，当关键生育期处于连续多天 35℃以上极端高温天气时，对任何类型的水稻都会造成损害。因此，极端高温期间人为采取适当适应性措施仍然是必要且可行的。从四个站点农气站记录数据来看，实际生产中一季稻品种的选择随意性较大，这进一步表明人为采取适应性措施的必要性。

参 考 文 献

刘晓菲，张朝，帅嘉冰，等．2012. 黑龙江省冷害对水稻产量的影响［J］．地理学报，67（9）：1223-1232.

王琛智，张朝，张静，等．2018. 湖南省地形因素对水稻生产的影响［J］，地理学报，73（9）：1-17.

王品，魏星，张朝，等．2014. 气候变化背景下水稻低温冷害和高温热害的研究进展［J］，资源科学，36（11）：2316-2326.

王品，张朝，陈一，等．2015. 湖南省暴雨洪涝灾害及其农业灾情评估［J］．北京师范大学学报（自然科学版），51（1）：75-79.

魏星，王品，张朝，等．2015. 温度三区间理论评价气候变化对作物产量的影响［J］，自然资源学报，30（3）：470-479.

张朝，王品，陈一，等．2013. 1990 年以来中国小麦农业气象灾害时空变化特征［J］．地理学报，68（11）：1453-1460.

张亮亮，张朝，张静，等．2019. 基于 CERES-Rice 模型的湖南省一季稻极端高温损失评估及适应性措施［J］．生态学报，39（17）：6293-6303.

Liu X，Zhang Z，Shuai J，et al. 2013. Impact of Chilling injury and global warming on rice yield in Heilongjiang province［J］. Journal of Geographical Sciences，23：85-97.

Shi W，Tao F，Zhang Z. 2013. A review on statistical models for identifying climate contributions to crop yields［J］. Journal of Geographical Sciences，23（3）：567-576.

Shuai J B，Zhang Z，Liu X F，et al. 2013a. Increasing concentrations of aerosols offset the benefits of climate warming on rice yields during 1980-2008 in Jiangsu Province［J］. China Regional Environmental Change，13（2）：287-297.

Shuai J B，Zhang Z，Sun D Z，et al. 2013b. ENSO，climate variability and crop yields in China［J］. Climate Research，58：133-148.

Shuai J，Zhang Z，Tao F，et al. 2016. How ENSO affects maize yields in China：understanding the impact mechanisms using a process-based crop model [J]. International Journal of Climatology, 36 (1): 424-438.

Wang P, Zhang Z, Chen Y, et al. 2014. Temperature variations and rice yields in China: historical contributions and future trends [J]. Climatic Change, 124 (4): 777-789.

Zhang Z, Liu X F, Wang P, et al. 2014a. The heat deficit index depicts the responses of rice yield to climate change in the northeastern three provinces of China [J]. Regional Environmental Change, 14 (1): 27-38.

Zhang Z, Song X, Chen Y, et al. 2015. Dynamic variability of the heading-flowering stages of single rice in China based on field observations and NDVI estimations International [J]. Journal of Biometerology, 59: 643-655.

Zhang Z, Wang P, Chen Y, et al. 2014b. Global warming over 1960-2009 did increase heat stress and reduce cold stress in the major rice-planting areas across China European [J]. Journal of Agronomy, 59: 49-56.

第 8 章 粮食安全评价案例

8.1 我国三大粮食作物可持续性生产评价

Ray 等（2012）以统计模型拟合作物的单产序列，继而判断单产趋势的变化类型，在此基础上对全球 4 种主要作物（玉米、水稻、小麦和大豆）的单产变化情况进行了空间分析。在粮食安全研究中，种植面积的变化趋势具有和单产趋势研究同样的研究价值和研究意义。因此本章就我国三大农作物的种植面积和单产变化趋势一并分析研究，从粮食安全四个基本维度之一的可供性（food availability）视角初步构建可持续性生产的评价框架。注意本章的可持续性生产是指耕地保持持续生产的能力，注重总产的变化情况（Wei et al.，2015）。单产以及种植面积的变化都会对耕地未来持续生产的能力造成影响。尤其是在农业政策发生巨大变革的近 30 年来，研究耕地的持续生产能力具有重要意义。

8.1.1 生产可持续性的判定方法

定性研究我国粮食生产可持续性的判别流程如图 8.1 所示。

1）数据基础：对粮食生产可持续性的评估将分别从省级和县级两个不同维度进行分析。1980 ~ 2011 年水稻、小麦和玉米的省级单产数据和种植面积数据来源于中国种植业信息网；1980 ~ 2008 年县级单产和面积数据来源于中国种植业信息网和各年度《中国统计年鉴》，以及各年度《中国农村统计年鉴》。数据预处理目的是剔除潜在的异常数据或是不能满足统计要求的序列。异常值的剔除以平均值±2 倍均方差为时间序列的值域，筛除值域外的其他数据点。去除离群值后的序列长度若能超过 15，则可用于单产和面积的趋势类别判断。经过预处理过程，可以进行趋势类别判断的时间序列：省级单产和面积序列一致，水稻、小麦和玉米分别为 29（全国 34 个省级行政区除青海、重庆、香港、澳门和台湾）、29（除重庆、海南、香港、澳门和台湾）和 29 个（除青海、重庆、香港、澳门和台湾）。县级单产数据序列分别为 1632、1962 和 2061 个，面积数据分别为 1155、1389 和 1028 个。同一行政区只有同时具有单产趋势和面积趋势，才能进行生产可持续判断，此交集中的序列个数分别为 1088、1273 和 962 个。

2）趋势类别判别方法：在进行单产和种植面积数据的时间趋势分析，进行变化类别

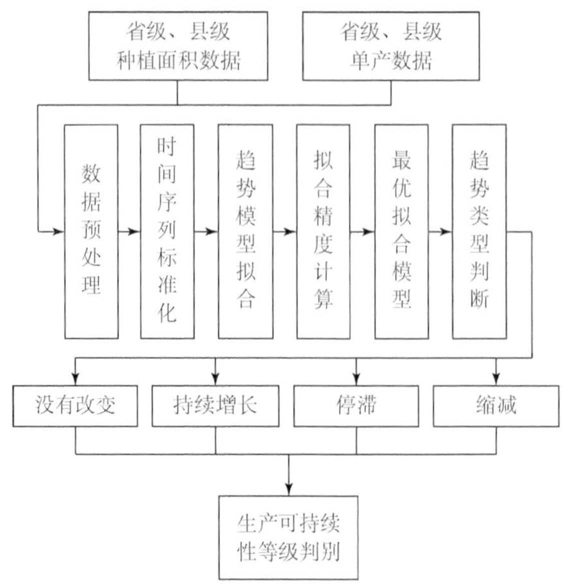

图 8.1 定性研究生产可持续性的判别流程

判断前，首先对时间序列进行标准化处理。将每个序列中的第一个数据作为基准数据，标准化过程将时间序列中的每一个序列值都除以基准值，得到新的序列。新序列具有更高的数据质量、更适合进行趋势的类别的判断。对每个序列进行趋势拟合，其中回归方程包括：常数方程，一次线性方程，二次方程，以及三次方程。

$$\begin{cases}\text{Yield}=k_y\\ \text{Yield}=a_y t+k_y\\ \text{Yield}=a_y t^2+b_y t+k_y\\ \text{Yield}=a_y t^3+b_y t^2+c_y t+k_y\end{cases}\qquad \begin{cases}\text{Area}=k_r\\ \text{Area}=a_r t+k_r\\ \text{Area}=a_r t^2+b_r t+k_r\\ \text{Area}=a_r t^3+b_r t^2+c_r t+k_r\end{cases} \tag{8-1}$$

式中，Yield 代表单产，单位为吨每公顷（t/hm^2）；Area 表示种植面积，单位为公顷（hm^2）；t 为时间序列（1，2，3，…）。k 为方程截距，a，b 和 c 为回归方程系数。下标 y 和 r 分别表示单产序列和面积序列。

Akaike 信息量准则（Akaike Information Criterion，AIC）是衡量统计模型拟合优度的一种标准，可以权衡所估计模型的复杂度和此模型拟合数据的优良性。计算各回归模型 AIC 的方法如下：

$$\text{AIC}=n\log\left(\frac{\text{SS}}{n}\right)+2\rho \tag{8-2}$$

式中，SS 为残差平方和，n 为样本量，ρ 为参数个数。具有最小 AIC 值的回归方程具有相对最高的拟合优度。在此基础上，对具有最小 AIC 值的回归模型进行 F 检验（$p<0.05$）。通过上述步骤，得到每个序列的最优拟合方程。根据最优方程的参数，可以将单产、面积

的变化情况划为 4 类：没有改变、持续增长、停滞和缩减，判别关系如表 8.1。

表 8.1　单产和面积的时间趋势类型划分和模型参数间的关系

类型＼模型	$y=k$	$y=ax+k$	$y=ax^2+bx+k$	$y=ax^3+bx^2+cx+k$
没有改变	√			
持续增长		$a>0$	$a>0$，对称轴在时间序列左侧； $a<0$，对称轴在时间序列右外部	最大值出现在时间序列右外部
停滞			$a<0$，对称轴在时间序列左侧	最大值出现在时间序列内部
缩减		$a<0$	$a<0$，对称轴在时间序列右侧	

注：未通过 F 检验的回归模型划为没有改变的类别，近 5 年水平低于序列开始 5 年平均水平的也划为缩减类别。a、b、c、k 的含义同式（8-1）变量，y 代表单产，x 为时间。

3）生产力可持续性分析矩阵：由于单产和面积对总产都有关键的贡献，生产力可持续分析的依据是两者的变化趋势，以判断农用地可以持续生产的能力。单产或是种植面积的增加表明农业投入的增加，意味着继续生产的可能性，具有最高等级的可持续性。没有改变的但也没有出现下降的趋势，因此具有次高的可持续性。单产或是面积出现停滞，说明未来指标有继续下降的可能，可持续性次低。缩减的单产或是面积可持续性等级最低，当地的指标水平已经倒退到 20 世纪 80 年代水平，很有可能已经发生大面积的弃耕。具体单产面积变化类型和可持续等级的对应关系如表 8.2。

表 8.2　生产力可持续性判别矩阵

单产＼面积	持续增长	没有改变	停滞	缩减
持续增长	等级一	等级二	等级三	
没有改变	等级二	等级三		
停滞	等级三		等级四	
缩减				等级五

8.1.2　生产可持续性的分析—单产类型

1）水稻单产类型：我国 29 个省级行政区（除重庆、青海、香港、澳门和台湾）的水稻单产变化类型统计如表 8.3。除了宁夏和海南，其他研究区在 1980～2008 年，水稻单产都有显著变化。东南沿海的浙江、福建和广东的水稻单产呈现出缩减的趋势。而除此之外，中国北部和中部的大部分区域都经历了产量大幅上涨的过程，包括河南、安徽、江苏、湖南、贵州以及北部和东北部的其他省份。但是，大约 50% 的水稻种植省份的单产都出现了停滞，主要位于我国的西部，中部和东部的部分地区。县级水稻单产变化类型分布如下。在研究区内的1632个县域中95.0%的单产在80年代基础上显著增长（包括持续增长和停滞两种变化类型）。但是其中，53.9%属于停滞类型，分布在全国各地。尤其是东南沿海和我国南部的县域水稻单产停滞明显。除此之外，东北的中部、西北和中部地区也有不同程度的单产停滞。仅有3.3%的县在过去30年中，单产没有发生变化，零星分布在南部以及西北一侧（Zhang et al.，2017，2016，2015a，2015b；Wei et al.，2017）。与之类似的，单产缩减的比例也非常小，占总县数的1.7%。这些县主要分布在我国的西南和北部。

2）小麦单产类型：我国29个省级行政区（除海南、重庆、香港、澳门和台湾）的小麦单产变化类型如表8.3。相比省级水稻的变化类型，有更多的小麦生产省份属于单产停滞的类型，共18个省级行政区的小麦单产在过去30年发生了停滞，比水稻单产停滞的省份多出4个。只有我国中东部的5个省份，包括河北、山东、河南、安徽，以及新疆的小麦单产还在持续增长。青海、陕西和上海单产没有发生变化，黑龙江和浙江省的小麦单产出现缩减（Zhang et al.，2017，2016，2015a，2015b，2014a，2014b；Wei et al.，2017；Wang et al.，2014）。在研究区的1962个县中，过去30年我国北部和中部的大部分地区小麦单产都呈现不同程度增长。但是，与水稻单产类型不同的是，小麦单产变化类型中，持续增长（49.4%）的比例高于停滞类型（42.0%）。我国东部和中部单产变化的主要类型为持续增长，而西南和东北的西部以及西北的中部则呈现大面积单产停滞。与持续增长和停滞类型相比，没有变化和单产缩减类型所占比例非常小，分别是2.0%和6.6%。单产没有变化的县主要聚集在东北的东部和我国西南部。而单产缩减的县主要分布在我国中部。

3）玉米单产类型：我国29个省级行政区（除重庆、青海、香港、澳门和台湾）的玉米单产变化类型如表8.3。省级玉米单产变化类型较水稻和小麦，在空间上更有连续性和一致性。25个省级行政区在1980～2009年，都经历了单产增长的过程（包括继续增长和单产停滞两种类型），在北京、天津、西藏和江苏、浙江、福建三个东南沿海省份，玉米单产出现停滞。而四川、江西和上海，玉米单产则没有改变。可喜的是，玉米单产类型中没有出现缩减的省份。相比水稻和小麦，大多数玉米种植县单产仍在持续增长，2061个县中单产持续增长类型占总数的50.2%。但是即便如此，也有42.4%的县正面临着单产的停滞，广泛地分布在全国各地。产量停滞类型的县主要分布在西北、东北的北部和西部，以及南部和东南部一带。值得注意的是，玉米单产缩减的比例为2.2%，在三种作物中比例最高，分别高于水稻和小麦29.7%和9.3%。这些县主要分布在我国的北部和西北。

8.1.3 生产可持续性的分析—面积类型

1）水稻种植面积类型：省级水稻种植面积变化类型分布如表8.3。显然，相较单产的变化类型，水稻种植面积变化类型显得不容乐观，持续增长类型的省份明显较少、而面积缩减的省份更多。种植面积没有发生改变的省级行政区 5 个：新疆、云南、贵州和北京。北部和东部的省份种植面积呈停滞状态，并且四川、湖北以及其他的东南沿海的省份面积明显缩减。只有三个省份，河南、辽宁和黑龙江的种植面积还保持持续增加的趋势。面积持续增长的省份的数量只占单产增加省份数量的 30%。1155 个水稻种植县以面积停滞类型为主，占 48.4%，主要分布在南部的东部和中部，以及东北的北部。在整个研究区中，只有 8.8% 的县域水稻种植面积在持续增长，集中在我国东北。与此相反，面积没有发生变化或是面积缩减的比例要远远高于单产的变化类型。15.2% 的县域，水稻种植面积没有变化，这些县主要分布在西南和东部。值得注意的是，还有另外 27.6% 的县，种植面积缩减，集中位于东南沿海。

表 8.3　县级单产、种植面积以及生产可持续性类型的数量分布

项目	变化类型	水稻	小麦	玉米
单产	没有变化	54（3.3%）	130（6.6%）	107（5.2%）
	持续增长	671（41.1%）	969（49.4%）	1034（50.2%）
	停滞	879（53.9%）	823（42.0%）	874（42.4%）
	缩减	28（1.7%）	40（2.0%）	46（2.2%）
	合计	1632	1962	2061
种植面积	没有变化	175（15.2%）	116（8.3%）	80（7.8%）
	持续增长	102（8.8%）	21（1.5%）	374（36.4%）
	停滞	559（48.4%）	755（54.4%）	557（54.2%）
	缩减	319（27.6%）	497（35.8%）	17（1.6%）
	合计	1155	1389	1028
生产可持续性	等级一	44（4.0%）	5（0.4%）	171（17.8%）
	等级二	76（7.0%）	43（3.4%）	56（5.8%）
	等级三	257（23.6%）	418（32.8%）	419（43.6%）
	等级四	396（36.4%）	354（27.8%）	276（28.7%）
	等级五	315（29.0%）	453（35.6%）	40（4.1%）
	合计	1088	1273	962

注：比例为该变化类型县在此作物研究区中县总数的比例。

2）小麦种植面积类型：省级小麦种植面积变化类型分布如表 8.3。种植面积缩减的省份有 15 个，超过总研究区域的一半，这意味着小麦种植面积缩减的情况十分严重。近年这 15 个省的小麦种植面积已经倒退，并不及 20 世纪 80 年代初期的水平。另外，在我国西部、东部和南部，还散布着 10 个省份，近年来也出现了种植面积的回落。只在河南和安徽，小麦的种植面积仍在持续增长。与水稻类似，但是小麦的种植面积变化情况却更加令人担忧。研究区的绝大部分都被停滞和缩减类型占据，其中分别有 54.4% 和 35.8%

为停滞和缩减类型。仅这两种类型所占比例就已经超过了研究区总数的90%。面积缩减类型的县域主要分布在北部和东南沿海一带。而停滞类型大多分布于西北、西南和北部。

3）玉米种植面积类型：省级玉米种植面积变化类型分布如表8.3。相比水稻和小麦，玉米种植面积呈增长态势的居多。只有四川省面积发生缩减，但是还有12个省份的玉米种植面积有所停滞。相比县级水稻、小麦面积变化情况，玉米的种植面积相对乐观。尽管在研究的1028的县中，有超过一半的县种植面积出现停滞（54.2%），但是仍有36.4%处于继续增长的状态。种植面积停滞主要出现在我国的南部、东部和中部。而西部、北部、东北以及西南的部分地区，1980~2008年，种植面积显著增长，并且这种增长趋势还在继续。玉米面积不变或是缩减的比例相较于水稻和小麦明显偏小，分别只占总数的7.8%和1.6%，并集中位于我国中部。

8.1.4 生产可持续性分级

1）水稻生产可持续等级：水稻生产可持续等级分布如表8.3。黑龙江、辽宁和河南的水稻生产可持续性最高，安徽、贵州其次。而四川、湖北以及东南沿海的浙江、福建、广东和广西壮族自治区，水稻生产不具有可持续性。中等生产可持续省份分布在我国北部以及南部。总体上来说，水稻生产可持续性我国的北部和东北部要高于南部和东部。在同时具有单产类型和面积类型的1088个县中，大多数水稻种植县的生产可持续等级都比较低，处于第三等到第五等，比例分别为23.6%，36.4%和29.0%。生产最不可持续县域分布在西北、中部和东南沿海一带。次不可持续类型主要位于南部和东部。相对而言，较高可持续性（等级一和等级二）总共占11.0%。东北的东部以及云南西北部的水稻生产可持续性最高。

2）小麦生产可持续等级：小麦的生产可持续性则较不理想。停滞的单产类型以及大量缩减的种植面积类型导致大多省份都显示出不适宜继续小麦耕作。只有河南和安徽两省的生产可持续等级为一级。相对而言，中东部省份较其他地区的可持续等级稍高。从表8.3可以看出，小麦的可持续生产岌岌可危。最不可持续生产等级占总数的35.6%，是三种作物中比例最高的（水稻29.0%，玉米4.1%）。另外，低可持续性等级（等级三至等级五）占总共1273个县的96.2%。这些县广泛地分布于整个研究区，北部和东南部尤为严重。相较之下，高可持续等级（等级一和等级二）只是零星散布在低可持续性等级县域之间。

3）玉米生产可持续等级：相对前两种作物而言，玉米的生产可持续等级较高（表8.3最下面一行的第三列）。除了四川省的等级最低外，我国北部和东北部的多数地区都显示了最好的生产可持续性。贵州和广西的生产可持续性等级次之。中部，以及东部的部分地区等级为三到四等。总体上，北京、天津以及东南沿海的省份未来玉米生产的可持续性较低。相比之下，玉米的生产可持续性某种程度上说还比较乐观。总共 962 个县中，大多数（43.6%）属于可持续性等级的中间（等级三）。最不可持续等级的比例只有 4.1%（表 8.3）。并且，在研究区内，东北和西南地区较其他地区的可持续性更高些。

8.1.5 粮食产量变化原因探讨

在生产可持续性研究中，主要关注的是作物的总产量。这是粮食安全概念中最为宏观且基础的指标。我国已经从粮食的净出口国成为净进口国，国内作物产量的重要性不言而喻。为比较不同时期的粮食总产，我们对比了两个时段的静态变化。两个时段的单产和种植面积的变化情况如前面几小节分别总结了省级和县级的结果。

多数的作物种植区域单产都在研究时段内有过不同程度的增长。以县级结果为例，90%（5%～95%）水稻种植区今年单产是 20 世纪 80 年代初期的 1.1～4.0 倍。相对而言，单产增长的幅度，小麦和玉米更高，分别为 1.0～5.3 倍和 1.0～5.0 倍。因此，小麦和玉米未来的单位面积生产潜力可能会超过水稻。这与作物单产变化类型分析的结果是一致的。三种作物中，水稻单产停滞类型的比例最大，超过了研究区内县数的一半（表 8.3）。并且，有超过 3/4 的县域在 1980～2008 年虽然单产获得增长，但是增长不到 1 倍，这与小麦和玉米的单产相比，增产程度明显较低。也说明了水稻的生产潜力随着不断地精耕细作即将被挖掘殆尽（Zhang et al.，2017，2016，2014a；Wang et al.，2014）。因此，对小麦、玉米，以及对低产的水稻种植区增加农业投入，对提高未来作物单产将会起到关键作用。

尽管当前的单产停滞现象已经蔓延，但是我国的耕地情况更加令人担忧。大面积农田由于土壤退化，政治、社会经济原因而被弃耕、流转。我们对比的结果显示，种植面积的变化的幅度远小于单产的变化情况，水稻、小麦的种植面积缩减最为严重（图 8.2）。分别有 80.1% 和 88.5% 的水稻、小麦种植区在 1980～2008 年出现不同程度的耕地面积退减。通过种植面积类型的分析，其结果佐证了这一现象。但玉米种植却相反，自 1980 年以来，有 78.9% 的种植县种植面积发生了扩张。引人深思的是，小麦和玉米种植区的转变：原先种植小麦的土地转而种植玉米，这一现象在我国的北部和东北较为常见。有限的水源供给以及持续增长的灌溉成本可能是这种变化的催化剂。玉米是公认的对水源具有高生产力，高利用效率的作物，在生产同样的作物产量时，需水量要小于其他作物。土地流转现象十分严峻，但是更多地关注于单产的变化，而给予耕地退减问题的关注度还远远不够。

产量的分布对粮食安全也有重要影响。产销分区政策对我国粮食分布有着深远影响。产销区的首次划分来自于 1994 年《国务院关于深化粮食购销体制改革的通知》（国发〔1994〕32 号）国务院在综合考虑了各省的资源禀赋差异和发展粮食生产的传统等因素的基础上，明确了北京、天津、上海、福建、广东和海南等六省市为粮食主销区。此后，由

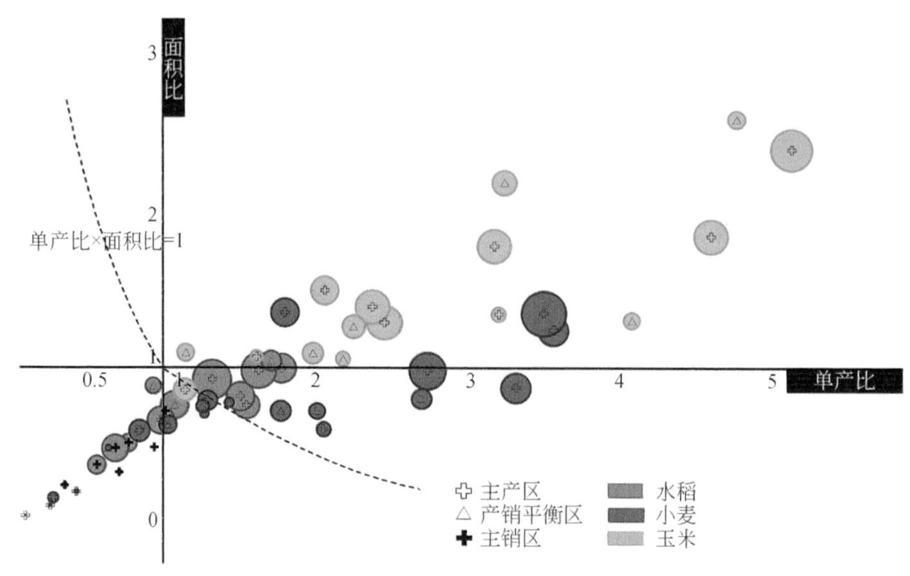

图 8.2 三种主要作物省级产量30年前后对比图

注：横纵坐标分别表示单产和面积的变化比例，圆圈表征该省近年的种植面积的大小，比例大于1则表示单产或面积在近年来呈增长，反之则消减；产量是单产和面积的乘积，在图中虚线上方的县粮食总产量增加。

于浙江粮食产量和库存大幅度下降，在2001年进行的新一轮粮改中，它也被纳入到了粮食主销区的范畴之内。此轮粮改重新划分了粮食主产区、产销平衡区和主销区三大功能区的版图：其中山西、广西、重庆、贵州、云南、西藏、陕西、甘肃、青海、宁夏和新疆等11个省（自治区、直辖市）被确定为产销平衡区；而黑龙江、吉林、辽宁、内蒙古、河北、江苏、安徽、江西、山东、河南、湖北、湖南、四川等13个省（自治区）则被确定为粮食主产区。粮食主产区逐渐向东北和中部地区集中和转移；南方稻谷优势区域继续稳固，东北稻谷重要性凸显；小麦主产区逐渐向中部地区集中；玉米产区逐渐向东北和中原地区集中。

依据当前的产销区划分，我们看到几乎所有水稻、小麦主销区，以及部分玉米主销区都面临着大面积的种植面积缩减［图8.3（a）~图8.3（c）］。更加严峻的是，面积缩减的同时，有的地区单产也呈现不同程度的缩减形势，而不管是种植面积还是单产的缩减都会对最终产量造成严重的消减影响［图8.3（d）］。主产区和产销平衡区情况则相对乐观，主产区的种植面积较产销平衡区增多幅度更大。总的来说，水稻和小麦种植区面临着大面积的种植区缩减的威胁，而玉米产量的提高主要依靠的是面积的扩张。

分析结果说明我国作物种植的状态主要有两个特征：大范围的单产停滞和面积缩减，尤其是水稻和小麦种植。这对我国粮食的总量安全的消极影响是显而易见的。以县级结果为例，假设出现面积缩减的县能够维持20世纪80年代的种植面积，那么到2008年其产

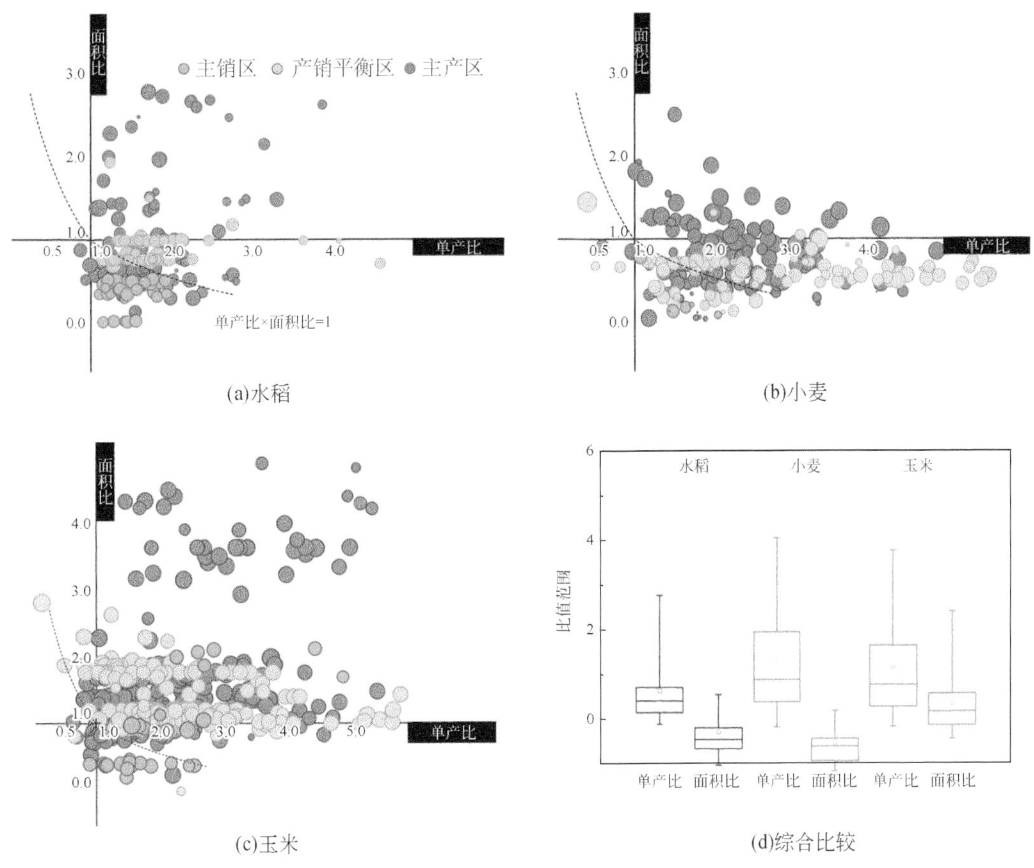

图 8.3　三种主要作物县级产量 1980 ~ 2008 年对比图

量会分别高于实际产量 1.2、2.2 和 1.0 倍。这说明，保证耕地面积对实现增产的意义重要非常。如果说这个假设意味着耕地面积在 80 年代基础上的扩张，那么我们不妨假设，所有县近年的种植面积都和 20 世纪 80 年代一致，那么 2008 年的模拟产量分别是实际产量的 99.7%、195.9% 和 61.41%。这说明，多年来水稻通过单产的增长，以维持种植面积缩减状态下的总产量持平；小麦总产则受面积缩减的影响，产量明显降低；更重要的是，近年玉米产量的增长可以说很大程度都在依赖我国东北和西南部种植面积的扩张。

过去，由于技术进步、管理措施，部分地区的气候变化，作物单产曾一度大幅上涨。但是显然，增长的趋势已经开始停滞。精耕细作的农作方式，带来的单产提高，反而消减了其生产潜力。尤其是水稻，在我国的东部、中部以及南部可以继续增产的空间已经非常有限；我国东部的小麦以及中部、东北的玉米也出现了与之相似的情况。而当前，为增加作物产量，可以采取的适应措施一是在已有的耕地基础上提高单产能力，二是扩张耕地面积。但是由于农业生产对农业的影响，在提高产量的同时，减少其对生态的可能破坏性是需要解决的首要问题。这使得尽可能地提高已有耕地上的作物单产成为总产开源的首选。

2016 年中央一号文件首次提出了“供给侧结构性改革”，稳定水稻和小麦生产，适当调减非优势区玉米种植。因此在可持续分析基础上的生产潜力分析可以帮助识别玉米生产的优势区域，帮助划定可以适宜从事玉米种植的区域，减少因为非合理性农业扩张带来的环境问题。

8.2 全球粮食安全的评价

宁夏大学、中国农业科学院农业资源与农业区划研究所草地生态遥感创新团队从粮食生产力系统、贸易系统、储蓄系统、损失系统等方位构建一套全球粮食系统评估模型（GFV），并对 1961 ~2019 年全球粮食系统进行全方位评估，该模型不仅考虑了粮食供应和粮食损失，还考虑了经济购买力（人均年现金储蓄）的补充作用，并提出了一些建议旨在推动全球可持续发展粮食系统的构建（Guo et al.，2021；Tao et al.，2011）。

长期以来，粮食安全一直是人类社会面临的紧迫挑战，备受政界、学界、公益组织等社会组织关注。近年来，随着气候变化、自然灾害、虫害、疫情和贸易摩擦等突发事件对全球粮食系统造成了严重影响。由于全球资源、技术、经济、饮食结构及人口空间分布的差异性，全球粮食生产、消费与人口分布在空间上存在严重错配，全球粮食系统风险难以精准评估。虽然联合国粮农组织、经济学人等机构从不同角度构建了全球饥饿指数（GHI）、全球粮食安全指数（GFSI）等指数，对评估全球粮食系统风险提供一种有效方法，但是仍难以对全球粮食生产、消费、储蓄、损失等子系统分析进行详细评估。粮食系统的稳定和安全决定了人类的生存和可持续发展。自然灾害、虫害、疾病和贸易摩擦等极端事件对粮食系统产生了严重影响。由于新型冠状病毒肺炎疫情对粮食安全和营养的影响，联合国于 2020 年 5 月调整了联合国可持续发展目标；如果我们不采取紧急且必要的行动，预计到 2030 年，全球消除贫困的目标将无法实现。对粮食安全的适当评估对规划者和管理者有很大帮助。许多研究已经构建了不同尺度、不同视角的粮食安全评价指标，但仍具有一定的局限性。全球粮食生产、消费与人口分布在空间上存在严重错配，仍缺乏对全球粮食系统变化以及不同地区粮食生产力、贸易、储蓄、损失和供应子系统风险的全面评估。同时，各个子系统之间的交互机制尚不清楚，一定程度上影响了政策制定和全球粮食系统的可持续发展。

该研究开发了一套对全球粮食生产、贸易、储蓄、和损失子系统分析定量评估模型。在该研究中，全球粮食生产、贸易、储蓄和脆弱性系统的时空格局是通过开发全球粮食可得性（GFA）、全球粮食获取（GFE）、全球粮食稳定性（GFS）和全球粮食脆弱性（GFV）模型分别获取。GFV 不仅考虑了粮食供应和粮食损失，还考虑了经济购买力（人均现金储蓄）的补充作用。最后，该研究提出了一些建议来帮助全球粮食系统的可持续发展。主要结果如下。

1）本模型评估结果与经济学人2019年的评估结果在空间上具有较高一致性，同时应将更多的关注和人道主义援助分配给非洲、南亚等其他粮食系统脆弱地区。该研究结果与经济学人智库（2019年全球粮食安全指数）的结果一致。非洲和南亚粮食系统的脆弱性（粮食不安全）指数从1961～2019年逐渐增加，特别是在苏丹、博茨瓦纳、阿尔及利亚等地。同期，南美洲全球粮食安全系统的脆弱性，北欧和东亚逐渐减少，包括阿根廷、芬兰、瑞典、中国等。此外，食品安全水平最高的是美国、加拿大和澳大利亚。1961～1991年，前苏联粮食系统的脆弱性不断下降，直至前苏联解体。前苏联解体后，俄罗斯粮食系统的安全水平逐步提高。

2）全球粮食生态系统存在显著空间分异性，应通过增加全球粮食产量和缩小不同地区农业种植技术的差距来降低粮食系统的脆弱性。长期以来，不同地区粮食生产力体系发展不平衡。1961～2019年，全球耕地面积呈明显上升趋势，人均耕地面积呈明显下降趋势。全球单位面积粮食产量呈现显著增长，但不同地区粮食产量存在较大差距。澳大利亚、美国、加拿大的人均粮食生产能力遥遥领先于其他国家。

3）全球粮食贸易在全球不同区域粮食分配中的作用显著增加，对推动全球粮食安全起到关键作用。1961～2019年，全球粮食贸易对全球粮食分配的贡献从9%增加到17%。1990年后，北非人均粮食获取高度依赖粮食进口，而欧洲则因粮食生产力提高而转向出口。全球粮食贸易对国家粮食安全的影响越来越重要。一些国家严重依赖粮食进口来维持国内粮食供应。少数农业发达国家的粮食出口提供了大多数国家的粮食供应。此外，非洲的粮食进口量超过其国内粮食产量。澳大利亚、美国和加拿大的人均粮食出口量远高于其人均粮食进口量。

4）进入21世纪之后，全球粮食储蓄显著增加，但其波动随之较大。自2000年以来，全球粮食库存变得更加波动。2000年之前，所有国家人均总储蓄的现金价值相对较低。大多数国家低于1248美元。2000年后，全球人均储蓄总额的现金价值显著增加，部分国家年均达到1万美元以上。

5）全球粮食损失系统存在显著空间分异性，不同国家粮食损失总量与人均粮食损失量存在差异。1961～2019年，南美洲和欧洲的人均粮食损失是世界上最高的。苏联解体后，俄罗斯人均粮食损失低于原苏联。美国、俄罗斯、中国和印度是世界上粮食损失最大的国家。1991年以前，苏联、马拉维、丹麦人均粮食损失较高。在粮食损失总量方面，美国、俄罗斯、中国和印度是世界上最大的粮食损失国家。2000年以前，原苏联、马拉维、丹麦人均粮食损失较高。2000年后，阿根廷、巴西和巴拉圭的人均粮食损失有所增加。1961年，有8个国家食物损失超过30kg/人。2019年，粮食损失超过30kg/人的国家有28个。其中，柬埔寨年人均粮食损失高达101kg。

总之，为了构建具有韧性的全球粮食系统，各国需要完善粮食生产和储存系统，该研究提出如下四点建议。

1）在人均食物供给充足的地区，要优化饮食习惯和食物供给方式，减少食物损失。

2）人均粮食供应量高的国家应积极向人均粮食供应不足的地区提供人道主义援助。同时，这些地区应利用先进的农业技术，并从人均粮食产量高的国家汲取经验。

3）为避免全球粮食体系的垄断和单边贸易，世界各地的不同组织应积极合作，实现全球粮食可持续发展。

4）最重要和实用的建议是“居民为自己储备短期日常食物”。也就是说，世界上每家每户每人至少储备 15 ~30d 的食物，操作简便，易于采用。如果发生全球性极端事件，可在短期内有效稳定粮价。这一举措相当于为全球粮食安全增加了稳定器。

8.3 小结

本章主要通过两个案例分析粮食安全的现状，第一个案例是针对我国三种主粮作物（水稻、小麦和玉米），分别从种植面积和作物单产长时间动态趋势来定量评估粮食安全最基本核心维度——粮食生产也即可供性的状况。结果表明：

1）大多数水稻种植县的生产可持续等级都比较低，处于三到五等，比例分别为 23.6%，36.4%和 29.0%。生产最不可持续县域分布在西北、中部和东南沿海一带。次不可持续类型主要位于南部和东部。相对而言，较高可持续性（等级一和等级二）总共占 11.0%，分布在我国东北部的东部以及云南西北部。

2）小麦的生产可持续性则更加不理想，停滞的单产类型以及大量缩减的种植面积类型导致大多省份都显示出不适宜继续小麦耕作，只有河南和安徽两省的生产可持续等级为一级，最不可持续生产等级占总数的 35.6%，是三种作物中比例最高的，低可持续性等级（等级三至等级五）占 96.2%。

3）相对前两种作物而言，玉米的生产可持续等级较高。除了四川省的等级最低外，我国北部和东北部的多数地区都显示了最好的生产可持续性。贵州和广西的生产可持续性等级次之。中部，以及东部的部分地区等级为三到四等。相比水稻和小麦，玉米的生产可持续性某种程度上说还比较乐观。总共 962 个县中，43.6%属于可持续性等级的中间（等级三），最不可持续等级的比例只有 4.2%；另外东北和西南地区较其他地区的可持续性更高。

第二个案例是针对全球粮食安全问题，综述了前人的研究成果。基于提出的基本评估框架，提出了确保全球粮食安全的几点建设性建议：优化饮食习惯和食物供给方式，减少食物损失；大力提倡粮食人道主义援助；世界不同组织应积极合作实现全球粮食可持续发展，同时避免全球粮食体系的垄断和单边贸易；家家户户为自己储备短期日常食物来增加了粮食供给的稳定性。

参考文献

Guo J, Mao K, Yuan Z, et al. 2021. Global Food Security Assessment during 1961-2019 [J]. Sustainability 2021, 13: 14005.

Ray D K, Ramankutty N, Mueller N D, et al. 2012. Recent patterns of crop yield growth and stagnation [J]. Nature Communications, 3: 1-7.

Tao F, Zhang Z, Yokozawa M. 2011. Dangerous levels of climate change for agricultural production in China [J]. Regional Environmental Change, 11: S41-S48.

Wang P, Zhang Z, Chen Y, et al. 2014. Temperature variations and rice yields in China: historical contributions and future trends [J]. Climatic Change, 124 (4): 777-789.

Wei X, Zhang Z, Shi P, et al. 2015. Is Yield Increase Sufficient to Achieve Food Security in China [J]. PLOS ONE, 10 (2): 1-16.

Wei X, Zhang Z, Wang P, et al. 2017. Recent patterns of production for the main cereal grains-implications for food security in China [J]. Regional Environmental Change, 17: 105-116.

Zhang Z, Chen Y, Tao F L, et al. 2017. Future extreme temperature and its impact on rice yield in China [J]. International Journal of Climatology, 37: 4814-4827.

Zhang Z, Chen Y, Wang P, et al. 2014b. Spatial and temporal changes of agro-meteorological disasters affecting maize production in China since 1990 [J]. Natural Hazards, 71 (3): 2087-2100.

Zhang Z, Feng B Y, Shuai J B, et al. 2015a. ENSO-Climate Fluctuation-Crop Yield Early Warning System—A Case Study in Jilin and Liaoning Province in Northeast China [J]. Physics and Chemistry of the Earth, 87: 10-18.

Zhang Z, Song X, Chen Y, et al. 2015b. Dynamic variability of the heading-flowering stages of single rice in China based on field observations and NDVI estimations [J]. International Journal of Biometerology, 59: 643-655.

Zhang Z, Song X, Tao F L, et al. 2016. Climate trends and crop production in China at county scale, 1980 to 2008 [J]. Theoretical and Applied Climatology, 123 (1): 291-302.

Zhang Z, Wang P, Chen Y, et al. 2014a. Global warming over 1960-2009 did increase heat stress and reduce cold stress in the major rice-planting areas across China [J]. European Journal of Agronomy, 59: 49-56.